U0186506

/ 中国首部全译插图本 /

SOUVENIRS ENTOMOLOGIQUES

昆虫记

·典藏版·

·VII·

[法]法布尔　著

张广学　学术顾问

吴模信　译

SPM
南方传媒

花城出版社

中国·广州

图书在版编目（CIP）数据

昆虫记：典藏版. Ⅶ / （法）法布尔著；吴模信译
. -- 4版. -- 广州：花城出版社，2022.6
ISBN 978-7-5360-9276-1

Ⅰ. ①昆… Ⅱ. ①法… ②吴… Ⅲ. ①昆虫学－普及
读物 Ⅳ. ①Q96-49

中国版本图书馆CIP数据核字（2022）第045763号

出 版 人：张 懿
特约策划：邹靖华 秦 颖
责任编辑：黎 萍 夏显夫
技术编辑：凌春梅
封面插画：空 澈
封面设计：介 桑

书　　名　昆虫记：典藏版
　　　　　KUNCHONGJI：DIANCANGBAN
出版发行　花城出版社
　　　　　（广州市环市东路水荫路11号）
经　　销　全国新华书店
印　　刷　佛山市浩文彩色印刷有限公司
　　　　　（广东省佛山市南海区狮山科技工业园A区）
开　　本　880毫米×1230毫米 32开
印　　张　9.5 4插页
字　　数　223,000字
版　　次　2022年6月第1版 2022年6月第1次印刷
定　　价　388.00元（全十卷）

如发现印装质量问题，请直接与印刷厂联系调换。
购书热线：020－37604658 37602954
花城出版社网站：http://www.fcph.com.cn

法布尔是掌握田野无数小虫子秘密的语言大师。

——［法］罗曼·罗兰

目 录
Contents

SOUVENIRS
ENTOMOLOGIQUES

第一章 🪲 大头黑步甲

打仗这个行当对精明强壮的人来说，也不见得就得心应手、驾轻就熟。瞧瞧步甲这个昆虫族类中狂热的喜好打斗的家伙吧，它会干什么呢？在技艺方面，它一窍不通。然而，这个荒唐愚蠢的刽子手穿上那件齐膝紧身外衣时，倒也相貌堂堂、雍容华贵。它身体闪着黄铜色、金色以及佛罗伦萨铜色的光辉；它穿着黑色衣服，衬以闪着紫晶光泽的绲边；鞘翅装配成护胸甲，再戴上有凸纹和凹斑的小链条。

步甲容貌俊美，身材苗条，杨柳细腰，在我收集的昆虫中大名鼎鼎。然而，这只不过是为了供人观赏而已。它是个疯狂的刽子手，我们不要对它有更多的要求。古代的贤哲把大力神海格立斯[①]描绘为长着傻瓜脑袋的家伙，的确，如果这个神仙只有一身猛劲蛮力，那么，他的优长就不怎么大了。步甲就是这样。

看见它打扮得这样富丽堂皇，谁还不愿意把它当成一个非常好的研究对象呢？这个对象，正如地位卑微的普通人对我们大谈特谈的那样，很值得写进故事里。但是，我们可别期待这个凶恶残忍、掏肝挖心的家伙，有任何值得写的东西。

这个昆虫海盗是怎样干它那勾当，是不难看到的。我用一个铺着一层新鲜沙土的笼子饲养它，散布在沙地表面的几块陶瓷碎片充作岩石下面的隐藏处，一丛插在笼子中央的细草形成一片草地，住

[①] 海格立斯：希腊神话中的英雄，宙斯之子。在艺术作品中，他的形象是个扼杀两条蟒蛇的婴儿，或肌肉异常发达的青年。在现代语中，海格立斯是大力神的同义词。——校注

在这里非常惬意。三种昆虫组成了笼子里的居民，它们是：粗俗的园丁金步甲，它是园子的常住主人；难以对付的革黑步甲，体色深暗，强壮有力，它是墙脚下野草茂密的矮树丛中的探险者；稀有的紫红步甲，它用带有金属光泽的紫罗兰色把自己乌黑的鞘翅装扮起来。我用蜗牛喂养这些居民，其中一部分蜗牛的甲壳已被我摘掉。

这些步甲乱糟糟地蜷缩在陶瓷碎片下面，一见可怜的蜗牛便飞奔而来。蜗牛先绝望地伸出触角，然后缩回。三只、四只、五只步甲，同时先把蜗牛带有钙质微粒的外壳上鼓突下垂的肉吃个精光，这是它们最喜爱的美味。然后突然间，它们用大颚这把结实坚固的钳子，在涎沫中把一片碎肉拉来扯去，拔出来后，便退到一边，从容不迫地把肉吞下肚子。

这时，一只步甲的足湿淋淋的，布满黏性液汁，黏得满脚都是沙粒，好像穿上了沉重的、妨碍行动的护腿套。对这玩意，这只步甲倒也并不在意。它的身子变重了，跌进泥坑；然后，它又踉踉跄跄地回到猎物那里，去取另一片肉。它还打算过一会儿把弄脏的靴子擦亮呢。另外一些步甲静止不动，就地没命地吃起来，身子前部全都被涎沫浸湿。大吃大嚼持续了足足几个小时，当鼓胀的肚子

金步甲

托抬起鞘翅，让尾部裸露无余时，它们才离开了猎物。

革黑步甲更喜欢阴暗的隐蔽角落，它们离开其他步甲，单独结成团伙，把蜗牛拖进陶瓷碎片下面的巢穴，大家一块安安静静肢解这只软体动物。它们很喜欢蛞蝓，蛞蝓比有甲壳保护的蜗牛容易肢解。此外，它们还认为小壳螺的肉美味可口，这种螺在背部后端有

块好像弗里吉亚帽子①的钙质鳞片，野味肉很硬，涎沫较少，味道略微逊色。

　　我打碎一只蜗牛的甲壳，让它失去保护；于是这群好斗的家伙贪得无厌，饱餐了这只蜗牛。这本来没有丝毫可以自豪的地方，却突显了金步甲的胆大妄为。我让一只金步甲饿了几天肚子，使它的食欲旺盛起来。我给这个园丁一只活蹦乱跳的松树鳃金龟。和这个园丁相比，松树鳃金龟是头巨兽，是狼面前的一头牛。这只肉食虫子不怀好意地在这只温和虫子的周围转来转去，伺机而动。它向前冲去，但又迟疑不决，于是向后退缩，接着又卷土重来。现在，巨人被打翻在地，金步甲肆无忌惮，拼命啃咬巨人的身体，搜索它的肚腹。它把自己的半个身子扑到肥胖的鳃金龟身上，撕裂它的五脏六腑。这场景如果发生在较高级的社会，真会使人害怕得身上起鸡皮疙瘩。

　　我又让这个开膛剖腹者去参加更加困难的猎物争夺，这一次，猎物是只葡萄蛀犀金龟，一种像犀牛一样强壮结实的虫子。据说它在甲胄的掩护下，是个不可战胜的巨人。然而，我们的这个昆虫格斗士却对这个身披盔甲、头上长角的巨人的弱点，有鞘翅保护的薄膜了若指掌。在多次攻击被击退后，进犯者仍然接二连三地不断进攻，终于稍微撬起了对手的护胸甲，把头钻到了那下面。一旦步甲钳子般的大颚在对手柔软的皮上打开一个切口，这只犀牛似的虫子就完蛋

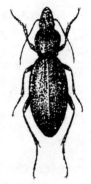

革黑步甲

了，不久以后，这个庞然大物就会只剩下一副可怜兮兮的空骨骼。

------

① 弗里吉亚帽子：一种红色锥形高帽，帽尖向前倾折，流行于法国大革命时期。——校注

谁想看一场更加凶狠残酷的斗争，那就去向告密广宥步甲提出要求吧。这种步甲在食肉类昆虫中，仪容最漂亮，服饰最华丽，身材最魁梧。步甲中的这位王子是斩杀幼虫的刽子手，即使臀部长得最壮实的幼虫，也不能使它有半点畏惧之心。

告密广宥步甲同大孔雀蛾幼虫的搏斗很值得一看，但是，目睹这样一幕惨剧，实在令人感到非常扫兴。被捅破肚子的大孔雀蛾幼虫不断扭动身子，突然一下把这个匪徒托起，让它跌倒。但它朝上朝下，都无法使匪徒松手。地上撒散开来的一堆绿色肠子不停地抽动，杀得发狂的屠夫顿着脚，在幼虫可怕的伤口流血处大口吮饮。这只是这场战斗的简要叙述，假如昆虫学没有让我看到别的景象，我会舍弃昆虫而不会感到丝毫遗憾。

第二天，我给这个吃得饱饱的家伙一些绿色蝈蝈儿和白额螽斯。这两种虫子都有强劲有力的大颚，都是需要认真对付的敌手。马上就要开始一场对这些大腹便便的虫子的屠杀，一场和前一天同样狂热的屠杀。继这场屠杀之后，告密广宥步甲又开始屠杀松树鳃金龟和葡萄蛀犀金龟。它采用步甲惯用的残酷策略，但比其他步甲更了解身穿护胸甲、有鞘翅掩护的虫子的弱点。只要供给任凭杀戮的虫子，杀戮就会持续下去，这个饮血的家伙贪得无厌、欲壑难填。

疯狂的杀戮始终伴随着强刺激的气味。步甲会制作腐蚀性的液汁，革黑步甲向抓捕它的人喷射一种酸性喷液，告密广宥步甲用药物的怪味让足趾臭不可闻，还有一些步甲擅长使用爆炸物，像用火枪射击那样，燃烧来犯者的胡须。这些步甲是腐蚀剂的制作者、使用苦味酸盐的炮手、掷炸药的投弹手，全都凶狠残暴，具有打仗的天赋。但是，除了屠杀以外，它们还会干别的什么吗？什么也不会，什么技艺、什么行业都一窍不通，即使幼虫期也是这样。它们的幼虫也像成虫一样，整天在石头下面东游西逛时，一心想着为非作歹。然而，我今天被一个需要解决的问题吸引，乐意同这些愚蠢好战的家伙打交道。事情是这样的：

你刚刚无意中看见某只步甲，它享受太阳赏赐的至福，在小树枝上一动不动。你把手抬起，张开，准备扑下抓住它。你刚刚摆开架势，它就落下。这或者是只鞘翅好似护胸甲的步甲，它把翅膀从鞘里抽出时，动作慢慢吞吞；或者是只肢体不全的虫子，它失去了翅膀，它不能马上逃走，于是掉落。你在草丛中寻找它，往往会白费力气，如果你找到它，就会发现它仰卧在地，爪子蜷缩，一动不动。

据说，它装死。为了摆脱困境，它施诡计，耍花招。它当然不认识人，在它那个小小的天地里，人类算不了什么。我们的孩子捕捉它也好，学者捕捉它也好，对它又有什么要紧呢？它丝毫不在意昆虫搜集者和他的大头钉；但是，它是知道危险的，它惧怕它的天敌食虫鸟类，鸟啄一下就会把它吞下肚子。它为了迷惑进犯者，朝天仰躺，把爪子收缩起来装死。在这种情况下，鸟或

告密广宥步甲

者别的迫害者就会不屑于理睬它，它于是保住了性命。

根据有人肯定的说法，这只突然被人撞见的步甲就是这样进行思考的。这个花招很久以来就广为流传：以前有两个伙伴，因为走投无路，便在还没有捕到熊以前，就把熊皮预先卖掉。然而，这一次出师不利，遇到了熊，他们不得不赶快逃命。其中一个奔逃时失足跌倒了，于是他躺在地上屏住呼吸装死。熊来到他身边，把他翻

来翻去，用爪子和鼻孔检查他，嗅他的面孔。它说："他已经发臭了。"于是转身离去，不再回头。这头熊真是天真得可爱。

鸟可不上这种笨拙的计策的当。在发现一个窝就是一桩独一无二的大事的至福时刻，我从来没有看见过麻雀或翠鸟因为一只蝗虫一动不动，因为一只苍蝇已经死去，而拒不捕食它们。任何乱奔乱跑的、可供一口吃下肚子的昆虫，只要新鲜味美，都会被欣然接受。

事实上，昆虫如果依靠死亡的外貌来逃避厄运，是大大打错了算盘。鸟儿比寓言里的熊更加深思熟虑，行事谨慎，用它那敏锐的眼睛马上就能识破欺诈行为，不会对它不理不睬。而且，即使这只虫子的确已经死亡，但只要仍然新鲜，鸟儿少不了也要啄它一下。

假如我考虑到昆虫的奸诈行为会引起什么样的严重后果，一些更加紧迫的怀疑就会涌上我的心头。民间的说法是：这只虫子装死。这种说法很少注意掂量"死"这个字眼的意义。学者重复民间的说法：这只虫子装死。这种说法很幸运，竟然在昆虫那里找到了阴云迷雾中的几片理性的青天。其实，这种说法既太欠思考，又过分倾向于理论上的奇思怪想，它真的真实可信吗？逻辑推理的论据是不够的，必须让实验来说话，只有实验才能给人确切可靠的答案。但是，在昆虫当中，我首先应该去找谁呢？

我回忆起一件事来，这事要追溯到40年前。那一次我对自己在大学里新近取得的成绩感到十分满意。我从图卢兹回家途中，在塞特歇脚。我刚刚在图卢兹通过了博物学学士学位考试，这时再去观察海边的植物区系，时机真是千载难逢。短短几年前，这个区系在令人赞叹的阿雅克修海湾附近令我心花怒放。不利用这样的良机，真是愚不可及。学位并没有授予人故步自封、不再学习的权利，如果一个人真正激情满怀，他就会终生是个小学生，只不过不是书本的小学生，而是世间万物这个知识永不枯竭的大学校的小学生。

7月的一天，在拂晓的清凉和宁静中，我在塞特的海滩上采集植物标本。我第一次采集到高山钟花，这种花儿在浪花拍击的岸边，拖着碧绿发亮的细叶和玫瑰红的钟形花朵。扁平蜗牛，一种奇怪的蜗牛，把身体缩进它那扁平、流线型的白色壳里，成群结队在禾本科植物上小睡。干燥的流沙露出一列列长长的痕迹，使人想起小鸟在雪地上留下的足迹，只不过缩小了些，并且以另一种样式显现出来。在孩提时代，这些足迹曾经使我愉快、激动和兴奋，而今这些痕迹意味着什么呢？

我跟踪这些痕迹，就像猎人跟踪新猎物一样。我每次到达这些痕迹的终点就挖掘，在地下不深的地方搜寻一种漂亮的步甲。我差不多只知道它的名字，它就是大头黑步甲。

我让这只步甲在沙上行走，它一模一样地再现了引起我注意的那些足迹，正是它在夜间寻找猎物时用足标出了这些足迹。天亮以前，它回到窝里，现在什么也没有显露出来。

它的另一个生活习性使我非注意不可。这只步甲一受到骚扰就仰卧在地，长时间纹丝不动。其他昆虫，一些粗浅的研究对象，过去还从来没有向我显示过这样的顽固劲，这样的不动一动。这个细节深深铭刻在我的记忆里，40年后，当我想实验在装死方面是行家里手的昆虫时，便会立刻想起黑步甲来。

一个朋友从塞特的海滩给我送来一打黑步甲。就是在这个海滩上，我曾经由这种灵巧的装死者陪伴度过了一个美妙的早晨。这次它们乱糟糟地同一些黑绒

大头黑步甲

金龟来到我这里，状态极好。后者是它们在海岸沙地上的邻居。这群可怜的黑绒金龟，多数已被开膛破肚，身体被掏空，余下的则缺肢断爪，身上没有伤痕的寥寥无几。

对这些步甲，狂热的猎手，必须采取隔离措施。在从塞特到塞里昂的旅程中，在装载它们的盒子里发生了惨案。黑步甲把和平的黑绒金龟当作佳肴美食，敞开肚皮大吃大嚼。

我从前在塞特海滩所跟踪的足迹，就是它们夜间巡查的证据。它们在寻找猎物，寻找大腹便便的黑绒金龟。黑绒金龟的防御物是一副由粘连的鞘翅组成的盔甲，这样的护胸甲在抵抗海盗凶狠的钳子时又能顶什么用呢？

沿海地区的黑步甲是粗暴的猎人。它身体漆黑发亮，像只煤玉首饰，腰部极度紧缩使得它的身子几乎一分为二。它的进攻武器是一双异常有力的大颚，在昆虫中，除鹿角锹甲外，没有谁能够与之匹敌，鹿角锹甲的武器配备得更好，说得准确些，装饰得更好；这个橡树的主人那像鹿角似的长角是雄性的装饰品，不是用来作战的甲胄。

强暴凶狠的步甲，黑绒金龟的剖腹者，对自身的力量心中有数。如果我把它放在桌子上，骚扰它，它就立刻摆出一副防御的架势。它把身体弯向前部的短足，成为弓形，前足有像耙子那样的细齿。它紧缩身体，几乎把身体折为两截，前胸以后的部分好像分裂开来。它高傲地重新抬起身体的前半部，宽阔的胸廓长得像心脏，脑袋硕大无朋。它尽量张开它那吓人的大颚，令人望而生畏。它摆出架势，敢于向碰触它的指头冲来。我当然不会被它轻易吓倒，在摆弄它以前，我考虑周详，而且注意观察。

我把外来的虫子部分安顿在金属钟形网罩下，部分安顿在短颈广口瓶里。两个器皿里都铺上一层沙土，每只虫子都立刻为自己挖洞。它们用劲弯下脑袋，用聚拢成像铁镐般的大颚猛力刨土、翻地、挖穴。它们张开前爪，爪上有钩，把挖出的泥屑聚拢成一抱。泥屑被向后推到外面，在小而脏的家门口耸立起一个鼹鼠丘。小洞迅速加深，通过一道缓坡到达短颈广口瓶的底部。黑步甲在纵深方向停止挖掘后，转而朝着玻璃内壁干起活来。它在水平方向挖啊挖，直到使这项工程总共增加了三分米为止。

它挖的这条地道几乎全部布设在玻璃瓶的直接掩护下，这倒有利于我在家里密切跟踪它的活动。我如果想观察这只黑步甲在地下的活动情况，只须稍稍抬起我小心地用来罩住短颈广口瓶的罩子就行。罩子不透明，可以让虫子避开讨厌的光线。

黑步甲认为住所已经够长时，便回到进口处。它对这个地方加工得更加仔细，把这个进口修造成一个漏斗，一个倾斜度不断变化的深坑。口子与蚁蛉的火山口同样大小，但更加质朴。洞口倾斜延伸，维护良好，没有一星半点崩塌的泥屑。在斜坡下部是平坦的地道前厅，格斗士黑步甲平时就在那里一动不动，六足半开，等待时机。

有什么东西发出轻微的声响，是我刚才带进来的一只蝉。这可是一道奢侈的菜肴，半睡半醒的设陷阱者黑步甲立刻醒来。它摇动因垂涎欲滴而微微颤抖的触角，小心翼翼，一步一步爬上斜面上部，朝外面张望了一下，看见了这只蝉。黑步甲从井坑里腾跃而起，冲出井外，向蝉奔去，抓住它向后拖。由于进口布设了陷阱，双方的搏斗十分短暂。这个陷阱像漏斗那样半开，以便收纳大个子猎物；它下部缩小，变窄，成了一道摇摇欲坠的悬崖绝壁，任何抵抗在这上面都会陷于瘫痪。漏斗的斜坡是致命的，谁一旦越入就无法避免被割断咽喉。蝉的脑袋朝下，整个身子陷进深坑。劫持者在坑里一阵阵拖曳它，把它带进一条扁圆形的地道。地道极其狭窄，蝉的翅膀完全停止了扑动。蝉被拖到了地道尽头的肢解厅，黑步甲担心它会逃跑，就用大颚折磨它，使它完全无法动弹，然后再回到上面。

占有了美味可口的野味，事情还没有结束呢，现在它要平平静静地把猎物吃下肚子。因此，黑步甲紧闭大门，不让不速之客进入，用挖掘出来的泥屑堆成的鼹鼠丘，把地道入口堵塞起来。它采取了种种预防措施后，回到下面入席就餐，不再打开它的小藏身处。当蝉已经被充分消化，饥饿再度来临时，它才会再去修补进口洞。现在，这个狼吞虎咽的家伙正在大快朵颐呢！

我在黑步甲的出生地和它一起度过的那个短短的上午，未能使我观察到它在海滩沙地上狩猎的经过。但是，它在囚禁期间发生的事，却足够使我把情况了解得清清楚楚。我看到黑步甲是一种强悍胆大的虫子，它的敌手身材魁梧也好，蛮力猛劲也好，都吓唬不了它。我刚才看见黑步甲从地下爬回地面，向路过者冲去。还隔着一段距离，它就伸出爪子捉住它们，强拉硬拽，把它们拖到屠宰场。花金龟、鳃金龟对它来说都是平平常常的猎物，它敢于向蝉进攻，敢于用它的獠牙咬住胖乎乎的松树鳃金龟，真是个胆大包天的家伙，什么坏事都干得出来。

在自然环境中，它也并不显得胆小一些。熟悉的地点，自自由由、无拘无束地来来往往，无限的空间、珍贵的带有咸味的空气，都使这个嗜斗好战的家伙狂热起来。黑步甲在沙土上为自己挖掘一个摇摇欲坠的出口宽大的隐蔽洞穴，并不是要效法蚁蛉，在漏斗底部等候在滑动的斜坡上踉踉跄跄行走、滚下深坑的猎物。它藐视偷猎者的雕虫小技，藐视捕鸟者的陷阱，它喜欢进行围猎。

　　黑步甲在沙上的长行足迹告诉我们，为了寻找大块野味肉，它在夜间巡猎。野味肉通常是黑绒金龟，有时是半刻金龟，新捕捉的猎物，它并不当场吃掉，而是用钳子般的大颚强拽猛拖进阴暗而宁静的地下庄园，从容不迫地享用。如果不未雨绸缪，要把一只绝望地拼死抵抗的大块头猎物拖进洞穴是办不到的。地道入口像火山口一样宽大，内壁摇摇欲坠。猎物不管多么粗大，从下面拖拉很容易被拖入，掉下深坑，泥屑会立刻把它掩埋起来，使它动弹不得。整个围猎过程就是这样。黑步甲这个海盗很快把门关上，把猎物的肚子掏空。

第二章 装死

关于昆虫装死这个问题，我首先要观察的，是胆大凶残的杀手黑步甲。使它变得毫无生气十分容易，我把它夹在指头中间转动，摆弄它一会儿。更好的办法是，两三次让它从不高的地方掉落在桌子上，它一再受震荡之后，如果产生震荡，我就让它仰面朝天躺着。这就足够了，这只躺着的虫子再也不动一下，俨然已经死亡。它折拢爪子，靠紧腹部；它展开触角，交叉成十字；并张开钳子似的大颚。旁边一只表将告诉我这场实验自始至终的准确时间。现在需要做的就只是等待，千万不能急躁，要有耐心，因为对窥视事件始末的观察者来说，这只步甲静止不动的状态历时之久会令人厌倦。

在同一天，在同样的气候条件下，在同一个实验对象身上，毫无生气的姿势的持续时间千变万化，我无法弄清个中原因。探测那举不胜举而且有时又非常微弱的外部影响，特别是探测虫子的内在感受，其中的奥秘难以识透，我只能把观察到的结果记录下来。

这只黑步甲静止不动维持了50来分钟，有时甚至超过1小时；步甲的静止状态平均持续时间为20分钟。如果没有什么意外情况惊扰这只步甲，如果我用玻璃钟形罩把它盖住，使它不受苍蝇的袭扰，毫无生气的状态就是不折不扣的。在炎热的季节进行实验时，苍蝇是惹人讨厌的来客。这只步甲的跗节也好，唇须也好，触角也好，都毫不颤抖、纹丝不动。好，这就是它处于完全彻底的假死状态。

现在，这只看上去已死去的虫子复活了，跗节微微颤抖，前足跗节先抖起来，唇须和触角缓缓摆来摆去；这是完全苏醒的先兆。

接着，它的爪子不断挥摆，狭窄的腰部略微弯成肘形，它使劲用头和背支撑身体，转过身来。啊，它现在碎步小跑起来逃啦。它还准备在我对它再次实施休克手术时再度装死呢。

我又重新开始实验，这只精神抖擞地复活了的虫子第二次仰天躺下，静止不动，而且把死亡的时间延长得更久。它苏醒后，我第三次、第四次、第五次实验，毫不停歇，它静止不动的时间越来越长。我举几个数字来说明吧。从第一次到最后一次连续进行的各次实验，持续时间分别为17分钟、20分钟、25分钟、33分钟和50分钟，装死的时间从一刻钟多到差不多一小时。

类似的现象虽然并不是恒久不变，却在我的实验中多次再现；当然，持续时间变化无常。这些现象告诉我们，一般说来，黑步甲总是把装死的时间延长。这是个适应问题吗？这是企图最终把过于顽强的敌人弄得疲累不堪、极其厌倦，因而变本加厉，耍弄花招吗？现在做出结论还为时过早，对步甲的观察还远远不够。

再者，我们也不要想象可能这样继续下去，直到我们失去耐心为止。黑步甲被烦扰得乱了方寸，迟早会拒绝再装死的。那时它一受震动就倒地仰卧，然后翻过身来逃之夭夭，似乎认为装死这种不很成功的计谋毫无用处了。

顺着这个思路，从表面上看，这只步甲，这个狡诈的家伙，这个好愚弄哄骗人的家伙，企图欺骗它的攻击者，它假装死亡，以此作为自卫手段。随着一再遭到攻击，它就更加顽强，一再进行欺骗。当它认为玩狡诈、耍花招全都枉费心机时，便走为上策。这种看法不过是种并无恶意的查询记录而已。如果真正存在欺骗行为，那么我将采用一种机智的方法来欺骗这个骗子。

接受实验的黑步甲躺在桌子上，它感觉身体下面有个坚硬的物体，因此无法向下挖掘，对它那有力而灵巧的身体结构来说，挖掘是件轻而易举的活；于是它只好装死，一声不吭，如果需要，甚至默不作声达一小时之久。如果它在沙土，在它所熟悉的变化不定的斗争场地歇息，它难道不会更快恢复活动吗？它难道不会稍微动来动去，表露它逃到地下去的意图吗？

我一直这样期待着；然而，我现在恍然大悟。无论我把黑步甲放在木头上、玻璃上、沙土上或者腐殖土上，它都丝毫不改变策略。在一块很容易挖掘洞穴的地面上，它装死的时间同在无法挖掘的地面上一样长。

它对支撑身体的物体的性质漠不关心，也毫不在乎，这向我们的疑惑稍稍打开了一扇门，接着发生的事则把这扇门大大敞开。这个受试者躺在我面前的桌子上，我仔细观察它，它也用炯炯发光、受到触角掩护的眼睛望着我、盯着我、观察我，如果可以使用这种说法的话。面对我这个庞然大物，这只步甲会有什么样的视觉印象呢？这个矮子是怎样打量我的身体，一个奇形怪状的庞然大物的呢？从无限渺小的深底看，广阔无垠或许是子虚乌有。

别扯得这么远，我得承认步甲在注视我，认出我是它的迫害者。以后，只要我在那里，这只疑神疑鬼的虫子就会一动不动。它如果决定动一下，那是在被我弄得极其厌烦之后。因此，我们离开吧，当任何计谋和花招都无济于事时，它就会急急忙忙站起身来，逃之夭夭。

我远走十步，到了大厅的另一端。我隐藏起来，一动不动，担心搅乱了环境的宁静。步甲又站起来了吗？没有啊，我的种种预防措施全都枉费心机。步甲被隔离后，非常安静，就像同我在一起时一样，长时间静止不动。也许这只目光敏锐的虫子，看见了我在房间的另一个角落，也许它那灵敏的嗅觉向它显示我在那里。为了更好地继续实验，我用一个保护它不受惹人厌的苍蝇袭扰的钟形罩，把这只黑步甲盖住，然后离开大厅，走进荒石园里。在这只虫子的周围再也不会有什么令它惊惶不安了，门窗紧闭，没有丝毫声响来自屋外，也没有任何事物在屋内引起骚动，在这万籁俱寂之中会发生什么呢？同平时相比，不多什么，也不少什么。我在外面等了20分钟、40分钟后，再去看望这只虫子，我发现它还是像先前那样朝天仰卧着，一动不动。

我对不同的对象反复实验，已经把问题解释得清清楚楚。我敢明确肯定，步甲做出死亡姿势，不是身处险境的欺骗行为。此时此地什么也没有吓唬这个小家伙啊，周围寂然无声，安宁静谧。如果它始终坚持一动不动，就不会是为了欺骗敌人。毫无疑问，应该到别处查找原因。

是什么使它必须具备特别的防御技巧？我能理解身处险境时求助于诡计的弱者、自身防护能力很差的和平爱好者。而这种昆虫，好战的海盗，严严实实戴盔披甲，我却很不理解。在它居住的海滩上谁也无法抵抗它，最强劲有力的金龟子和黑绒金龟性格温良宽厚，它们非但不粗暴对待黑步甲，反而使它的洞穴装满猎物。

黑步甲受到鸟的威胁吗？这也十分可疑。步甲浑身充满刺激性气味，不致成为吸引鸟儿去啄食的一口美味。再者，白天它在洞穴深处蜷缩成一团，谁也看不见它在那里，谁也不会猜到它在那里。夜间它才会爬出洞穴，而这时鸟已经不再在海滨巡视，它大可不必害怕被鸟啄食。这个屠杀黑绒金龟，有时甚至还是屠杀半刻金龟的刽子手，这个天不怕地不怕的凶恶残暴的家伙，竟然胆小得一有风吹草动就装起死来！我大胆冒昧，越来越对此表示怀疑。

再看看光滑黑步甲，同一个海滩的主人，更加深了我的怀疑。大头黑步甲是巨人，相比之下，光滑黑步甲是矮子。它们的形态相同，穿的煤玉色服装相同，披挂的盔甲相同，天生的抢劫习性也相同。光滑黑步甲尽管体弱、身窄，却几乎从来不耍装死的花招。它受到片刻烦扰就倒地仰卧，然后很快立起身来逃跑，我几乎无法让它静止不动几秒钟。只有一次，这个矮子由于我坚持，被制服了，毫无生气地待了一刻钟。那个巨人同它相比，差距多么大啊。巨人摔了个仰八叉，马上就一动不动，有时甚至要一小时后才立起身子。如果装死的确是一种防身的诡计，那么它产生的结果却适得其反。巨人强劲有力，应当不屑于采用这种懦夫的姿势，懦弱的矮子则应当采用，然而实际情况却正好相反，这里面有些什么奥秘呢？

我再次做实验，检测危险产生的影响。我把什么敌人放在仰卧着一动不动的胖乎乎的黑步甲面前呢？我可不知道它有什么敌人呀，我只好让一个勉强可以算作敌人的进犯者出现。苍蝇给了我启示。炎夏酷暑时节，当我进行研究时，苍蝇多么讨厌，令人心烦。如果我不使用钟形罩，或者不密切注意防范，这种喜欢寻衅的双翅目昆虫，就很少不停落在实验对象身上，很少不用它的吻管探测这个对象；但这一次我听之任之，任凭它去干好了。

苍蝇刚用足轻轻碰触黑步甲，黑步甲的跗节就颤抖起来，仿佛受到轻微的电流震动。如果这名来客只不过是路过而已，事态就不会进一步发展。但是，如果它坚持留下，特别是坚持留在黑步甲那张被唾沫和吐出的食物液汁弄湿的嘴附近，这只受到烦扰的虫子马上就抖动六腿，转过身来，逃之夭夭。

也许它认为在这样一个令人蔑视的敌手面前，延长欺骗的伎俩是不适宜的，它恢复活动，因为它认识到危险纯属子虚乌有。我只得去找另一个力气和身材都令人生畏的讨厌家伙。恰好我手头有只爪子和大颚都强劲有力的天牛。长角昆虫是和平的昆虫，我很清楚；但是，黑步甲却不了解呀。在海滩的沙地上，它从来没有面对过这样令它望而生畏的庞然大物，对这个陌生者的畏惧只会把情况搞糟。

　　天牛在我的麦秸的引导下，把爪子搁在躺着的黑步甲身上，黑步甲的足马上颤抖起来。如果天牛同它的接触延长、加倍、转变为进犯，假死的虫子就站立起来逃走。这只不过就是苍蝇微微搔痒时，我见到过的那种情景。由于不为人知且更加令人害怕的危险迫在眉睫，假死的诈骗伎俩就踪影全无，取而代之的是逃跑。

　　下面的实验有小小的价值。我用硬物碰撞仰卧着黑步甲的桌子脚，震撼十分微弱，不足以明显地摇动这只桌脚，仅仅是使被撞击的物体产生内部振动，而且力度有限，不会扰乱昆虫的静止状态。每撞击一下，这只步甲的跗节就弯曲一下，微抖片刻。

　　最后，我来谈谈光的影响。到目前为止，实验对象躺在半明半暗的房间里，并没有直接接受日照。如果我把静止不动的黑步甲移走，从桌子上移到窗台上，移到光线强烈的地方，它会怎样呢？我们马上就可以看清楚，在太阳的直射下，黑步甲立刻翻过身来，拔腿就逃。

　　我已经谈得够多了。受迫害的实验对象，你刚才泄露了你的一半秘密。当苍蝇逗弄你，把你发黏的嘴唇弄干，把你当成它渴望从中吸出液汁的尸体时，当奇形怪状的大天牛出现在你惊骇的视线之内，把足搁在你的腹部像要占有一只猎物时，当桌子颤抖，对你来说就像洞穴受到入侵者的破坏而发生震动时，当强烈的光线照遍你全身，而这种光线又有利于敌人的图谋，却危及黑暗的昆虫朋友的安全时，如果你真的受到威胁时的对策就是装死；的确，就是在这个时刻，一动不动是适当的。

但是，在危急时刻，你却直打哆嗦，摇晃身子，站立起来，拔腿就跑。你的狡诈伎俩被揭穿了，说得更确切些，你压根就没有什么狡诈伎俩；你那没有生气的状态并不是装出来的，而是真实的。这是一种暂时的麻木状态，你娇弱的神经让你陷入其中；一点微不足道的事会使你陷入这种状态，一点微不足道的事又会使你脱离这种状态。光的沐浴，这个最灵验的刺激物，更会使你如此。

在骚动不安之后长时间装死，粗大的黑吉丁是大头黑步甲的对手。擦着白粉的吉丁是黑刺李树、杏树和山楂树的朋友，它的拉丁学名叫粉吉丁。有时，我看见它紧紧收拢爪子，压低触角，死气沉沉地仰天躺了一小时以上。有时，它又时刻准备逃跑。这显然是受了大气条件的影响，其中的奥秘我还不了解，我所了解的就是一两分钟的静止状态。

我再说一遍，在各种各样的实验对象中，死亡姿势历时的长短变化无常，取决于大量意想不到的环境条件。我利用经常出现的良好时机，让粉吉丁接受大头黑步甲接受过的各种不同的实验。实验的结果相同，谁了解了第一批结果就会了解第二批，不必再详细叙述。

我只谈谈当我把这只在阴影里静止不动的吉丁，从桌子上移到阳光朗照的窗台上时，它怎样迅速敏捷地恢复活动。这只虫子在高温和亮光里沐浴几秒钟，微微张开它当作操纵杆的鞘翅，转过身来。如果我的手没有及时抓住它，它就迅速起飞。它是光的狂热爱好者，是日照的热诚崇拜者。在气温最高的下午，它在黑刺李树上微醺半醉。

吉丁对高温的爱好，使我产生了一个想法：当它装死时，我让环境突然冰凉起来，会出现什么情况呢？我隐约地预感到装死的状态会延长。当然，不应当冰凉得太厉害；如果太冷，越冬昆虫在被寒冷冻得麻木后会患的嗜眠症就会到来。我必须让吉丁尽量保持充沛的生命力。温度下降必须是缓慢的、有节制的，使吉丁能够在这样的气候条件下，保持日常生活的行动能力。

我有一只适于冰冻的小木桶，桶里盛着井水，夏天，井水温度低于周围温度12摄氏度左右。我碰撞了一只吉丁几下，使它丧失活力，然后让它仰卧在一只小短颈广口瓶的底部，我把这只瓶子密封起来，沉入盛满井水的小木桶里。为了使桶内保持凉爽，我一点一点地更新水，同时注意不震动在瓶里静止不动的吉丁。我的细心照管得到了回报，五小时后，吉丁在水里仍然纹丝不动。我说的是五小时，长长的五小时啊。如果我没有因为疲累不堪，失去耐心而中止实验，我当然可以让这只虫子浸泡在水里的时间更长些。但是，这已经足够排除一切关于虫子进行欺骗的想法。毫无疑问，虫子并没有装死，它的的确确处于半睡眠状态。心烦意乱、惴惴不安使得这只虫子无法动弹，是我的骚扰引发了这种状态，冰凉的环境又加剧了它。

我用类似的方法，在大头黑步甲身上测试轻微的降温所产生的效应和影响。实验结果与吉丁的表现并不相符，我未能使静止状态超过50分钟。过去我并没有使用冷却手段，就多次使黑步甲同样长时间地静止不动。这一点我应该预见到的。喜爱灼热日照的吉丁对冷水浴的感受不同于黑步甲，后者是夜间出没的强盗和地底下的主人，气温降低几摄氏度会使怕冷的吉丁大感意外，习惯于冰凉的步甲却毫不在乎。

粉吉丁

循着这条途径，我又进行了另外几次实验，我没有了解到更多的东西，我看出静止的状态根据昆虫寻求阳光或者躲避阳光，有时持续时间较长，有时持续时间较短。现在，我改变了方法。

我让几滴滴在一只短颈广口瓶里的乙醚蒸发掉，同时将在同一天抓到的粪金龟和粉吉丁放进瓶里。这两个实验对象在相当长一段时间内都一动不动，含醚的蒸汽使它们昏昏入睡。我于是赶紧把它们取出来，让它们在露天仰卧。它们受到撞击或者受到其他骚动的影响时，摆出的就是那种姿势。吉丁的足通常紧紧贴靠着胸部和腹部折叠起来；粪金龟则把足横七竖八地伸出，十分僵硬，就好像患了蜡屈症似的。它们死了吗？它们还活着吗？谁也说不准。

它们没有死，两分钟后，粪金龟的跗节微微发起抖来，唇须颤动，触角软弱无力地摆来摆去；接着，它的前爪开始颤抖；一刻钟还没有过去，别的爪子也乱伸乱动起来。被撞击震荡得无法动弹的吉丁，也是以相同的方式恢复活动。至于这只吉丁，它长时间一动不动，我最初还以为它真的死了呢。它在夜间恢复过来了，第二天我发现它同平时一样活动。用乙醚进行的实验一旦取得期望的效果，我就立刻停止。这种实验没有致吉丁于死命，但后果却比粪金龟的严重得多。对撞击的震荡和对温度的降低最敏感的虫子，对乙醚的作用也最敏感。

昆虫受到撞击或者被搁在手指中间揉捏，会失去生气。在此方面我观察到的巨大差异，可以用易感性的微妙差别来解释。吉丁保持静止不动差不多一小时，粪金龟却在两分钟后就剧烈摆动。粪金龟在哪个方面比粉吉丁较少需要装死的计谋来进行自卫呢？后者受到粗大的形体和甲胄的保护，这副甲胄坚硬得甚至用大头针尖也无法刺穿。千千万万只昆虫向我们提出同样的问题，将会使我们不胜其烦，而我们又不可能根据实验对象的种类、外形和生活方式，窥见到会发生什么。在这些昆虫中，一部分静止不动，其余的则不是这样。

粉吉丁的装死状态较持久，与它同属一个种属的昆虫，身体结构相同，它们的情况也是这样吗？完全不是。我偶然捉到了亮丽吉丁和九点吉丁，我抓弄前者，马上遭到反抗，它用爪子抓我的指头和镊子，而且一旦仰面躺下就马上顽强地立起身来。九点吉丁很容易静止不动，但它的死亡姿势非常短暂，最长也只有五分钟。

我经常在附近丘陵的碎石堆下遇到的杨树叶甲，它持续静止不动超过一小时，可与黑步甲一试高下。但我得补充一句：它经常在短短几分钟内就苏醒过来。应该把杨树叶甲长时间装死，归因于它属于步甲科昆虫吗？两斑黑绒金龟一旦栽了跟斗，圆背朝天就马上站立起来；琵琶甲由于背部平齐、身体肥胖、鞘翅粘连，无力翻身，在一两分钟失去活力之后绝望地摇摆。

短爪鞘翅目昆虫小步快走，似乎应该比其他昆虫更会使用诡计，来弥补它不能迅速逃跑这个缺点。从表面上猜测尽管看来有根有据，却与客观事实不符。我对叶甲属、葬尸甲属、方喙象属、盔球角粪金龟属、花金龟属、瓢虫属等类昆虫进行了调查研究，几乎总是几分钟、几秒钟就足以使它们从休克状态中恢复过来。它们当中，甚至好些还顽固地拒绝装死呢。

关于很有步行逃跑才能的鞘翅目昆虫，要谈的也应和这些差不多，有的静止不动，大多数则乱奔乱跑，难以制服。总之，没有什么入门书能够预先告诉我们："一类昆虫喜欢装死；另一类犹豫不决；第三类拒绝这样做。"当实验还没有发表看法时，除了不明确的可能性之外，别无其他。我们将从一堆混乱不堪的现象中，得出一个确有把握的结论吗？我希望是这样。

第三章 ✖ 催眠状态 自杀

人们不会模仿素昧平生的人，毫无疑问，人们也不会装成毫不了解的人。要装死，就得对死亡有几分了解。那么，不管什么昆虫，说得更准确些，不管什么动物，它对有限的生命有预感吗？它有时会在它那简单的脑子里，思考有关生命末日这个令人心烦意乱的问题吗？我同虫子频繁接触，我同它们亲密相处，但我从来没有遇见过一只虫子授权给我，对这个问题回答"是"。

对生命的最后时刻感到的不安，既是我们的最大痛苦，也是我们的崇高伟大，命运卑微的动物免除了这种不安的心态，同处于混沌模糊状态中的孩子一样，动物享受现在，从不思考未来。它摆脱了思虑未来的末日会带来的痛苦，生活在蒙昧无知的甜美宁静中。只有我们才去预见时光岁月的短暂，只有我们才去焦虑地考察长眠的墓穴。此外，对不可避免的死亡投以这样一瞥，需要思想的成熟，因此，这种洞察出现得相当晚。这个星期我得到了一个有趣的例证。

一只可爱的小猫，它是我家的欢乐，在久病不愈、受尽折磨之后，在昨天夜里死去。早上，孩子们发现它身子僵硬，躺在篮子里，大家都十分忧伤。四岁的小姑娘安娜尤其悲痛，她用深思的目光仔细端详这个曾和她一起玩耍的小朋友。她抚摩它，呼唤它，用杯子里的几滴牛奶喂它。她说："小猫赌气了，它不吃我的早餐了，它睡着了。我还从来没有见过它这样睡着呢，它什么时候才会醒来呀？"

面对死亡这个严肃的问题，孩子从言语和行动上表达出来的天真无邪使我心如刀割，万分痛苦。我急忙让这个孩子离开小猫，偷偷把它埋掉。以后吃饭的时候，小猫不会再出现在饭桌周围，悲伤的小姑娘最后终于明白，她的朋友已经熟睡，什么也弄不醒它了。关于死亡的概念第一次模模糊糊进入了她的头脑。我们在年轻的岁月里所不知道的事，昆虫有幸知道吗？孩提时代，我们的思考能力正在发展，它尽管幼弱，却大大优于昆虫迟钝的智力。昆虫能够预见到某种结局吗？这对它来说既厌恶，也毫无用处。我们在做结论之前，不要去请教什么高深的科学这令人怀疑的向导，而去请教一下火鸡这个说大实话的非凡动物吧。

我现在重提一下我在罗德兹皇家中学短暂求学时①，给我留下的最鲜活的回忆之一。这所学校当时就叫中学，今天叫作公立中学，因为事物总在发展进步嘛。

复活节前的星期四来临，外文译成法文的练习做好了，十个希腊文词根学过了，我们一伙冒失鬼成群结队下到山谷底，把裤管卷上膝盖，像纯朴的渔夫那样在阿维龙河的静水里捕鱼。我们希望捕到花鳅，这种鱼儿还没有小指头粗，但是因为它在泥沙上、在草丛中一动不动，很吸引人，我们指望用三叉戟叉刺它。这种奇迹般的捕鱼我们很少成功，鱼捕得很顺手时，大家拼命欢呼。花鳅这个调皮的家伙，看见叉子刺来就摆三下尾巴，接着就消失得无影无踪。

不过我们在毗邻草坪上的苹果树上得到了补偿。苹果总会为调皮捣蛋的孩子带来欢乐，尤其当它是从不属于你的那棵树上采摘下来的时候。我们大家的荷包里都塞满了这些禁果。

---

① 1833年，法布尔随家人迁往罗德兹市，进入罗德兹中学求学，星期日去小教堂服务，为挣点钱来支付学费。——校注

　　还有另一种娱乐在等待我们呢。火鸡群到处都有，它们随心所欲，四处游逛，把农庄周围的蝗虫嚼得稀烂。如果农家女不出现，大伙就会玩得十分惬意。我们每人抓住一只火鸡，把它的头压在翅膀下面，摇晃它片刻，然后让它侧卧在地上，这只鸟儿于是不再动弹了。整群火鸡都任凭我们这些讨厌的家伙摆布，草坪好像变成了屠宰场，死了的火鸡和奄奄一息的火鸡触目皆是。

　　当心啊，受到骚扰的家禽发出咯咯声，向农家女揭发我们的魔法巫术，她会拿着一根竿子赶来。但是，那时我们的腿多么灵便啊！于是，篱笆后面爆发出阵阵哈哈大笑，我们很快逃得无影无踪。

　　现在是火鸡熟睡的美妙时刻，我的动作还会像童年时那样灵巧吗？今天不再是小学生的调皮捣蛋，而是严肃认真的研究。我正好有个实验对象，一只火鸡，它即将成为圣诞欢乐的受害者。我过去曾在阿维龙河畔成功地摆弄这种禽鸟，现在我又如法炮制，把它的头深埋在翅膀下面，一边用手让它保持这个姿势，一边从上到下慢慢摇晃鸟儿两分钟。

　　奇怪的结果产生了，像孩童时那样摆弄，效果并没有好些。我的实验对象失去了生气，侧身倒在地上，任人摆布。如果它那时而鼓胀起来，时而消缩下去的羽毛，没有显露出它还在呼吸的迹象，我们还以为它死了呢。它的确像只死鸟，在"临终"的抽搐中，它的足变得冰凉，蜷缩起来收到腹部下面。这个景象看起来真是凄惨，面对我的魔法产生的结果，我感到有些不安。可怜的火鸡！如果它不再苏醒过来，事情可就糟啦。

　　然而，我们别担心，它醒了，它立起身子了。不错，身子有一点摇摇晃晃，尾巴悬垂，神情窘迫，但这些很快就过去了。在很短的时间内，这只鸟儿恢复了它原来的样子。

　　这种昏昏沉沉的状态介于睡眠和死亡之间，持续时间长短不一。休克状态多次出现在我那只火鸡身上，每次之间有适当的间隔，有时持续半小时，有时几分钟。同对待昆虫一样，要把个中原因弄得清清楚楚，是件非常麻烦的事。之后我用珠鸡实验更加成功，它那迷迷糊糊的状态持续了很长时间，以致我对这只鸟儿的情况感到惴惴不安起来。它的羽毛压根没有显示出它在呼吸，我忐忑不安，自忖这只鸟儿是否真的死了。我用脚稍微在地上把它挪动一下，它纹丝不动。我再挪动它，它抽出了头，站立起来，平衡一下身体，逃之夭夭。它的麻木状态超过了半小时。

　　现在我想用鹅来进行实验，可是，我一只鹅也没有呀。我的园丁邻居把他的那只给了我，鹅被带来时，身子摇摇摆摆，晃头晃脑。它那像喇叭似的嘶哑声响彻我的寓所，但不久以后它就寂然无声了。这只强壮的蹼足类动物躺在地上，头埋在翅膀下面，情况同火鸡和珠鸡一样。

　　轮到母鸡和鸭子，它们也支持不住。但是，它们装死的时间持续得短些。我的催眠术对小动物比对大动物效果更差吗？如果我相信鸽子，情况就很可能是这样的。鸽子只屈从了两分钟，睡了两分钟觉；翠雀和它的雏鸟更加倔强，我只能使它们半睡半醒几秒钟。

　　昆虫已经让我们隐约看到，随着生命活动在小型动物的身体内部越来越精细，麻木状态的持续时间就越短。大头黑步甲在一小时内一动不动，而矮小的光滑黑步甲推得令我厌烦也制不服它。大粉吉丁长时间对我的摆弄服服帖帖；亮丽吉丁，又是一个矮子，却顽固地不听从我的摆布。

　　我把大型动物撇在一边，我对它研究得太少。我只记住一点：用一种十分简单的妙法，可以让禽鸟进入一种表面死亡状态。我的那只鹅、那只火鸡和其他禽鸟，它们是为了欺骗折磨它们的人而耍弄花招吗？然而，它们谁也没有想到装死，这是毫无疑义的。它们的确陷入了一种很深的麻木状态中，一句话，它们被施了催眠术。

长期以来，这些情况已经广为人知。就时间而论，它们也许在催眠术科学或者人工睡眠科学中最早出现。我们这些罗德兹的年轻学生，怎样了解到火鸡睡眠的奥秘呢？我们肯定不是从书本里了解到的。这个奥秘不知道是从何而来，它像所有进入儿童游戏的事物一样，是破坏不了的，自古以来就口耳相传。

今天，在我居住的塞里昂的村子里，发展变化的情况同从前没有什么两样，催眠禽鸟这门技术的年轻学徒比比皆是。有时科学的始源十分卑微，没有任何情况表明，游手好闲的小家伙的调皮捣蛋行为，肯定不会是我们关于催眠术知识的源泉。

我刚刚把昆虫摆弄了一番，从表面上看，这些动作与当年农家女打响竿子追赶我们时，我们对火鸡的摆弄一样幼稚可笑。可是，别笑，在这些天真幼稚的行为后面跟着一个严肃的问题。

昆虫同家禽假死的状态，相像得令人感到奇怪：都有死亡的形象，都迟钝呆滞，都有肢体的抽搐，都因刺激物介入而提前结束假死状况。这种刺激物对鸟类来说是声响，对昆虫来说是光线。寂静、阴影和安宁使静止不动的状态延长，持续时间的长短在各种动物之间千变万化，似乎随着体形变大而增加。

在催眠时每个催眠者所能诱发的睡眠程度彼此颇不相同，它可能对一个人施展成功，对另一个人却遭到失败，催眠术士不得不选择催眠对象。同样，在昆虫中进行选择也是必要的，因为并不是所有的昆虫都会对实验做出反应。我精选的实验对象是大头黑步甲和粉吉丁，其他绝对无法驯服的、拼死反抗的，或者只是处于短暂休克状态的昆虫真是千千万万。

昆虫从静止状态恢复到活动状态，呈现出某些十分值得注意的特点，问题的答案就在这里。我们再回到接受乙醚蒸汽实验的对象上去看看。这些虫子的确被催眠了，它们一动不动。这不是在耍花招，这是毫无疑问的。它们的确是在死亡的门槛上，如果我没有及时把它们从蒸发了几滴乙醚的短颈广口瓶里取出，它们就永远也不会从迟钝状态中苏醒过来，这种状态的终极就是死亡。

然而，它们身上的什么迹象预示生命活动恢复了呢？我们知道，这些迹象是：跗节微抖，唇须颤动，触角摇摆。从酣睡中醒来的人伸展四肢，打哈欠，揉眼皮。昆虫从乙醚引发的睡眠中醒来后，同样有恢复知觉的方式，它摇动细小的跗节和最活跃的器官。

现在我们来仔细观察一只昆虫吧。这只昆虫受到撞击震动，受到刺激烦扰，身子翻转，仰天躺下，被人认为是在装死。它的生命活动恢复的方式和顺序，与乙醚的麻醉作用消失后的情况相同，首先是跗节微微发抖，然后唇须和触角缓缓摇动。

如果这只昆虫真的正要花招、施诡计，那么这些细致的苏醒准备动作，对它来说又有什么必要呢？危险一旦消除，或者被认为已经消除，它为什么不迅速站立起来，尽快逃跑，而是慢吞吞做些不合适的假动作呢？我坚信，那个在熊的鼻子下装死的猎人，在这只野兽离去后，不敢在原地长时间伸展四肢，不敢老是揉擦眼睛，他会站起身来拔腿就跑。

这只昆虫竟然狡猾得甚至在最小的细节方面也假装复活?!事情决不是这样的，这种看法是荒谬的。跗节的颤动、唇须和触角的摇动，种种前兆都明显地肯定，存在着一种真正的、即将结束的昏沉状态，这种状态同乙醚造成的后果相似，但程度较轻。跗节颤动等表明，被我的计谋弄得动弹不得的昆虫，并不是像民间传说那样，或者像流行理论重复的那样装死，它的确被施了催眠术。

一次震动的撞击，一次突然感到的恐惧，使昆虫进入一种半睡眠状态，就像被摇撼片刻的禽鸟将头埋在翅膀下面那样。突然的恐惧使我们全身瘫痪，有时还会致我们于非命。为什么昆虫娇弱敏感的身体就不会同我们一样，抵挡不住恐惧的压迫，暂时被压垮了呢？如果昆虫稍稍有些不安，它就蜷缩片刻，接着很快恢复平静，然后立刻逃走。如果它惊恐万状，身上就会出现催眠状态，长时间静止不动。

昆虫对死亡毫无所知，因此无法佯装死亡，而且它对自杀这个逃避深重灾难的绝望手段毫不了解。据我所知，在动物自我了断这件事上，还从来没有一个实例。在情感的感受力方面最有天赋的动物，有时会因极度悲伤而体能衰退，这一点是大家认可的。但是，这种现象距离自伤、自杀还远着呢。

说到这里，我想起蝎子自杀，有人肯定这个事实，有人却不以为然，予以否定。据说蝎子被火圈包围，用自己有毒的螯刺伤自己。真有这样的事吗？现在我们来亲眼瞧瞧吧。

环境帮了我一个大忙。我现在在一些大瓦钵里，用一层沙土和陶瓷碎片搭建成的隐蔽所里，饲养了一群可怕的蝎子。它们不大符合我研究昆虫习性的要求，于是我将它们用于另一项实验。我捉到了两打左右粗大的南方白蝎子。在附近的丘陵上扁平的石头下面，在日照最好的多沙地带，到处爬着这种令人憎厌的虫子。它们总是离群索居，名声很坏。

关于蝎子螯会带来什么伤害，我个人没有什么要谈，因为我总是小心翼翼，避免了接触实验室里那些可怕的囚犯可能面临的危险。我自己对此一无所知，还是让别人谈谈，特别让樵夫来谈谈吧。他们隔很久一段时间就会因为缺乏先见之明而受到伤害，其中一个人对我讲述说："我喝完汤，在柴捆中小睡。这时忽然一阵剧痛把我惊醒，就好像一根烧红了的针在刺我。我伸过手去，糟啦，有个什么东西在动。原来是一只蝎子钻进我的裤子里，刺我的小腿。这只讨厌的虫子有指头那样长，先生，就像这样长，这样长。"

这个老实巴交的人伸出他长长的食指，一边说，一边比画。这个大小倒也没有让我感到怎样惊奇，因为我捕捉虫子时见过同样个头的。

他接着说："我想继续干活，可是出了一身冷汗，看着看着我的腿就肿起来啦，肿得这么粗，先生，这么粗。"他又用手势来表达。这个汉子在他的腿边张开两只手，两只手中间隔着一段距离，表示有小桶那样粗。"不错，这样粗，先生，这样粗。我好不容易才走回家，虽然距离只不过四分之一里。我的腿越肿越高，第二天一直肿到了这儿。"这时他用手指给我看他肿胀的高度。"是的，先生，我第三天肿得站不起来啦。我尽量耐着性子等呀等，把腿搁在桌子上，用了一些碱性敷料才把这件事了结了。我要说的就是这些，先生，就是这些。"

他又对我说："另一个樵夫的小腿也被蝎子刺了。这个樵夫在离家相当远的地方捆扎柴薪，被刺后再也没有力气回家啦。他倒在路边，过路的人让他骑在他们肩上，一路吆喝，把他送回家中，就像扛死尸那样，先生，就像扛死尸那样。"

这个叙述情况的乡下人做手势胜过用嘴讲。他的话没有半点夸张，被白色蝎子刺，对人来说是个十分严重的意外事故。蝎子被同类刺，自己也会很快倒下。我有更好的证据，因为我自己观察过。

我从我饲养的蝎子中取出两只强劲有力的作为实验对象，我把它们放在一个短颈广口瓶底部的一层沙土上，让它们面对面。一旦它们向后退，我就用麦秸尖把它们逗引回来，让它们对峙。这两只受到骚扰的虫子被激怒后，决定进行一场决斗。毫无疑问，它们把我制造的烦恼归咎于对方。它们的螯肢是防御的武器，展开成半圆形，以便在一段距离之外抓住对方。它们的尾巴突然松开，从背上向前伸出。它们那盛着毒液的细颈瓶形器官互相碰撞，很小一滴像水那样清澈透明的毒液，在螯牙尖形成一颗水珠。

攻击进行了一会儿，一只蝎子正好被另一只的带毒的武器刺中。完啦，受伤的那只马上倒下。胜利者平平静静地啃吃战败者的头和前胸；说得好听些，胜利者啃吃战败者的前部，我们想在那个部位寻找头但只找到前胸。胜利者一小口一小口地吃，但一口吃得很久。这只吃肉的虫子在四五天内几乎毫不停歇，蚕食同胞的肉。吃战败者的肉，这是光明磊落的战争行为，是唯一可以原谅的。我们的战争是人对人的战争，只要战场上的人肉没有被当作食品来熏制，我就理解不了这些战争。

现在我真正把情况弄清楚了，蝎子的毒螯可以立即致它本身于死命。我现在像别人那样来谈谈自杀这个问题。据说有只蝎子被火炭围着时用毒螯刺伤自己，自愿了结它受到的酷刑。如果情况真是这样，这只虫子倒也真不错啊。不过，我们还是来观察一下吧。

我从我饲养的那群虫子中选择最粗壮的当作实验对象，把它放在烧着的炭火中央。风箱把炭火扇到白热的程度，这只虫子一受到高温侵袭，就在火圈里一边后退一边打转。它不小心碰到了火红炽热的栅栏，它到处盲目地、胡乱地倒退，可是倒退又使它经受剧痛的触碰。它每次试着逃跑都被烧伤得更加厉害，于是它惊慌失措起来。它前进受到烧烤，后退也受到烧烤，它绝望了，愤怒了，于是挥舞弯曲的刺刀，把它展开、放下，再急速地、慌乱地拿起来，我根本无法自始至终真切地看到它的剑术。

用毒螯刺一下自己的身体，使自己得以从酷刑中解脱出来，这个时刻终于来到了。这个受刑者果真突然抽搐一下，身子伸直，平躺在地上一动不动了。它不再动弹，毫无生气。这只蝎子死了吗？看来真的死了，也许它真的用螯肢刺了自己一下。它最后拼死挣扎，乱摇乱动时，我没有看见这个刺的动作。如果它的确刺伤了自己，如果它的确求助于自杀，毫无疑问，它已经死亡。我刚才看到它多么快就死于自己的毒液。

我对这件事心存疑惑，便用镊子把这只死虫夹起来，放在一层清凉的沙土上。一小时后，这只所谓的死虫复活了，和它接受实验以前同样强壮。我对第二只、第三只进行实验，结果也相同：接受实验的昆虫同样在绝望挣扎，惊慌失措之后，突然陷入没有生气的状态，像遭到雷击那样摊开肢爪躺在冷凉的沙土上，然后复苏过来。

因此，我认为，发现蝎子自杀的人是受了这种突然昏厥、暴发性抽搐的迷惑和欺骗。炭火的高温使激怒的蝎子抽搐起来，这些人太过轻信，于是让实验对象继续受烧烤。如果他们不那么轻信，早一些把虫子从火圈中取出，就会看到蝎子假死后会很快复活，这种虫子并不知道自杀是怎么回事。

除了人以外，没有任何有生命的东西知道自杀这个最高级的办法；除了人以外，没有任何有生命的东西了解死亡是怎么回事。我们感觉到自己有能力避开生活的灾难，是一种崇高的特长。长于思考，这是我们作为人高于低级动物的标志。但是，当我们从可能性进入行动时，归根结蒂是因为怯懦。

谁打算走到自杀这一步，就至少应该向自己重述25个世纪以前、黄面孔的伟大哲学家孔子的话。这位中国圣哲某天在一个树林里，突然看见一个陌生人，这个人正把绳子系在一棵树上准备上吊，于是这位圣哲对他说了一番话，大意是：

> 哀莫大于心死。哀皆可补，唯心死不能。勿以万事于子皆无可救，试以历多世而无争之理自服。此理为：活则无绝望之事。人能自至哀达至乐，自至难达至福。子其鼓勇若自今日起知生之所值。子其善用寸阴。①

这种中国式的浅易哲学颇不乏优点，它使人想起一位寓言作家的另一种哲学：

> 如果我致伤致残，缺胳膊少腿，患痛风，只要我活着，这就够了，我就心满意足了。

不错，这位寓言作家和圣哲孔夫子都说得很对，生命是重大和严肃的，人不能在生命的路途中一遇到拦路的荆棘，就把生命当成笨重碍事、一文不值的东西扔掉。我们不应该把生命看作是一种享乐、一种苦难，而应该把它看成只要我们没有获准休假离开这个世界，我们就应当竭尽全力完成的一项义务。

提前离开是怯懦、是愚蠢。根据自己的意愿坠入死亡的陷坑，

① 经查孔子并无以上言论，疑作者引文有误。——译注

从这个世界消失，我们具有的这种能力并没有准许我们弃世逃遁。相反，它向我们开辟了对动物来说完全陌生的远景。只有我们才知道生命的欢庆怎样结束，只有我们才能预见自己的末日，只有我们才崇拜死者。这些重大的事，别的任何动物都不会想到。当一种伪科学大肆喧嚣，宣布昆虫自杀的时候，当这种科学向我们断言，一只可怜的昆虫用装死来欺诈行骗的时候，我们可以要求这种科学更贴近事物进行观察，要求它不要把虫子因恐惧引发的催眠状态，和一种虫子并不知晓的自杀状态混为一谈。只有我们能够清清楚楚地看到一种结局，只有我们具有看见人世彼岸的卓越本能。地位卑微的昆虫，它也发表自己的意见说："你们要有信心，本能是从来不背叛自己的诺言的。"

第四章 🐛 老象虫

冬天，在昆虫越冬期间，古币学伴我度过了一些美好的时光。我很乐意考察和研究古币那些金属小圆片，它们被称为历史灾难的档案。普罗旺斯，希腊人曾经在那里种植橄榄树，拉丁人曾经在那里创制法律；现在，一个农民在那里翻耕土地时，看到了这些疏疏落落到处散布的金属圆片。他把金属片带给我，问我它们在古币方面有什么价值，但从不问我它们有什么意义。

这个农民新发现的古币上的铭文，对他来说又有什么意义呢？人们过去受苦受难，现在受苦受难，将来也受苦受难。对他来说，这就是对历史所做的总结，其余的都毫无意义，那些东西不过是游手好闲、饱食终日、无所事事的人的消遣。

我对过去的事物没有这种冷漠的超然物外的达观思想。我用指尖搔刮这枚圆形钱币，小心翼翼地剥去外面那层泥壳。我用放大镜审视，试图解读它的说明文字。当铜圆或者银圆开口说话的时候，对我来说，这可不是个小小的乐趣啊。我刚刚读了一页关于人类的记载，不是在书本那个可疑的叙述者那里读到的，而是在人和事几乎活着的当代档案里读到的。

这枚银币被冲头铸压成扁平形状，显示出字样，说明文字标出VOOC-VOCVNT。这枚银币来自毗邻的小城市维松。博物学家普林尼有时去那里度假，这位著名的博物学家在那里，在主人的餐桌上，或许品尝过秋天啄食无花果的莺。这种鸟儿在古罗马的美食家中享有盛誉，今天仍然以"马后膝"这个名称闻名于世。令人不快的是，我的这枚银币没有对这些比一次战役更值得记忆的事件做任何说明。钱币的一面是个头像，另一面是匹奔马。总体看来，这是一种蛮族的错谬。第一次用小石子的尖角在新抹灰浆的墙上练习画画的孩子，也不会画出比这更不像样的图画来。不，这些勇猛的粗鲁人肯定不是艺术家。

而这些来自以弗所①的外国人多么优秀啊。这里还有一枚马萨里亚人的德拉克马②，硬币的正面是以弗所的黛安娜③的头，头像面颊丰满、下唇厚突，塌脑门上面有顶王冠，头发浓密像一串发鬈倾泻在脖颈上，耳朵饰着坠子，颈子戴着珍珠项链，肩上挂着弓。在叙利亚的善男信女心里，偶像就应该这样装饰打扮。

说实话，这并不美，说这是豪华奢侈也未尝不可。但比起今天那些好弄风雅的妇女，让驴耳朵样的玩意在帽子上摆来荡去，毕竟还好些嘛。讲究时装式样是一种多么奇特的怪癖啊！在把东西弄丑的手段方面，这种癖好真是无所不能。商神对我们说，大宗买卖顾不了美。在美和利之间，大宗买卖更喜欢利，这枚古币足以为证。

这枚古币的反面是一头脚抓地面、张开血盆大口咆哮的狮子。恶似乎是力量的最高表现，用某种可怕的野兽来象征强力的野蛮行为不是始于今日，鹰、狮和其他为非作歹之徒经常出现在古币反面。真实事物还嫌不够，人的想象力还发明了极端可怕和残酷的东西：半人半马的怪物、龙、半马半鹰的有翅怪兽、独角兽、双头鹰等等，不一而足。这些标记的发明者，会比印第安人更文明吗？这的确值得怀疑。印第安人用熊掌、隼翅、美洲豹的犬齿，来庆祝他

---

① 以弗所：古希腊小亚细亚西岸重要贸易城市。——校注
② 马萨里亚：马赛古名。德拉克马：希腊货币单位及古希腊银币名。——校注
③ 黛安娜：希腊神话中的月神和狩猎女神。——校注

们的英勇行为。

比起这些钱币上可怕的东西，我们最近投入流通的银币多么令
人喜爱啊！那上面有个播种女人，她在旭日东升的时刻，用轻捷灵
活的手在犁沟里撒播思想的良种。这图像既简单又崇高，真是发人
深思。

马赛的德拉克马的优点在它那华美的浮雕。雕刻这枚古币的艺
术家是位版画大师，但是，他缺少启发人的灵感。他雕刻的脸蛋浑
圆、面颊丰满的黛安娜，是个放荡肮脏、令人厌恶的女人。

这里是沃尔西人①的纳马萨特，后来变成了罗马殖民地尼姆②。
奥古斯都和他的大臣阿格里帕③的侧面并列在一起。前者硬眉毛、
平脑袋、鹰钩鼻，引不起我的信赖，虽然温和的维吉尔谈到他时说
"成功造就神"。如果奥古斯都这个神明的罪恶计划没有得逞，他
就会仍然是恶棍屋大维。他的大臣比较令我喜欢，这个让石头动个
不停的人，用土木泥水工程、引水渠、道路，使粗野的沃尔西人稍
微文明开化起来。离开我的村子不远，一条宏伟的大路从埃格河岸
笔直穿过平原上升。这条道路漫长而且单调得索然寡味，它在强大
的古罗马城堡的保护下，穿越塞里昂的丘陵。这些城堡后来变成了
古堡。

这是阿格里帕修筑的道路的一段，它把马赛和维也纳连接起
来。这条庄严雄伟的道路有长达两千年的历史，车水马龙，人来人
往。在那里再也看不见昔日罗马军团身穿褐色战袍的步兵，只能看

---

① 沃尔西人：古意大利民族。——译注
② 尼姆：法国南部城市。——校注
③ 奥古斯都（前63—14）：罗马帝国第一代皇帝，原名屋大维。阿格里帕（前63—前
12）：罗马帝国著名将领，奥古斯都的密友和女婿。——译注

见领着羊群或者一群不听话的猪崽，前往奥朗日市场的农民。在我看来，这样倒更好些。

翻转这枚盖满铜绿的粗大的苏，背面展示出尼姆这个移民地。说明文字上方是一条锁在棕榈树上的鳄鱼，树上悬挂着一顶王冠，这是被殖民地资深的创建者征服的埃及的象征。尼罗河的这头畜生，在它熟悉的树下牙齿咬得咯咯直响。它还对我们谈起酒色之徒安东尼①，谈起克娄巴特拉②。这个埃及女人的鼻子如果是塌的，世界就会是另一种面貌。这只臀部有鳞片的爬行动物，由于唤起了人们的回忆，是一堂很好的历史课。

金属古币学的高级课程就这样长期延续，这些课程光怪陆离、多种多样，而又不离开狭窄的邻近地区。此外，还有另一种古币学，它高深得多，却花费较少。它用化石向我们讲述历史，这是石头的古币学。

只有我的窗棂，这个古老岁月的知己，同我交谈已经消失的世界。这个世界是块不折不扣的尸骨埋葬地，保留着过去的生命的印记。这个石子堆的生命已经终结，海胆的尖头、鱼类的牙齿和椎骨、贝壳的残片、石珊瑚类的碎片在那里形成一个墓葬群。逐一细看我家墙壁的砾石，这个建筑物会化解成一只圣骨箱、一个古代生物的旧衣堆。

被开采来做建筑材料的岩石层，用坚硬的甲壳覆盖着附近的大部分高原。不知道多少世纪以来，也许从阿格里帕为奥朗日剧院的阶梯和正立面采割大青石的时代起，采石工就在那里挖掘。铁镐每

---

① 安东尼（前82—前30）：古罗马统帅和政治领袖。——译注
② 克娄巴特拉（前69—前30）：埃及托勒密王朝末代女王，貌美，有权势欲，先为恺撒情妇，后与安东尼结婚，安东尼溃败后又欲勾引屋大维，未遂，以毒蛇自杀。——译注

天在那里把稀奇古怪的化石挖掘出来。最惹人注目的是牙齿，外表粗糙，内部光滑，妙不可言，珐琅光亮得好像新长出的一样。化石中有形态吓人的，有三角形的，有边缘呈精致的垛形的，这些石头几乎都有手掌那样宽大。

这张有这样一口牙齿的鱼嘴是怎样一个深渊啊！牙齿排成几列，像梯子那样一直延伸到喉咙。被这大剪刀般的传动系统突然咬住、撕碎的，是一口口什么样的东西啊！只须想到再制造这部可怕的破坏机器，你就会不寒而栗。这个像死神般装备起来的怪物，属于角鲨，古生物学称它为巨噬人鲨。今天的鲨鱼，海洋的恐怖分子，可以让人了解关于这个怪物的概念，正如矮子可以给人关于巨人的概念一样。

在同一块石头里颇不乏其他角鲨的化石，它们全都有凶狠的喉咙。其中有牙齿像尖刀的尖额鲨，有下颌长着弯曲、有齿的爪哇顶重器的半锯鳐，有嘴里长满弯曲锋利、一面平一面凹的尖刀的鼠鲨，还有在扁平的牙齿上有发光的锯齿的板鳃鲨。

这个牙齿武库是古老杀戮世界的生动证明，与尼姆的鳄鱼、马赛的黛安娜、维松的马一样。这个武库用它的屠杀武器向我讲述削减过多生命的行动，怎样在每个时代都曾经发生过。这个武库告诉我："就在你对那里的石片进行思考的地方，以前有一片海水，海水里住着好斗的吞食者以及和平的被吞食者。一道长长的海湾占据着后来罗讷河所在的位置，离你的住所不远，波涛汹涌，白浪滔天。"

的确，这里海岸的悬崖绝壁是座仓库，每当我沉思冥想时，隐约间我仿佛听见大海的漩涡发出雷鸣般的声响。海胆、石蛏、海笋在岩石上留下它们的标记，留下一些可以把拳头搁进去的半圆形凹窝。这是一些洞口狭窄的圆形巢室，隐居者在洞口收受阵雨般不断更新且能载运食物的水流。有时，一个古代虫鱼居民在那里矿化了，它的鳍和小鳞片，这些脆弱的装饰都完完整整地保存下来。而屡屡发生的情况是，这个古代居民不见了、溶解了，它的房屋填满了很细的海泥，海泥变成了坚硬的石灰质。

在这个宁静的小海湾里，一个漩涡将周围一堆堆形状各异、大小不同的贝壳集拢在一起，并且让它们淹没在以后变成泥灰岩的淤泥中。在这个以小丘作坟头的软体动物坟场里，我挖出了一些长半米、重两到三公斤的牡蛎。在小丘骨里，扇贝、芋螺、骨螺、锥螺、笔螺以及其他动物真是满坑满谷。这样一个偏僻的角落，蕴含着这么丰富的圣骨，仿佛充盈着激情四溢的远古生命力，令人目瞪口呆，惊愕不已。

被埋葬的贝类居民还向我们肯定，时间这个事物秩序的耐心的革新者，不但毁灭了朝不保夕的生物个体，而且毁灭了整个物种。今天，在毗邻的大海地中海里，几乎没有任何类似已经消失的海湾的虫鱼类居民。要找到现在和过去之间类似的容貌，必须到热带海洋里去寻找。

这里的气候已经变冷，太阳慢慢熄灭，物种正在灭绝。窗框周围的石头就这样对我述说它所涵盖的古币学。

我向石头请教，而不离开我那个十分简陋、异常狭窄，然而内容却非常丰富的观察场所。这一次是关于昆虫的。

在阿普特①附近，风化成奇形怪状的片状岩石触目皆是。这些岩石类似微白色的薄纸板，燃烧时冒出黑烟，吐出火苗，散发出沥青

———————————
① 阿普特：沃克吕兹省的一个城市。——校注

的气味。这种物质沉淀在鳄鱼和巨龟常去的大湖底。人类从来没有看见过这些大湖，如今湖盆隆起为丘陵，烂泥平静地沉淀为薄薄的地层，变成坚硬的岩石。

我从岩石中分离出一块石板，用刀尖把它再分成小片。这项工作和把重叠的纸板一层层分开同样容易。我们这样做，参阅了从大山这个自然图书馆取出的一卷书，一本插图华美的书。

这是大自然的一部手稿，比埃及的纸莎草纸令人趣味更浓，差不多每页都有插图。更妙的是，现实事物转变成了图像。

这一页展示出随便集中起来的鱼。这些鱼仿佛被用石脑油①煎炸过似的，鱼刺、鱼鳍、脊椎链、鱼头小骨、变成黑色小球的晶状眼球等，全都呈自然形态，其中只缺少一种东西：肉。这有什么要紧呢。鱼这道菜外观很好，我好想用指尖去触一下，尝尝这听保存了几千年的罐头。不过，且让我们奇思怪想一下吧，搁一点这种用石脑油调味的矿物油炸鱼在牙齿下面吧。

书的图像旁没有任何说明，思考代替了说明，思考对我们说："这些鱼成群结队生活在那里，生活在平静的水里。江河突然上涨。河泥使滚滚波涛厚稠起来，鱼儿因此窒息死亡，马上被掩埋在淤泥里。它们就这样逃脱了风雨等气候因素的摧毁性损害。它们跨越了时间，它们还将在裹尸衣的遮护下，无限期地穿越时间隧道。"

上涨的河水带来附近被雨水冲刷的泥土和一大堆植物的或者动物的碎屑，湖泊的沉淀也对我们讲述陆地的事物。这就是那里的生活的总汇编。

①　石脑油：由石油中提炼出来，用来点火、去污及稀释其他化学物质。——校注

我翻开我们的石板的，说得更恰当些，翻开我们的画册的一页。里面有长着翅膀的种子、画成褐色印痕的树叶，石头植物集和专业植物集比赛呈现植物的清晰程度。石头植物集向我们重述贝壳已经让我们了解到的情况：世界在变；太阳衰竭，普罗旺斯现有的植物不再是从前的植物。普罗旺斯不再有棕榈科植物、散发出樟脑味的月桂、用羽毛装饰起来的南洋杉以及其他很多树和灌木，这些树和灌木属于气候炎热的地区。

我继续翻阅下去，这一页是昆虫。最常见的是双翅目昆虫，它们个子不大，往往是些微不足道的飞虫。大角鲨的牙齿在粗糙的岩石中显得纤细光滑，已令我惊讶不已。放在这些泥灰岩圣骨箱里的小飞虫，竟然没有受到碰损，我真不知道应该说些什么。这些娇弱的小生命，用手指抓捕就会粉身碎骨，竟然在崇山峻岭的重压之下丝毫没有变形。

六只纤细的爪子摊展在石头上，摆出休憩的姿势，形状和肢体都十分完美。稍微一点动作就会被碰掉的足，保存完好，甚至跗节也不缺。我将这只小飞虫用大头钉固定，放置在放大镜下，研究纤细的翅脉网。触角的羽毛饰丝毫没有失去精巧和艳丽，腹节环绕着一列微粒，能够数得清，这些微粒就是纤毛。

乳齿象的骨骼在沙床上对抗时间的蚀损，已经令我惊讶。而一只十分娇弱小巧的飞虫，在厚厚的岩石中竟然保存得完整无缺，简直让我目瞪口呆。

当然，小飞虫不是从远方飞来，而是被上涨的河流卷带来的。它到来之前，一条喧闹的细流本来会使它化为乌有，它原来已经非常接近乌有状态。它在湖岸上了结了一生，某个早晨的欢乐使它丧失了生命；能活一个早上已经是高龄的小飞虫了。它从灯芯草上掉下，这个溺死者立刻消失在全是淤泥的地下坟墓里。

其他这些虫子，这些粗短矮胖、长着坚硬的凸状鞘翅的虫子，这些数量仅次于双翅目昆虫的虫子是什么呢？那狭窄细小、延伸成喇叭形的头，很清楚地告诉我们，这是长鼻鞘翅目昆虫，有吻类昆虫。说得通俗些，它们就是象虫。有细小的，有中等的，有粗大的，个子和它们今天的同类一样。它们停在石灰质石片上的姿势没有小飞虫那样端正，爪子随意乱放，有些藏在胸下，有些前伸，一些从侧面露出，一些通过一绺浓毛斜着伸出，后一种情况更加常见。

这些肢体残缺扭曲的象虫，没有像双翅目昆虫那样被突然地、平静地埋葬。虽然好些象虫在海岸植物上终其一生，但大多数象虫却来自附近地区，被雨水冲刷下来。在经过细枝和乱石子等障碍时，雨水使它们关节变形。虽然坚固的盔甲保护它们的身体完整无损，但六足细小的关节已经有些弯曲、折裂。污泥裹尸布收纳溺毙者时，它的样子就是混乱的行程把它们弄成的那副模样。这些象虫外来者也许来自远方，向我们提供宝贵的资料。它们告诉我们，如果说湖边昆虫的主要代表是小飞虫，那么树林昆虫的主要代表就是象虫。

除了象虫科昆虫之外，阿普特片状岩石的确再也没有展示出什么东西来，特别在鞘翅目系列更是如此。其他陆上昆虫，如步甲、食粪虫、天牛在哪里呢？雨水在冲刷物体时不偏不倚，把它们像象虫那样带到湖泊里去了吗？这些今天十分繁荣兴旺的族类，没有丝毫过去的遗迹。

水龟虫、豉甲、龙虱这些水中居民在哪里呢？关于这些湖沼昆虫，很可能我们发现它们时，它们已经在两块泥炭岩之间变成了木乃伊。如果当时有这些虫子，它们就生活在湖泊里。湖里的烂泥就应该把它们保存起来，而且比小鱼，尤其比双翅目昆虫的触角保存得更完整。关于这些鞘翅目昆虫，也没有任何踪迹可循。

这些在地质圣骨箱里找不到的虫子在哪里呢？荆棘丛里的、草坪上的、虫蛀树干上的虫子，比如会钻木的天牛、粪的利用者金龟子、猎物的剖腹者步甲，它们在哪里呢？它们全都处于变化中的未成形状态。在那个时代，没有它们，未来在等待着它们。如果我相信我能够查阅到的这些简单贫乏的档案资料，那么象虫就是鞘翅目昆虫中的老大。

生命在起源时刻，制造了一些在当时的和谐状态中相对不和谐的奇特事物。当生命创造蜥蜴类动物的时候，它最初热衷于15～20米的巨兽。它在这些怪物的鼻子和眼睛上装上角，在它们的背上铺上古怪的鳞片，把它们的脖颈凿成有刺的包，在这包上头像缩进风帽里一样。生命甚至尽力让这些巨兽长出翅膀来，但不很成功。这些可怕的事物被创造之后，生殖的激情和狂热平息下来，于是我们篱笆上的绿色蜥蜴出现了。当生命创造鸟的时候，它在鸟的嘴上装上爬行动物的尖利牙齿，把一条长长的羽饰挂在它的臀部。这些不定型的、难以辨认的、丑得令人心绪不宁的动物，是红喉雀和鸽子的远祖。

这些原始动物的脑袋很小，智力很差。古代的野兽首先是部能够突然抓住猎物的机器，是个能够消化东西的胃。智慧那时还不重要，它以后才出现。

象虫以它自己的方式略微重复这些畸变和差误。瞧瞧它头上那稀奇古怪的延伸部分，这里是个厚而短的吻端，别处是强壮的圆形或者剪削成四个面的吻管。吻管非常奇特，像北美印第安人的长烟斗。这东西像马尾毛那样纤细，像它的身体那样长，甚至更长。在这个奇特的工具的末端是大颚这个灵敏的大剪刀；在头部两侧是触角。

这个喙、这张嘴、这个奇怪的鼻子有什么好处呢？象虫在哪里找到这些器官的模型呢？哪里也没有找到，它自己就是这些器官的发明者。它独有这些器官，除了它所属的那一科昆虫外，没有任何鞘翅目昆虫有这样一张奇形怪状的嘴。此外，它那狭小的脑袋也值得注意，这是一个几乎在喙窝膨胀起来的球。那里面有什么呢？一个蹩脚的神经工具，十分有限的本能的标志。人们在看这些小头昆虫干活之前，小视它们的智力，将它们列入迟钝呆滞、缺乏技术的动物之中。这些假设之后没有遭到否定。

虽然象虫科昆虫的才能没有使它受到赞扬，但这并不能成为轻视它们的理由。正如湖泊里的片岩向我们透露的那样，它们在长着鞘翅的昆虫中位居先祖，它们在预防可能发生的意外方面，领先于在孵育方面最灵巧的虫子。它们向我们展示出最初的形态，长着齿形大颚的鸟和长着角眉的蜥蜴，在高级世界里是什么状态，在那个小小的世界里就是什么样子。

石灰质页岩的图像高度肯定，象虫科昆虫始终繁衍兴旺，不改变特征就延续到今天，它们今天的形态就是它们在古老年代的形态。我冒险把属的名称，有时甚至还把种的名称，放在这些图像的下面。

本能的恒久不变性，应该伴随形态的恒久不变性。通过对现代象虫科昆虫进行研究，在关于它们祖先的生物学知识方面，我们将会得到与真实情况十分近似的答案。那时古老的普罗旺斯正用棕榈树把鳄鱼生活其中的辽阔湖泊遮蔽起来。现在的历史将向我们叙述过去发生的种种。

第五章 色斑菊花象

菊花象是个概念模糊不清的名称，什么情况都不能让我们了解到。这个词听起来很悦耳，念起来不像嘶哑的咳嗽声让耳朵感到难受，已经不简单。但是，缺乏经验的读者希望命名还更好些，他们希望用协调的音节组成名称，简要地说明被这样命名的昆虫的体貌特征。当他们置身于拥挤嘈杂的虫群中的时候，这个名称将成为他们的向导。

我乐意赞成这个意见，同时，我也承认要贴切地命名昆虫，十分艰难。愚昧无知迫使我们犹豫不决，有时甚至迫使我们行事荒唐。我们来看看吧。

色斑菊花象的意义是什么？希腊文告诉我们，Λαρινóς这个词的词意为被催肥的、肥胖的。本章叙述的这个昆虫有权获得这样一个词吗？绝对没有。这种昆虫的确像各种象虫那样大腹便便，但并不比其他任何一种象虫更配得到患肥胖症的证明书。

我进一步钻研，希腊文Λαραoc这个词的意义是美、光滑、漂亮。这次对了吗？也没有。当然，色斑菊花象并非不漂亮优雅，然而，在有吻管的鞘翅目昆虫中，有多少昆虫在服饰美方面超过它啊！我们的柳林养育着盖着硫华、镶着铅白边、涂着孔雀石绿的昆虫，它们在人的指头上留下好像从蝶翅收集来的鳞粉；我们的葡萄树和白杨树上则有这类昆虫中的高等虫子，它们的金属光泽漂亮过呈铜色的黄铁矿。这些豪华奢侈、举世无双的虫子，生活在热带地区，它们是真正的珠宝首饰，我们珠宝盒里的奇珍异宝与之相比都会相形见绌，黯然无光。不，卑微的色斑菊花象无权受到高度赞扬。在象虫科昆虫中，美的称号属于别的昆虫。

它的教父如果对情况更加了解，并且根据它的习性取名，就会称它为朝鲜蓟花托的开发者。色斑菊花象的确在菊科植物，如蓟草、矢车菊、飞廉、刺菜蓟等植物多肉的花托安家落户。这是它们的专业，它们的领域。这些植物的结构和味道，或多或少让人回想起我们桌子上的朝鲜蓟。色斑菊花象被指派修剪蔓生而凶恶的蓟草。

瞧瞧飞廉那白色的或者蓝色的玫瑰形绒球，一些长喙昆虫乱钻乱动，笨拙地下到小花堆里。这些虫子是谁呀？是色斑菊花象。打开玫瑰形绒球，剖开多肉的花托。一些胖乎乎的、没有足的白色蠕虫，一旦接触空气和光就大吃一惊，忐忑不安地轻轻摇摆。它们在窝里都是单个孤立的。这些虫子是谁呀？是色斑菊花象的幼虫。

准确性要求某种限制。另外几种象虫，是那些其生活史将花我们一些时间来研究的象虫的邻居，这些象虫也喜爱多肉的、有菊芋味的花托。不要紧，色斑菊花象在数量、出现次数、合适的身材等方面，都压倒这些象虫，至少在我们地区，它是蓟草的歼灭者。在力所能及的范围内，我了解到了一些情况。

整个夏天，整个秋天，直到严寒来临，南方最雅致的蓟草开满路边。它那美丽的蓝花集结成多刺的圆形花球，使它获得了蓝刺头这个植物学上的名称。这个词是暗指它像蜷缩成球的刺猬。的确，它就是刺猬。说得更好些，它更像插在树枝上，变成天蓝色绒球的海胆。优雅的绒球把它的千百根刺，掩藏在盛开成一颗颗星星小花的帷幕下，谁冒冒失失用手指碰触它，就会对它表面柔弱内部粗硬感到惊奇。它那上绿下白和毛茸茸的叶子，至少会对没有经验的人发出警告。叶子看上去是尖尖的裂片，裂片边缘有极其尖锐的刺。

蓝刺头是色斑菊花象的祖传产业。色斑菊花象在背部抹上阴暗模糊的黄色的粉末。6月还没有结束，菊花象就利用那时还呈绿色、像豌豆大小至多像樱桃大小的蓟草花球建立家庭。在两三个星期内，迁移活动在一天比一天更蓝、一天比一天更大的花球上继续进行。

2½

色斑菊花象

在早上阳光的朗照下，一对对非常温柔的配偶结成了。像活动手柄那样的足紧紧搂抱，这便是婚姻的序曲，略微有些乡下人的笨拙风味。色斑菊花象父亲用前足抱住它的妻子，用后足的跗节不时轻轻摩擦妻子的身子侧面。粗鲁的摇动、狂热的扭动和温柔的抚摸交替进行，受到摇动和抚摸的雌虫抓紧时间，用喙加工头状花序，准备卵窝。即使在新婚蜜月期间，勤劳的新娘也为家庭操心劳神得没有片刻歇息。

菊花象的喙，如此之奇异，即使在狂欢节的最后一天，人们纵然荒唐怪诞，也不敢为自己制作这样的鼻子。关于这种喙，我们有合乎我们要求的充裕时间去了解。我的实验对象，那些金属钟形网罩下的囚犯，在阳光下，在我的窗台上干活。

一对色斑菊花象配偶刚刚分开，雄虫不关心马上将发生什么事，转身离开去吃点东西。它不在蓝色的花球上，这是为幼虫储留的，而是在树叶上进食。它的嘴在叶片的趋光面一口口适度地提取食物，色斑菊花象母亲则留在原处继续已经开始干的活。

象虫母亲的喙完全伸进小花组成的圆球中。它少有什么动作，最多不过先朝着一个方向，然后朝着另一个方向慢慢跨步。它干的不是旋转螺旋的活，而是顽强地插进尖头桩。大颚这个灵巧的大剪刀不断地钻、凿，最后，象虫用喙挖掘，拔出、托起头状花序的小花，然后再将它们放回去。在色斑菊花象居民点上，人们将看见地面微微上升。挖掘整整持续了一刻钟。

这时色斑菊花象母亲翻转身子，用腹部末端找到竖坑的入口，安放它的卵。用什么方式安放呢？产妇的腹部体积太大、太钝，无法通过狭窄的隘路直接安放卵。因此，一种特殊工具、一种把卵带到安全地点的探测器，是不可或缺的。色斑菊花象的探测器不显眼，我没有看见它拔出这样的东西，因为它动作非常迅速敏捷、小心谨慎。我的观察只是表面的。为了把卵安放到喙刚刚钻成的竖坑底部，色斑菊花象母亲的产卵箱里大概有一把尖头桩、一根看不见的备用硬管。在例证更加具有结论性的情况下，我将会再谈到这个奇怪的题目。

第一个问题已经解决，象虫的喙，这个最初被认为是滑稽的鼻子，实际上是母性的抚爱工具。最反常怪诞的，忽然变成了合乎规律的、不可或缺的。既然这个喙带着大颚和口器的其他附件，毫无疑问，它的功能就是进食。但是，除了这种功能之外，它还有一项更加重要的功能。这个七拼八凑、稀奇古怪的套管针①，同产卵管合作，为产卵做准备工作。

这个工具，象虫行帮的特征，很差强人意，但色斑菊花象父亲却毫不迟疑地引以为荣，虽然它本身并不擅长钻挖蛰居的小屋。它以爱人为榜样，也携带钻头，但尺寸小些，这正好适合它扮演的卑微角色。

现在第二个问题也清楚了，要把卵带进合适的地方，昆虫母亲

---

① 套管针：医学上用于排出液体的仪器。——校注

天生拥有一种有双重功能的工具，这是合乎规律的。这件工具既打开通道，又把卵带到那里。蝉、蝗虫、叶蜂、褶翅小蜂、姬蜂，它们都在腹部末端携带着刀、剑、锯子和探测器。

色斑菊花象进行分工，把劳动分配给两件工具进行：一件工具在前，是产卵管；另一件工具在后，隐藏在体内，产卵时拔出，是导向管。除了象虫外，我不知道其他昆虫有这种奇怪的机制。

由于钻头做好了准备工作，产卵很快就完成了。卵安置好后，色斑菊花象母亲回到住满卵的花冠上。它压紧受到震动的茎梗，把拔出的小花轻轻向后推，然后离开了，它有时甚至省略了这些预防措施。

几小时后，我仔细观看被开发了的头状花序。我可以从一些褪色的、微微突出的斑点辨认出这些花序，每个斑点就是一枚卵的隐蔽处。我用刀尖把褪色的小花团取出，打开，在它的底部，一间圆形小室里有卵。卵较大，黄色，椭圆。圆形小室挖掘在中央的小球，即头状花序的花托上。卵被一种褐色物质包着，这种物质来自蓝刺头被象虫碰伤的组织，也来自凝固成胶黏物的伤口渗出物。这个包裹物上升成不规则的锥体，末端则是干燥的头状花序的小花。在花簇的中央通常有个洞口，这很可能是通气窗。

只须数一数不规则地分布在蓝底上的黄色污点，而不必弄坏住所，就可以轻易地把放入一个头状花序里的卵数清楚。我找到的卵多达五六枚，或者更多，甚至在某个比樱桃还小的头状花序上也找到了。每个污点覆盖住一枚卵，所有这些卵都产自一个菊花象母亲吗？这是有可能的。这些卵也可能属于不同的母亲，突然发现两个色斑菊花象母亲在同一个花球上忙着产卵，这样的事并不罕见。

有时产卵的部位几乎紧靠在一起，似乎产卵者计数的能力十分有限，无法考虑到这些部位是否已被占有。它放置它的套管针，却没有注意到旁边的位置已被占用。一般说来，在蓝色蓟草菲薄的宴席上，就餐者实在太多；但是，最多只有三只幼虫能够找到活命的东西。早到的会繁荣兴旺起来；晚到的由于餐桌上已经没有座位，就会死亡。

小虫在一个星期内孵出，它们看上去像有橙黄色脑袋的白色小微粒。我们假设一朵花里有三只小虫，这种情况最常见。这些小家伙的食橱里有些什么呢？几乎什么都没有，当然，飞廉类植物中的蓝刺头例外。它的花不长在多肉的花托上，像朝鲜蓟花托那样展露出来。我打开它的头状花序来看看，它的中央有个圆形硬核，一个几乎和胡椒同样大小的小球，长在一根小枝梢上。

对三只共同进餐的小虫来说，食物微薄，还不够一只虫子吃头几餐饭。至于变态所必需的储备物就更少，而且既很不容易啃咬，又没有营养，更何况这些存粮还让幼虫外表涂上一层奶油的脂肪层。

然而，就是在这个平平常常的小球及其花枝上，三条共餐的虫子找到了恢复元气和发育成长所需要的东西。它们的大颚不向着别的部位，啃咬更是极端小心谨慎。小球表面被刮净、弄缺，没有被完全消耗光。

用微薄的物质制造大量的东西，用一点面包屑喂养三个有时是四个饥饿难挨的胃，这是令人无法相信的奇迹。食物的秘密肯定存在于那些微薄的固体食物之外。

我让几只开始长大的色斑菊花象幼虫失去家园，把花球和幼虫居民安顿在玻璃试管里。我用放大镜长时间观察这些被囚禁的虫子，我没有看见它们啃咬已经有缺口的中央小球和被刺破的茎。这些刨平的表面，似乎是每天的面包，我不知道从什么时候起，这些大颚没有咬啮它一口，嘴最多同它接触片刻，然后就向后退缩，既忐忑不安，又倨傲不屑。很明显，菜肴是木质的，还很新鲜，但不适于食用。

论证被实验结果补充完全了，我白费气力让蓝刺头在用湿棉花团封堵的玻璃试管中保持新鲜，我的饲养实验一次都没有成功过。自从头状花序从花枝上摘下后，不管我是否精心呵护，它的居民都死于饥饿。这些居民全都在它们出生的花球中心日渐衰弱，最后死亡。我盛装昆虫的容器不管是试管、短颈广口瓶，还是白铁盒子，全都无关紧要。相反，当进食期终止时，我很容易使幼虫保持良好的状态，称心如意地跟踪观察它们蛹期的准备工作。

这次失败表明，色斑菊花象的幼虫不吃固体食物，它需要树汁的清淡汤羹。它打开它那蔚蓝色食物储藏室的小桶取出酒来，小心谨慎地、有节制地在头状花序的茎上和花托上打开缺口，然后，在伤口上舔蓟草渗出的液汁，水从根部大量涌来。随着表面伤口结疤变干，重新刨削使伤口再度暴露在外。只要蓝色花球这个食物储藏室充满生机，树汁就源源不断地上升，酒桶就会渗出酒来，幼虫就会用唇舌在那里吸收营养丰富的饮料。但是，这个食物储藏室一旦脱离枝杈，失去源泉，就枯竭了，幼虫就会因此在短时期内死亡。这样，我总是将幼虫养死的结局就得到了解释。

对色斑菊花象的幼虫来说，舔食蓟草伤口渗出的汁液已经足够。幼虫在中央圆球上孵出后，围绕茎入席就座，它们之间的距离与共餐者的数目相称。每只幼虫用大颚咬掉它面前的茎皮，让有营养的液汁涌出。如果液汁的源泉因伤口结疤而枯竭，它就咬破新的伤口使源泉复活。

啃咬动作十分谨慎，花托和花柱是住宅的框架，一旦主护栏受损太重，风一吹就会倒塌，破坏住宅。至于引水渠，如果自始至终都有液汁渗出，就必须重视维护渠道。幼虫不管是三条或者四条，都必须克制自己，不过分向前刨削。

这些幼虫弄开的切口，既不损害建筑的坚固，也不妨碍导管的运转。因此，排列在花轴上的花朵尽管受到蹂躏，但仍然保持美丽的外观，像平时那样盛开；只不过暗黄色斑块一天天蔓延，在美丽的蓝色地毯上形成污点。在每个污点上，在凋谢的小花的掩护下，都定居着一只幼虫。有多少黄色斑点，就有多少在宴席上就餐的消耗者。

这些小花的支撑物花托，是安置在花轴上的小球。小虫就从这个小球开始活动，从花托开始侵袭小花，拔掉这些小花，还用背把小花向后推。被开垦的地方有些削损，有些缺角，变成了一家小酒店。

被拔掉的小花变成了什么呢？变成了被推倒在地上的碍手碍脚的废弃物吗？微小的昆虫才不会这样呢；如果这样，就会在敌人的眼前裸露出自己丰满多肉的臀部。这个臀部很小，但很诱人。垦荒时产生的废弃物被推到后面，始终没有被触动，一个靠着一个排成小屋顶。没有一片花瓣、没有一根花蕊偶然掉在地上。被拔掉的小花被一种凝结快、抗雨水的黏胶固定在花托上，除受伤部位呈黄色外，好像完整的一簇花，花序看上去还是老样子。随着幼虫一天天长大，头状花序的另一些小花被割下，排列在其他小花旁边。小花房顶逐渐膨胀起来，最后变成了驼背形。

色斑菊花象在这里找到了一个安静的隐庐，不受恶劣气候和炎炎烈日的侵袭。幼虫隐士在里面平平安安地饮桶里的水，肥胖起来。我猜想这只幼虫会运用它的技艺，修补小屋。在缺乏母亲关怀时，幼虫用自己的特别才能作为保障。

然而，在幼虫身上没有任何东西显示，它是个能干的建筑工人。这个隐蔽所像根小小的香肠，淡铁黄色，呈曲度很大的钩形。幼虫没有脚可供帮忙，除了口器和尾部这个活泼的助手之外，没有任何别的工具，这个小小的哈喇黄油圆柱体能够干什么呢？

在有利的时机观看它干活没有什么困难。将近8月中，已经老熟的幼虫开始加强和粉刷小窝以备蛹期使用。这时我打开几个小室，将已经被捅破但仍然附在头状花序上的小窝在玻璃杯里排列成行，这只杯子使我能够观看建筑工干活而又不会打扰它们。

不待等候就有了结果。色斑菊花象的幼虫处于休息状态时，像一只两端十分靠近的钩。我不时看见它让对立的两端亲密接触，并且把环圈封闭起来，用大颚干净利索地在粪孔收集像大钉头那样大的微滴。我们不要对它的方法感到愤慨，如果这样，就是不承认生命的神圣单纯。这是一种液体，浑白，黏稠，有黏性，外观类似笃香角瘿被弄断时渗出的黏性浆液。

色斑菊花象幼虫把一小滴液体摊放在小屋缺口的边沿上。它精打细算，把液汁平均分配在各处，摊匀后巧妙地把它放进裂口。然后它啃咬邻近的小花，去掉小花的鳞片和绒毛。对它来说这还不够，它刮耙茎和花托，分离出碎片和微粒。这是非常苦累的活，因为大颚切起来不麻利，大颚的功能主要是拔而不是切。

收集来的材料都放在还很新鲜的胶黏剂上，然后，幼虫活活泼泼地乱爬乱动，把身子绷紧成钩状，然后松开。它滚动，钻进它的小间，把废弃物黏合起来，用它的圆屁股当塞子把墙弄光滑。它挤压了几下，磨光了几下之后，再次把身子蜷曲成封闭的环圈。第二滴白色小液汁出现在工厂的出口，它的大颚就像平常那样，突然咬住这个不光彩的排泄物。接着，它又开始同样的劳动，首先是用胶涂抹，然后是用木质小片镶嵌。

幼虫用抹刀带上水泥涂抹了几下以后，就一动不动了，它似乎放弃了一件力不胜任的活。24小时后，被捅开的小窝仍然敞开。它试着恢复元气，而不是认真关闭缺口。这个活计太耗资费力。

它缺少什么？不缺少木质材料，不缺乏在周围始终可以开采到的碎石，而是缺乏黏性填料。生产这种填料的作坊停产了。为什么停产？理由很简单，因为蓟草脱离枝茎后，导管枯竭，不再提供万物之源的粮食。

蓄着鬅胡须的迦勒底①人，用在炉子里烧过的和用沥青加固的泥建筑房屋，而蓝色蓟草上的象虫早在人类之前就拥有制作沥青的秘诀。更甚的是，当巴比伦建筑工程承包人尚不知晓迅速敏捷和经济节约时，它已经付诸实施了。它过去有，现在仍然有属于它的沥青来源。

这种黏合物质会是什么呢？我谈过它的肛门口会溢出乳白石水滴，这种物质同空气接触便成了树脂，变硬，转呈浅橙色，看上去小室内部似乎用木瓜汁涂抹过。颜色最后会变为暗褐，中间点缀着苍白的木质碎片，显得十分突出。

我最初认为色斑菊花象的黏胶来自某种特别的分泌物，类似丝的分泌，只是从另一端分泌出来。在幼虫的身体后部真的有黏性腺体吗？我剖开一只正在干泥水活的幼虫，实际情况与我的想象迥然不同。

① 迦勒底：古巴比伦王国南部一地区。——校注

色斑菊花象幼虫的消化道下端并没有着生任何腺状器官，身内也无踪迹可循。我只看见马氏管相当粗大，共有四根，乳白的色泽下有种东西引起了我的注意；肠子末端部分因一种相当显眼的浆髓鼓胀起来。这是一种半流质且黏稠的黏性物质，呈混浊的白色。我在其中辨认出了大量不透明的小球，类似白垩粉尘。粉尘在硝酸中溶解时沸腾起泡，因而可以认定是一种尿酸产物。

毋庸置疑，这种很软的浆髓就是幼虫一滴滴排出和收集起来的胶黏剂，直肠就是沥青仓库。外表、体色、黏性的相似没有使我犹豫不决：色斑菊花象幼虫的确用它的下水道中的流动物质来黏合、加固和制作艺术品。

这真的是排泄出来的废物吗？怀疑是有道理的。马尔比基发现的四根毛细管，能够把粉状尿酸盐倾倒在直肠里，也完全能够把其他物质倾倒在其中。一般说来，这些毛细管似乎并没有什么独特的作用，为什么它们不可以在一个工具短缺的身体里承担多种职能呢？它们因为体内有钙质糊状物而鼓胀起来，向天牛幼虫提供用大理石板堵塞木屋所需的材料。因此，如果它们也充满色斑菊花象的沥青，就不足为奇了。

在令人困惑的情况下，这解释或许已经足够。我们知道，色斑菊花象幼虫的饮食相当清淡，它们不吃固体食物，而是大口大口地吮吸树木的液汁，因此，它们不会制造粗糙的残渣。我从来没有在小屋里看见垃圾，那里清洁得一尘不染。但这并不表示食物被全部吸收，当然还有些毫无营养价值的残渣。但这些残渣十分纤细，而且接近流动状态。加固物体和填塞缝隙的沥青，难道就仅仅是这个吗？为什么不是呢？色斑菊花象幼虫用它的排泄物，用它的粪便修筑优雅的住宅。

　　我们的厌恶情绪不应该流露出来。你希望色斑菊花象幼虫隐士把什么地方变成它的小屋呢？它的窝就是它的世界，更远处它一无所知，也没有什么可以助它一臂之力。如果它无法在自己身上找到水泥储备，就会死亡。许多幼虫并不富足得能够让自己住在完美无缺、奢侈豪华的蛹室里，却知道用一点丝来加固它们的小窝。这位隐士一穷二白，没有纺织工厂，不得不求助于肠子这个唯一的助手。

　　这种使用粪便的方法再次显示，需求是一种多么精妙的创造力啊！用粪便为自己修建美轮美奂的宫殿，是最值得称道的独特的想法之一；只有昆虫才能够这样做。再者，色斑菊花象幼虫并没有垄断这种建筑技术，尽管这种技术在维特鲁威的著作里没有记述。不过，其他很多可以得到更好碎石供应的幼虫，例如花金龟等的幼虫，在排泄物建筑的美观方面，都领先于菊花象幼虫。

　　色斑菊花象的宅邸在蛹期临近时建成，它是个15毫米长、10毫米宽的卵形窝，结构很紧密，几乎能够顶住指头的按压。小窝的中轴同头状花序的轴平行，当三个小窝排在同一个支撑物上时，外观好似蓖麻的果实，好似三个具有粗毛的果壳。

　　小屋的外部具有村野风格，是用鳞片和毛渣，主要是头状花序的小花砌成的。小花呈黄色，被从花托上拔起，并且隔一段时间就被向后推压，整体却保持着自然的协调。胶黏剂是厚墙的主要成分。内壁十分光滑，涂着带红褐色的漆，镶嵌着木质碎屑。柏油的质量极好，它使结实的坯料变成柴泥，而且还能防水，即使蛹室被淹，水汽也不会渗入内部。

　　总之，色斑菊花象的小房间是舒适的住所。首先，它有皮革的柔韧性，使扩建工程可以自由进行。其次，由于有水泥，这个小间坚硬得好似甲壳。昆虫在变态时期，可以在那里安静地半睡半醒。开始时柔软的帐篷变成了坚固的石屋。

我思忖，色斑菊花象成虫也将在这里越冬，受到保护，不受潮湿侵袭。除了寒冷之外，它不必再担心什么。然而，我弄错了。9月，大多数小房间都空空荡荡，虽然支撑小屋的蓝色蓟草仍然生长良好，不久最后的头状花序也将开放。色斑菊花象却离开了，穿着它那撒上粉的外衣，非常鲜活。它从上面破坏它的蛹室，蛹室半开着，像一只截去一段的囊袋。几只拖拖拉拉、行动缓慢的色斑菊花象仍然待在家里，但是，当我好奇地想让它们得到解脱时，如果我听任它们迅速行动，它们就会逃之夭夭。

12月和1月这两个严峻的月份来到，我再也找不到一个有虫居住的小屋了。色斑菊花象居民全都已经迁移，它们去了哪里避寒呢？我知道得不是很清楚。也许去了石子堆中，在落叶的保护下，在山楂树篱笆下的禾本科植物丛的掩护下。对象虫来说，田野里有很多冬季栖居地。我们不必为这些移居者担忧，它们会摆脱困境的。

面对它们成群地移居，我的第一反应是惊讶不已。在我看来，离开舒适的住所去一个偶然遇到的掩蔽处，真是头脑发热幼稚之举。虫子鲁莽冒失，不小心谨慎吗？不，秋天快结束时，它们有充分而严肃的理由逃跑。

冬天，蓝刺头会被北风连根拔起，刮倒在地，在路上的烂泥里滚动，最后也被碾为一堆烂泥。几天恶劣的天气使美丽的蓝色蓟草成了可怜的残花败草。色斑菊花象在被大风任意摆布的支撑物上会变成什么呢？它那涂上沥青的小桶抵挡得住暴风雨的袭击、土地的猛烈摇撼和融雪形成的小水坑的长期浸泡吗？色斑菊花象预先知道摇曳不定的支撑物即将面临的危险。它受本能的警告，预见到了冬天和它的灾难。因此，它及时搬迁，离开它的小屋，迁往一个安全的掩蔽处。它在那里不再担心风雨飘摇的住宅会发生的种种变化。

对它而言，抛弃小屋并不是鲁莽冒失的仓促行动，而是对未来的高瞻远瞩。稍后，第二只色斑菊花象将告诉我们，如果支撑物牢牢地固定在地上，没有危险，直至美好的季节归来时，它才会离开出生的小房间。

结束本文时，也许提及一个表面十分平常，但实际上非常特殊的现象是适宜的。这个现象我在同色斑菊花象打交道的过程中只观察到一次。由于缺乏有关在生活条件改变时，本能变化结果的真实资料，我们忽视这些细微的发现是错误的。

大部分工作都已经分配给解剖学这个宝贵的助手去承担，那么，关于这只虫子我们还知道些什么呢？几乎什么也不知道。我们不要只以这个毫无意义的、稀奇古怪的尿脬形物体为题夸夸其谈。我将继续收集仔细地观察到的现象，不管这些现象多么平凡细微，有朝一日它们能够发射出纯净、冷静的光辉。这种光辉比理论的烟火更加令人喜爱，烟花往往让我们一时眼花缭乱、昏头昏脑，之后却陷入更加深沉的黑暗中。

这是个很小的发现。由于意外，一枚卵从蓝色花球，从色斑菊花象的惯常住所，掉到茎干的叶腋里。我们姑且假设，色斑菊花象母亲不小心，或者故意，把这枚卵放在这个部位。在背离常规的情况下，卵会怎么样呢？我眼前的事实将会告诉我们。

色斑菊花象幼虫遵守风俗，照例切开蓟草的茎。这根茎会从伤口渗出营养性液汁。这只幼虫为自己修筑了一个庇护所，其形状、大小与它在头状花序里织的羊皮袋相同。新建的大厦只缺少一件东西，它不像先前的"茅屋"，缺少由枯萎的头状花序的小花构成的屋顶。花片缺乏，色斑菊花象建筑者便省略不用，它利用树叶的叶柄，将护耳状的叶柄作为支撑插进小屋的墙里并从叶柄和梗中抽取出带黏胶的木块。简而言之，这个连接到茎上的小屋除了不是绑缚着而是裸露的之外，与掩藏在头状花序枯萎的小花下面的花屋并没有什么两样。

人们十分重视改变事物的环境因素，这些非常重要的环境因素正在起作用。一只昆虫可以尽其所能背井离乡，却不能离开营养性植物。如果离开，就无法避免死亡。象虫没有把挤紧的花球，而把树叶半开的叶腋当成作坊，它没有把容易剪下的柔软浓毛，而把蓟草凶恶的叶缘细齿当作材料。这些十分深刻的变化没有妨碍昆虫建筑者才能的发挥，它们根据惯常的设计修造了小屋。

它们并没有受几个世纪的影响，我同意。但是，这种影响如果存在，会带来什么呢？人们不是很清楚，出生在异乎寻常之地的象虫，为什么没有保存任何意外事故的痕迹。它羽化为成虫后，我把它从那特殊的小房间里取出来。即使在身体大小方面，这不是十分重要的特点，它也同出生在正常出生地的色斑菊花象没有什么区别。正如它会在蓟草上繁衍一样，它也在叶腋里繁衍。

我们姑且假定意外情况再度发生，甚至假定意外情况变为正常情况；我们姑且假定色斑菊花象母亲想要放弃蓝色的小球，永远把卵安放在叶腋里。这种变化会带来什么呢？

既然色斑菊花象幼虫第一次在它不习惯的小屋里发育成长毫无困难，它就会在那里一代一代繁衍，它将始终用肠子的黏胶让一只防御性的羊皮袋鼓胀起来。这个物体的结构和从前的一样，但由于缺乏材料，失去了干燥的头状花序的小花所形成的屋顶。总之，它的才能并没有因此而改变。色斑菊花象的例子告诉我们：昆虫能够适应强加给它的环境条件多久，它就会用它自己的方式劳作多久。它如果不能这样，就会死亡。它不会因环境的变化而改变自己的技艺。

第六章　　熊背菊花象

夜里，我提着提灯去欣赏夜色。返回时，灯笼发出的微光使我可以认出粗略的轮廓，但无法看清细节。在几步以外，暗淡的光线扩散、熄灭，更远处则是一片黢黑。在地面有幅镶嵌成方形的图案，借助灯笼光我只看见了其中的一块。我挪动身子去看另一些图案，但每次看见的，都是可疑的幻象、同样小的圆圈。对一幅图画来说，这一个个被仔细察看的点，是根据什么规律排列的呢？昏暗的提灯光不能告诉我，必须有太阳的光照才行。

科学研究就像用灯笼微弱的照明来进行的，它通过探索一块块图案来研究事物的整体图像。灯芯常常缺乏灯油，玻璃也不清晰。不要紧，第一个探查清楚部分未知事物的人，并没有白费力气。

不管提灯的光束射得多么远，都会遇到黑暗的障碍。我们被未知事物的深渊包围，如果我们可能把未知事物狭窄的范围扩大一拃也就心满意足了。我们这些探求者全都受到求知欲的折磨。把提灯从一处移到另一处吧，或许可以用已经探测过的小块图案重新组成一幅画。

今天，提灯照明的改变，把我们引导到了熊背菊花象这个飞廉的探测者身上。但愿熊这个在我们的语言里不受欢迎的、很不恰当的名称，不要给我们一个不利于这种昆虫的概念。不恰当地给昆虫取名，是昆虫分类学者的任性行为。他们被无穷无尽的清查统计事务弄得手足无措，词汇枯竭了，于是偶然遇到什么

熊背菊花象

就使用什么词汇。

另一些人受到较好的启示，他们隐约地看到，圣职的装饰，教士在宗教仪式中所佩的襟带，和这种象虫背上的白色细带子有隐隐的相似之处，于是提出教士襟带菊花象这个名字。我对这个词感到很满意，它能给人一个美好的形象。然而，熊，一个毫无意义的词却占了上风。

这种象虫的领地是飞廉的伞房花序。飞廉是一种尽管味涩，但很雅致、纤细的蓟草。它的头状花序有个啃不动的架子，涂成黄色，膨胀成一个肉团。这是真正的朝鲜蓟花盘，受到一圈形状凶恶的复叶小叶的保护。这种象虫的幼虫总是独自定居在这个高雅的花盘中心。

每只熊背菊花象幼虫都有自己独有的田产、不可侵犯的口粮。将一枚卵交给一个头状花序后，熊背菊花象母亲就将去别处继续干活。如果某只新产妇错误地占有了这个小花堆，它那只来得太晚的小幼虫会因发现位子被占而死亡。

由此，我们可以看出两者的饮食习惯是不同的。飞廉上的象虫新生儿不会像蓝刺头上的象虫婴儿那样，靠稀糊薄粥来维持体力，因为如果茎上的一个伤口的浆液足够，就可以供好几只熊背菊花象幼虫食用。蓝色玫瑰形绒球喂养三四条共餐者，除了轻微的小切口外，没有其他固体物质损失。如果是喂养这样谨慎克制大颚的消耗者，飞廉也会这样喂养熊背菊花象幼虫。

每棵飞廉始终只提供一只熊背菊花象幼虫的配给量。因此，我们可猜想熊背菊花象幼虫不只是舐食树木渗出的液汁，同时也把朝鲜蓟花盘作为食物。

熊背菊花象成虫也吃这种食物。它在排列成叠瓦状的复叶覆盖的球果上挖掘一些大洞，植物的甜乳在洞里凝结成白色珍珠。但是，在六七月产卵期间，它们却不理睬这些宴席上的残羹剩菜、这些吃剩的糕饼。这时它们选择的是已经结成刺球但未被触动、尚未开花的头状花序，它比开花后更嫩。

熊背菊花象放置卵的方法和色斑菊花象的相同。熊背菊花象母亲用钻头似的喙横穿鳞片，在与小花托齐高的部位探测，然后它在地道底部借助引导探测器安置卵。卵呈白色，不透明，八天以后小虫孵出。

8月，我打开一些飞廉的头状花序，里面住着不同的房客，有熊背菊花象各个龄期的幼虫，有蛹。蛹呈淡红色，粗糙不平，特别是最后几个体节更是这样。幼虫活活泼泼，乱蹿乱动，受到打扰就旋转身子。它们最终将变成完整的昆虫，但这时它们还没有用襟带和成年服装上的其他装饰品把自己打扮起来。这是跟踪熊背菊花象成长的好时机。

花序的复叶连接成片，形成了一个堡垒，遮盖着一个花托。花托上面平坦，下部形成锥形，这就是熊背菊花象的食品橱。新生的小虫立即从它的巢室下到食品橱里。它拼命破坏，毫无保留，但没有碰损橱壁。两个星期内它在橱里为自己挖掘了一个糖窝，窝一直延伸到茎柄。它用头状花序的小花和茎的绒毛作为床顶华盖。小花和绒毛在上面被向后推压，用黏剂维持。朝鲜蓟花盘的镂空部分是完整的。除了有鳞片的内壁之外，其他的都没有受到碰损。

熊背菊花象幼虫过着与世隔绝的生活，正如我预料的那样，它不断地消耗固体食物，什么也不能阻挡它既食固体饮食又饮树汁乳品。

以固体食物为主食必然产生粗糙的残渣，然而，这些残渣在蓝色蓟草那里却闻所未闻。飞廉上的熊背菊花象幼虫隐士用它来干什么呢？这个隐士被囚禁在一个狭窄的巢室里，什么也不能向外面倾投。正如色斑菊花象处理它的黏液小滴那样，熊背菊花象用这些残渣来装饰它的家。

我看见它把身体弯成圆圈，头和尾相连。随着肠子作坊排泄出残渣，嘴便细心地把这些细粒收集起来。这些东西很宝贵，熊背菊花象幼虫小心翼翼，注意不丢失哪怕一小粒，它没有别的东西能做灰墁来粉饰它的住所。它突然咬住粪便，立刻放好，用大颚尖摊开，用额头和臀部压紧。然后，它从还没用水泥粉光的天花板上，拔除一些废弃的鳞片和绒毛。熊背菊花象幼虫把这些残渣一点点地粘在仍然新鲜的黏胶上。

随着熊背菊花象幼虫居民长大，泥层就这样被粗涂上去。它被精细地弄得十分光滑，像挂毯那样遮盖和装饰整个巢室。巢室和朝鲜蓟多刺的茎皮提供的天然围墙，变成了一座强固的堡垒，比起色斑菊花象的"茅屋"，这座堡垒更具有防御作用。

朝鲜蓟适于象虫长期居留。它很纤细，但腐烂得十分缓慢。它有荆棘和粗硬的禾本科植物做支撑，风不能把它吹倒在地上的污泥里。禾本科植物往往环绕四周生长。很久以来，当开着蓝色球花的美丽蓟草在路边枯萎变成泥肥的时候，根不会腐朽的飞廉却始终挺立不倒。它虽然死亡枯竭，但不残败。此外，它还有另一个很好的条件呢，它的头状花序好似屋顶的华盖，雨水很难渗进。住在这样的掩蔽处，没有什么好害怕的。即使天气恶劣的季节，它也不会像色斑菊花象那样逃离茅屋。屋基是稳定的，室内是干燥的，熊背菊花象并非不知道这些好处。它竭力避免像另外那种菊花象在枯叶和碎石的掩护下越冬。它已经预先了解到它的屋顶的效能，于是平静地待在家中。

1月，一年中最严峻的日子里，如果天气不允许我外出，我就打开手边的飞廉的头状花序，总会在那里找到熊背菊花象。这时它正穿着有襟带的新衣。它身子已被冻僵，在那里等待温暖的5月和热闹的景象归来。只有在那时，它才会破坏住宅的屋顶，飞去参加春回大地的欢庆。

在端庄大方和绚丽多姿方面，荒石园里没有任何东西胜过刺菜蓟和它的近亲朝鲜蓟。这两种植物的球冠有两个拳头大，外面是一连串呈螺旋形交叠的鳞叶，样子并不凶恶。成熟时，宽大的薄叶变得硬且尖利。在这些铠甲掩盖下的是多肉的花托，呈半圆形，像半只柑橘那样大。花托上满布浓密的白毛，即使极地动物也没有一种可以提供比这更好的毛皮。种子被这张毛皮严严实实地包住，头上戴着更加浓密的羽毛饰。在这之上，宽大的花簇娇艳地盛开，使人迷醉，花朵像矢车菊那样略带天青石的蓝色。

这就是斯氏菊花象，一种肥胖的象虫的主要地盘。这种象虫身体粗短，涂抹着赭石颜料。刺菜蓟是昆虫常见的居住地，它向我们的餐桌提供多肉的粗叶脉，人们对它的头状花序却不屑理睬。但是，如果园丁给朝鲜蓟留下几个迟生的球冠，斯氏菊花象就会像对待刺菜蓟的球冠那样热情地采收。这两种植物只不过是同一种作物的变种，象虫这个行家里手是不会弄错的。

在7月晒痛肌肤的炎炎烈日下，斯氏菊花象开发刺菜蓟球冠的景象值得观看。这些象虫在一堆蓝色小花中摇摇晃晃，来来去去，忙得不可开交。它们把尾部伸向空中，在空中竖起，然后下降，甚至消失在森林似的毛丛中。

它们在那下面干什么呢？直接观察是不可能的，但在它们干完活后，再去观察可以看到，它们在靠近花托的毛束之间用喙钻探。如果碰到一粒种子，就剥去它的羽毛饰，在上面钻凿一个很轻的小碗似的窝，作为卵的窝巢。探测行动不再向远处延伸，多肉的花盘，这个最初会被当成是象虫偏爱的美味，产卵虫从来不去进攻。

正如预料的那样，这样一个富裕的象虫定居地居民众多。如果头状花序很大，就会有20来个共餐者，甚至更多。入席就餐的幼虫胖乎乎的，长着橘红色脑袋，背部发着油光。那里空间宽敞，足供大家使用。这些幼虫喜欢待在家里，它们不会在丰盛而味美的食桌上四处游逛，而只在孵出来的狭窄平地上蛰居。在这里它们可以品尝、选择最好的几口食物。此外，它们尽管身体肥胖，却淡泊节食，因此除了有虫居住的部分外，花冠仍蓬勃生长，而且让种子像平时一样成熟。

在盛暑，孵卵只需三四天就足够。纤细的幼虫如果远离卵，便沿着种子上的绒毛爬行，途中它会沾上几根毛。如果它出生时挨靠着一粒种子，它就留在出生地的这只小碗里，因为这就是它要去的地方。

事实上，食物就包藏在附近为数不多的五六粒种子里，而且只被消耗掉一部分。不错，幼虫身体强壮后便向前咬，并且在多肉的花托上挖掘一个小窝，为未来的蛹室打基础。富于营养的残渣被推向后面，凝结成一个硬堆，由绒毛栅栏支撑着。总而言之，膳食花费不大：半打还不成熟的种子、几口从花托中抽取出来的食物。用这样少的花费使虫子长膘变胖，准是因为食物对这些虫子有节制的饮食相当有利，这比不安宁的宴会更有价值。

餐桌上的乐趣持续了两三个星期。现在这些幼虫变成了胖娃娃，心满意足的消费者成了工厂主。继安安静静的口腹之乐而来的，是对未来的忧虑烦恼，它们得考虑为自己修建一个将在那里完成身体变态的城堡。

幼虫在自己周围收集绒毛，把它们切成长短不一的小段。它用大颚铺设这些毛段，用额头敲击，转动臀部挤压。如果不进行别的加工，修筑的仍然会是个易崩塌的空壳，隐居者得继续不断地修饰加工。然而，这种昆虫床垫制作者精通蓝刺头上的同胞的独特技艺，它在肠子末端也有座水泥厂。

我如果在玻璃试管里用一片本地朝鲜蓟喂养这只幼虫，就会看见它时不时把身体蜷缩成环圈，用大颚收集尾部有限量供给的微白色黏液滴。这种胶质物立刻到处分散开来，否则，它会很快凝固起来。小毛段就这样互相黏合起来。

这座建筑物完成后，看上去像镶嵌在花托的小洞里的小塔，幼虫在那里吸取一部分食物。没有受到损坏的浓密长毛，在上面和侧面成为屏障。小塔外面是一座粗糙的绒毛建筑，内部精细光滑，到处都涂抹着肠胶。这种物质像漆一样发亮，淡红色。城堡主塔有一厘米高。

将近8月底，大多数熊背菊花象幼虫隐士都状态完好，很多甚至已经弄破了小屋的屋顶。它们把喙伸向空中打探情况，等待离去的时刻。这时刺菜蓟的球冠已经在枯萎的茎上完全干枯，我剥去它的鳞片，用剪刀尽量剪除它的绒毛。剥光的球冠模样很奇怪，它好像凸起的刷子，到处被宽大的洞孔穿透，这些洞孔可插进一般粗细的铅笔。一堵红褐色的墙镶嵌着带毛的残渣，构成洞孔的隔墙。每个洞孔是一只熊背菊花象成虫的卧室。乍一看，人们还会以为是某种胡蜂窝的巢脾呢。

最后我们来看看第四个实验对象吧。它就是撒斑菊花象，身材小于前三种，服装更加简朴，黑底上散布着带赭石色的黄斑。撒斑菊花象豪华的居所，是种令人生畏的植物，植物学家给它取了个耐人寻味的名称：凶恶的蓟草。在普罗旺斯的地中海常绿矮灌木丛中，没有一种植物的面貌像这种蓟草那样倨傲、那样令人生畏。

8月，这种凶恶的植物竖起庞大的白色玫瑰形绒球，魁梧的身材高出海蓝色的薰衣草。蓟草是卵石荒地的朋友，它的根生叶紧贴着地面，铺展成圆形花饰，被撕裂成两根狭长的带子，使人想到被太阳晒烤干了的一堆大鱼的骨骼。这些狭长的带子裂开为两半，一半朝上，另一半朝下，好像要从各个方向恐吓过路的人似的。整株蓟草就是个武库，是个由刺、钉子、比针更加锋利的螫针等一组武器组成的饰物。

这全副武装的野蛮甲胄有什么用处呢？它与普通植物之间的不协调，使邻近的植物显得格外优雅。这个不谐和的标记，由于它的尖刻却突显了整体的和谐，高傲的蓟草在百里香和薰衣草中的确显得华美壮观。

有人认为这乱七八糟的一堆戈戟，是一种防御体系。凶恶的蓟草这样竖立起来，有什么要防御呢？它的种子吗？金翅雀这个受到飞廉诱引的采种者，是否敢于在这可怕的武库上站立，我表示怀疑，它在那里会被刺穿的。一只小小的象虫却敢做鸟不敢干的事，而且干得很好。它在白色的玫瑰绒球上产卵，摧毁刚萌芽的凶恶植物。这种植物若不严格地剪枝，就会成为农业的祸害。

7月初，我采摘了一枝鲜花盛开的蓟草，把它浸泡在盛满水的瓶子里。我让一打象虫在这根脾气倔强、不易接近的茎梢上住下后，用金属钟形网罩把它罩住。象虫交配后，产妇很快到了花球里。半个月后，每个头状花序都养育了1～4只已经老熟的撒斑菊花象幼虫，情况很正常，一切都在蓟草的花球干枯以前结束。9月还没有过去，撒斑菊花象就已经羽化为成虫了。不过，这时候仍然有蛹，甚至幼虫这样的落后者。

蛹室的建筑设计与朝鲜蓟菊花象的蛹室相同，都是在花托的表面挖掘一间小屋，建筑形式雷同，工作方法也一样。一堆绒毛形成的莫列顿绒呢堆积在幼虫周围，被像漆那样的肠液固定起来。这堆绒毛来自种子冠毛和花托浓毛。在这床柔软的棉絮褥子外面，展列出一个排泄物细粒围圈，好似栅栏。这种象虫艺匠认为，不应只用消化残渣，还有更好的东西供它支配。它同其他菊花象一样，知道把非常肮脏的阴沟建成制作黏胶和油漆的宝贵作坊。

这个有软垫的小屋是冬天的营地吗？根本不是。1月，我检查枯萎的蓟草花球。我没有在一个球冠上找到一只象虫。冬天来临，象虫居民已经搬迁。我由此看到了主要的原因。

蓟草现在枯萎了、光秃了，成了一堆炭灰色的废墟，但依然挺拔直立，依然能抵御北风，因为它还非常硬朗、根基牢固。然而它的头状花序却衰老破裂、大大敞开，听任藏在其中的隐士遭受酷劣气候的折磨。花托浓密的毛因吸收了雨水而鼓胀起来，并持久地保持湿润，好似海绵。关于刺菜蓟和朝鲜蓟的情况，也应该差不多。

用飞廉的复叶筑的防御工事都不复存在，它们成了没有遮盖的烂房子，任凭潮湿和寒冷的侵袭。蓟草的白色绒球和朝鲜蓟的蔚蓝色绒球，在晴美的季节是座美丽的别墅，在冬天却成了不能居住的、渗水的、发霉的破屋。谨慎小心这个卑微者的保护人，劝告业主预防房屋最终会破败，劝告业主搬迁。业主听取了忠告，暴雨和严寒即将来临，两种菊花象怎样离开出生地，去别处寻找冬季宿营地，对此我知道得不确切。

第七章 ✦ 植物性本能

母性对未来的关注，是各种本能中最有效的刺激物。是母性为家庭准备吃和住，也是母性让我们看到膜翅目昆虫和食粪虫的英勇行为。不过，自从昆虫母亲开始担任产卵者的角色，并且变为简单的生殖机器那一天起，技艺和才能就消失了，没有用了。

松树鳃金龟，这个用羽毛装饰的漂亮昆虫，用腹尖挖掘沙质土地，艰苦地往下钻，直到脑袋也钻下去。它在洞穴底部产下一袋卵，仅此而已。因此，一旦有谁漫不经心扫过而把坑洞填起来，它的后代就完蛋了。

7月，天牛母亲总是被它的爱人骑着，漫无目的地探测橡树干。它到处把它那可以自由伸缩的产卵管，插到龟裂的树皮鳞片下。产卵管探寻、触摸、选择合适的地点，让每次卵一安置好就几乎能够受到保护。之后，它就再也没有什么责任了。

8月，以花为家的花金龟在腐殖土里弄碎蛹壳钻出来，去花上进食恢复元气，懒懒地睡一觉，然后回到一堆腐烂的树叶处，钻进去在最暖和、发酵最好的部位产卵。我们不要奢求在它身上了解更多的情况，它的才能就局限于这些。

在大多数情况下，其他的昆虫，瘦弱的也好，强壮的也好，卑微的也好，豪侈的也好，也都是这样。它们都知道应该在哪里产卵，但

天牛

它们又都对随后会发生的事漠不关心。幼虫必须通过自身的力量摆脱困境。

松树鳃金龟幼虫下到沙中，寻找柔软的侧根，根因此开始出现腐烂而坏死。天牛幼虫还把它的卵壳拖在身后，它第一口咬下不能吃的木质，把枯死的树皮弄成粉末，在那里挖掘竖井。这口井将把它带到树干深处，那里将提供它三年所需的食物。花金龟幼虫则出生在腐烂的草堆里，不需要寻找，大颚下面就有食物。

有些粗野的动物，一出生就失去家庭的监护，没有接受过任何预备教育。花金龟也有这些动物的习性，这和蟋蟀、负葬甲、泥蜂等很多昆虫的温情抚爱，相距多么远啊！除了这些得天独厚的昆虫族类之外，没有什么非常注意的事可供讨论。这使得想要找真正值得历史记载的事实的观察家灰心失望。

不错，昆虫的子女一般都比它们庸碌无能的母亲能干，有时一孵出就有令人咋舌的灵巧。菊花象就是一个绝好的例子。母亲会干什么呢？不会别的，只会把卵掩埋在蓟草的花冠里。但是，幼虫却有多么奇特的技巧啊！它们为自己修建"茅屋"，用肠子制作漆，为自己的小屋装填垫料，用剪下的绒毛为自己制作褥子，建造一个防御性居室，一座城堡的主塔。

缺乏经验的新生昆虫，却会在身体变态后放弃软绵绵的温室，前往碎石掩蔽处躲藏起来。这是因为预先考虑到了严冬的侵袭会摧毁它出生的别墅，它多么高瞻远瞩啊！我们依靠过去的资料，了解将来的情况。昆虫没有关于季节变化的档案资料，它诞生于酷暑，正值夏日炎炎，却能够本能地预感到，这个太阳令人陶醉的时期不会长久。它过去从来没有遇到过自己的房屋倒塌，却知道房屋即将倒塌，并在屋顶垮下之前逃跑。

象虫做得很好，非常之好。它们能够预见未来的灾难，我真妒忌虫子的智慧。象虫母亲不管多么缺少技艺，即使天资最差的也会思考一个错综复杂的问题，要把卵产在以后幼虫能够找到合口味的食物的地点。它以什么来作为它的指针呢？

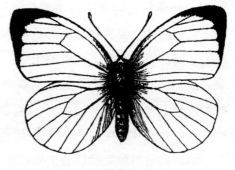

粉蝶

粉蝶飞到甘蓝上，自己不知道应该怎样办。这株植物的球冠聚缩得很紧，还没有开花。此外，这些简朴的黄花对蝴蝶来说，并不比别的花更有诱惑力。蛱蝶飞到荨麻上，它的幼虫会对荨麻很感兴趣，但是，成虫在那里却没有什么东西可以吮吸。

在夏至黄昏的微光中，松树鳃金龟长时间围着一棵它喜爱的树跳起婚礼芭蕾舞。它吃叶丛里的几根针叶，让自己从疲劳中恢复过来。然后它狂热地一跳，离开这里去寻找裸露的沙质土地，那里有许多禾本科植物腐烂的侧根。那里松脂的香味往往更浓，松树往往更多，令戴着头饰的漂亮虫子欣喜万分。昆虫母亲将一半身体埋在土里，就在这个对它本身没有什么用处的地方安放它的卵。

金色的花金龟是蔷薇和山楂的伞房花序的热情朋友，它飞离花的奢侈豪华，把自己埋在污秽的腐殖土里。在那里，当然没有什么合它口味的菜肴。它不是到那里大口饮蜜汁，也不是陶醉在香喷喷的浓汁中。它去到恶臭之地，是另有原因的。

首先，这些稀奇古怪的现象，似乎可以在幼虫的饮食方式中找到解释，成虫以后会牢牢地记住这些方式。粉蝶幼虫用甘蓝叶养育自己，蛱蝶幼虫用荨麻叶填饱肚子。这两种蝴蝶的记忆力十分可靠，它们都开发那种现在毫无价值，但在童年时代却是美味佳肴的植物。同样，花金龟下到腐殖土中，是因为它对从前的宴席留有模糊的回忆，那时它是在发酵的牧草中钻洞的蛴螬。松树鳃金龟寻找有稀疏的禾本科植物丛的沙土，因为它还记得，正是在这种植物腐烂的侧根中，可以找到青春的欢乐。

如果成虫与幼虫的饮食方式相同，那么，我几乎可以认定确实存在这样的记忆。我们的确可以这样看待食粪虫，食粪虫在食用粪便的同时，也为它的家庭准备罐头。成年期和婴儿期的菜肴互相衔接，互相影响，互相引起联想，均一性很简单地解决了粮食问题。

但是，关于食物从花转到低劣的腐叶的花金龟，我应该谈些什么呢？特别是关于捕食性膜翅目昆虫，我应该谈些什么呢？它们吸蜜吸得蜜囊都鼓胀起来，却用猎物来喂食幼虫。节腹泥蜂因无法想象的灵感撇下鲜花盛开、流出花蜜的伞房花序小酒店，去拼斗打杀，为子孙勒死象虫野味肉呢？飞蝗泥蜂在刺芹上吸取养料恢复体力后突然飞走，迫不及待地为它的幼虫刺杀蟋蟀，我们又怎样解释呢？

有人连忙回答说这是记忆问题。唉，不是的，请别谈什么记忆，不要说昆虫的肚子会有什么记忆。在记忆力方面，人倒有相当的天赋。然而，我们当中有谁保留着哪怕一丁点对母乳的记忆呢？如果我们从来没有见过婴儿在母亲的怀抱里吸奶，就无法想象我们曾经这样开始自己的一生。婴儿期的食物是回想不起来的，仅仅小羊羔的例子便可以证明。小羊羔膝盖着地，摆动尾巴，小嘴衔着母亲的乳头，额头拱着母亲的身子。不，这几口母乳没有在它头脑里留下丝毫痕迹。我们自己并没有在身体变态的坩埚里重新铸造，仍然这般浑浑噩噩、蒙昧无知，却希望昆虫在一场彻底改变它自己的剧烈变化之后，记住它幼年时的食物。我们不应该如此轻信啊！

昆虫母亲与幼虫的饮食方式不同，它怎样辨别出什么东西适合它的孩子呢？我不知道，永远也不会知道，这是个不能解开的秘密。昆虫母亲自己也不知道。胃对于它那深奥莫测的化学原理知道些什么呢？什么都不知道。心脏对于它那神奇的水力学原理知道些什么呢？什么都不知道。昆虫母亲在安置它的一窝孩子时，也什么都不知道。

这样的饮食方式为粮食困难这个问题，提供了很好的解决方案。我刚刚研究的各种菊花象，提供了非常好的榜样。它们将会让我们看到，这些昆虫是怎样利用自己对植物的机敏，来选择有营养价值的植物。

在哪个头状花序的小花篮上产卵，并不是无所谓的。这只篮子必须有某些味道、稳定性、浓密的毛以及幼虫爱好的其他东西。因此，选择需要一种对植物明晰的辨别力，这种能力一下子就能够探查清楚好与坏、接受或者拒绝新发现的东西。关于因具有草药商的才能而受到器重的象虫，我来为它们写下几行吧。

色斑菊花象鄙视多样化，它坚持自己的信念，毫不动摇。蓝刺头的蓝色球冠是它的家园，它独有的领地，对其他昆虫毫无价值。只有它欣赏和开发这种植物，除了这块土地以外，没有任何别的东西适合它。色斑菊花象的这种特长在它的家族中永恒不变，代代相传，必然会使探寻工作大大方便。当春回大地时，色斑菊花象就离开距出生地不远的小藏身处，很容易在路旁的陡坡上找到喜爱的植物。这种植物淡色的新芽已经出现在枝梢，它毫不犹豫，立刻就认出了它钟爱的家传产业。它爬上去，像结婚时那样心花怒放，嬉戏玩耍。它等待蔚蓝色的圆球慢慢成熟，它初次看到蓝色的蓟草就一见如故。过去只有蓝刺头被色斑菊花象赏识，现在也只有色斑菊花象被蓝刺头赏识。

第二种菊花象即熊背菊花象，开始使它的植物选择多样化起来。我知道它有两个住处：平原上开伞房花序的飞廉和万杜山上长着蓟叶的飞廉。对那些只观察总貌，而不细致观察花朵的人来说，这两种植物没有任何共同之处。农夫们尽管区分各种草时目光敏锐，却从来不会想到用属于同一类的名称来称呼它们。至于城里的文明人，除非是植物学家，否则就别提他们了。在城里，植物学的证据比不上任何别的事物。

伞房花序飞廉的茎干细长、苗条，叶子瘦小，花平平常常，成束成簇，花托不及橡实的一半大。长着蓟叶的飞廉，有一个宽大而凶恶的阔叶圆花饰匍匐在地上，阔叶的齿形边好似科林斯柱的装饰。这种飞廉没有茎，在叶子编成的篮子中央有一朵花，一朵独一无二的花，但很大，大得像拳头一样。万杜人把这种漂亮的蓟草称为山朝鲜蓟。它的花很富肉质，饱含有榛子味的乳汁，甚至生吃也美味可口。万杜人收割它，用它的花炒蛋，炒出的蛋风味独特。

万杜人有时把飞廉当作湿度计，把它钉在羊圈的大门上。空气潮湿时，花会合上；空气干燥时，花便打开，好像壮丽的金色太阳，相当华美。它与著名的耶利哥①玫瑰正好相反，耶利哥玫瑰像个粗俗的盒子，它因潮湿而绽开、因干燥而蜷缩。这个来自外地原野的湿度计，声名远播。但是，山朝鲜蓟这万杜山的土产湿度计，却不为人所知，遭到忽视。

———————

① 耶利哥：西亚死海以北古城名。——译注

　　菊花象十分了解飞廉，但不是把它作为一种气象仪器，而是当作美味的食物。我在7月和8月的徒步旅行中，多次看见象虫在山朝鲜蓟上忙得不亦乐乎。这时这种植物正在阳光朗照下鲜花盛开。象虫在那里做什么？毫无疑问，它们在忙着产卵。

　　我很遗憾那时我的注意力已经转向植物学，未能更加深入细致地观察产卵者的情况。在这一块丰盛的食物上，象虫母亲安放好几枚卵吗？那里有足够人丁兴旺的家庭食用的粮食。它在那里只放置一枚卵，就像它在供应微薄的伞房花序的飞廉上那样吗？没有任何情况表明，熊背菊花象在持家方面不会精打细算，不让就餐者的数目与粮食的丰足程度成比例。

　　如果说这一点晦涩不明，那么更有趣的另一点却一目了然。熊背菊花象是目光敏锐的草药商，它辨识出两种形状迥异的植物都是飞廉，美味佳肴。我们如果谁不是行家，就不会想到把它们归成同类。熊背菊花象认定宽约半米、在地上四面辐射的豪华圆花饰似的植物和纤细的蓟草，在植物学上是同属植物。

　　色斑菊花象进一步扩大它的领地。它虽然错失了有白色头状花序的凶恶的蓟草，却辨识出另一种形状可怕的植物也相当优良。这种植物有玫瑰红的头状花序，它就是披针形蓟草。虽然花的颜色不同，但并没有使色斑菊花象犹豫不决。

　　是植物魁梧的身躯和粗硬尖利的刺，使色斑菊花象得以了解情况吗？不，因为它现在定居在卑微的淡黑飞廉上。这种植物远不那么凶恶，高不超过一拃。选择取决于植物的球冠的大小吗？也不是，因为细花飞廉纤弱的头状花序，并不比那三种蓟草庞大的花冠更少被采用。这个精细灵敏的行家十分内行，它不关心植物的装饰、树叶、香味、颜色，而是积极开发被路上的尘土弄脏了、开着可怜的黄花的地丁。

斯氏菊花象更加精明。我常常看见它在荒石园里的朝鲜蓟和刺菜蓟上干活，这两种蓟草都体形巨大，粗大的蓝色球冠有两米高。我还在一种普通的矢车菊上遇见过它，这种植物的头状花序比小指还小，矮矮地铺在地上。我还发现它在色斑菊花象珍爱的各种蓟草上，甚至在黄花地丁上建立移民地。它了解如此迥异的植物学知识，的确发人深思。

斯氏菊花象不求助于实验，却能清楚地识别什么是朝鲜蓟的花盘，什么不是，什么适合它的家庭，什么对它的家庭有害。而我这个由于辛勤实践而精通居住地区的植物种类的博物学家，如果被突然引领到一个新地区，在没有获得可靠信息的情况下，我可不敢啃咬某种果子。

斯氏菊花象生而知之，我则学而知之。每年夏天，它以极大的勇气从它居住的蓟草，迁移到其他许多蓟草上。从外貌看，这些蓟草之间没有任何联系，似乎会像令人疑窦丛生的小旅馆那样，旅客拒绝投宿。然而，斯氏菊花象却接受它们，认它们彼此是亲戚。而它的信任也从来没有被辜负过。

这种昆虫以本能为向导，本能在十分有限的范围内，准确无误地向它提供信息，使它了解情况。而我的向导则是智慧。我的这个向导寻找道路，迷失方向，然后重新找到道路，最后无可比拟地起飞翱翔。菊花象不经过学习就知道蓟草的植物种类，而人却要经过长期学习才知道。本能的领域仅仅是空间的一个点，智慧的领域却是整个宇宙。

第八章 🪲 欧洲栎象

有些机器的构件很奇特。当机器静止不动时，人们无法看出个中奥妙。当机器开动时，稀奇古怪的装置咬住齿轮，打开，关上铰接的金属杆，让我们看到了这些构件巧妙的组合。在这种组合中，一切以最终的效果为目标而被巧妙地配置。很多象虫，特别是栎象也是如此。栎象正如它的名称所表明的，专门开发橡栗、榛子和其他类似的果实。

在我们地区，最惹人注目的是欧洲栎象。它的名字起得多么好，多么形象啊！这只长着稀奇古怪的长烟斗的虫子，是只多么滑稽的虫子啊！这个好似北美印第安人的长烟斗的器官很细，像马尾巴上的长毛一样呈橘红色，几乎是直的。它是如此长，这种象虫为了不失足，不受这个器官的妨碍，不得不让它伸展出去，就像一根搁着的长矛。对这根特别大的尖头木桩，对这个滑稽可笑的鼻子，它该怎么办，它用它来干什么呢？

我看见一些人对此耸肩膀，表示蔑视不屑。如果生命的目的果真是用某种手段，用可以告人的或者不可告人的手段挣钱，那么这些问题就是荒诞的。

幸好这个世界上还有另外一些人，在他们眼里，在评估事物的轻重时，没有任何东西是渺小的、微不足道的。他们知道，思想的面包是用细小的面团揉捏

3½

欧洲栎象

出来的，他们对这种面团的需求程度，并不亚于用收获的粮食制作出来的面包。他们知道，劳动者和喜欢问长问短的人，正用积存起来的面包屑养育着世界。

我们珍惜这种需求吧。人们还没有看见欧洲栎象干活，就已经开始猜疑它那个奇怪的喙。喙上有个类似我们用来钻探坚硬物体的钻头，这个钻石尖头似的大颚构成了身体末端的架子。欧洲栎象以菊花象为榜样，但在更加艰难的条件下，知道使用这个架子来为安置卵铺平道路。

但是，尽管猜疑多么有根有据，也并不是肯定无疑的，我只有通过现场观看它劳动才能找到答案。偶然性为耐心寻找它的人效劳，10月上旬我看见了欧洲栎象干活。我非常惊讶，因为在这个迟晚的季节，一般说来，所有技巧性的工作都结束了。初寒降临时，象虫的活动季节已经结束。

今天天气很坏，北风呼啸，冷彻骨髓，冻裂嘴唇。在这样的日子去采查荆棘丛，需要坚强的意志。然而，如果长吻管象虫欧洲栎象，正如我想的那样开发橡栗，那么我们了解情况的时间就很紧迫。橡栗还呈绿色，但已经粗大，两三个星期后，它们将完全成熟，变为褐栗色，很快就会落到地上。我满怀激情地巡视，获得了成功。在绿色的橡树上，我突然抓住了一只欧洲栎象，它的吻管一半钻进一粒橡栗里。寒冷而强烈的北风劲刮，摇撼了树林。树枝摇动时，想仔细观察欧洲栎象是不可能的。我摘下小枝杈放在地上，这只象虫没有注意到已被搬迁，继续干它的活。我蹲在旁边，在一簇矮树丛的掩护下，不受暴风雨的侵袭，注意观察这只象虫干活。

欧洲栎象套上黏性踩脚鞋，稳稳地固定在橡栗光滑而倾斜的弯曲部分。这凉鞋以后还让它能够在我的器械中，敏捷地攀爬垂直的玻璃片。它用它的曲柄手摇钻缓慢而笨拙地围绕着那根插入橡栗的尖桩移动，画了个半圆周，圆周的中心就是钻孔的部位。然后它半途折回，画一个反向的半圆周。这个动作反复多次，就像我们通过手腕的交替动作，用锥子在木头上钻洞时这样。

这只虫子的喙逐渐下伸，一小时后整个消失了，接着是短暂的休息，最后工具退出。会发生什么事呢？这次没有发生别的什么。这只欧洲栎象放弃钻井，整个退出来，在枯叶堆中蜷缩成一团。今天我不会了解到更多的情况了。

但是，我并没有懈怠。和风吹拂的日子对猎捕昆虫更加有利，我返回了现场，很快就捕到了很多虫子，足够住满我的金属网罩。我预见到工作进度缓慢会产生的困难，宁肯在家里进行观察研究，这样时间就无限充裕。

这样的观察对我相当有利。如果我想继续在野外观察，在无拘无束的树林中观察欧洲栎象的活动，即使观察对象表现良好，我想我也永远不会有耐心把象虫选择橡栗、钻孔和产卵等情况跟踪观察到底，因为欧洲栎象非常细致小心，而且干起活来又非常之慢。于是，我用我的方法继续观察。

象虫频繁光顾的间伐林里有三种橡树：麻栎、白栎和灌栎。如果樵夫给前两种橡树时间，它们会长得亭亭玉立、丰姿绰约。灌栎则是一种可怜的荆棘。麻栎最多产，最受欧洲栎象喜爱。它结出的橡栗坚硬而长，中等大小，壳斗不很粗糙。白栎的橡栗一般不受欢迎，很短，皱缩干枯，容易早落，塞里昂丘陵的干旱气候对这种橡栗十分不利，因此，象虫只在不得已的情况下、退而求其次才接受这种橡栗。灌栎是一种矮小的灌木，跨一脚就可以越过。它那华美的橡栗与卑微的形态，对照十分鲜明。它的橡栗鼓胀成粗胖的卵形，壳斗上满布粗糙的鳞片。欧洲栎象没有比这更好的住处了，那是一座坚固的城堡和丰盛的食品库。

这三种橡树的几根小枝杈都长着橡栗，我将它们放在金属网罩下面，一端浸入一杯水里，水保持新鲜。然后，我在小枝杈上安顿几对象虫，把这个实验仪器放在实验室的窗台上。一天的大部分时间，这间房子都受到充足的阳光照射。我耐下心来，时时刻刻注意监视。我的劳动会得到补偿，橡栗怎样被开发是值得观察的。

事情拖得并不太久，第二天，我开始观察时象虫也正好开始干活。欧洲栎象母亲比雄虫身材高大，配备手摇钻的时间更长。它现在正在仔细检查一个橡栗，无疑是准备产卵。它一步步从前到后，上上下下爬遍这颗橡栗。在粗糙的栗壳上行走比较方便，但是如果脚底没有套上黏性踩脚鞋，没有套上使它在各种姿势中都能保持平衡的刷子形鞋底，是无法在壳面其他光滑部分行走的。这只象虫从容不迫地在光滑的壳面上闲逛，从不失足。

最后，象虫选择了一颗橡栗，这颗橡栗被认定质量优良，象虫决定在上面开凿一个探测孔。这只虫子的尖桩太长，操作起来十分困难。要取得最好的机械效果，必须根据器物凸面的法线①，把施工器械竖立起来，把向前移动时碍手碍脚的工具，放置到这位象虫工人的身体下面。为了达到这个目的，这个小家伙用后足抬起自己的身体，靠着鞘翅和后跗节形成的三脚架竖立起来，样子极其稀奇古怪。它站立着，让鼻子长剑转向自己。好啦，尖桩笔直地竖起来啦，钻孔工作开始了，就像北风呼啸那天我在树林中看到的那样。这只象虫慢条斯理地钻孔，从左到右、从右到左轮番进行。它的钻

---

① 法线：曲面上某点的切线或切面在该点的垂线，为该点的法线。——校注

头不是一根始终朝着同一方向旋转的螺旋形管，而是一个套管针。套管针先朝着一个方向，然后朝着另一个方向轮番啃咬、磨损物体，向前推进。

在继续谈下去之前，我谈一点小插曲，这起偶发事件太惹人注目，不能略而不谈。我多次发现这种象虫工人死在工地上，死虫的姿势十分离奇。如果死亡并不总是严重事件，特别当在工作正起劲，死亡突然降临在虫子身上更不是什么严重事件时，那么这个稀奇古怪的姿势就会令人忍俊不禁。

探测尖桩的尖头正好插在橡栗上，说明工作已经开始。在这根尖桩，这根致命的支柱的顶端，欧洲栎象笔直地悬吊在空中，远离地面。它身体已经干燥，不知死亡多久了。它的脚爪僵硬，收缩在腹部下面。假设这些脚爪像虫子活着时那样灵活伸缩自如，它们就不会触及悬挂橡栗的枝丫。到底发生了什么事，使得这只虫子的身体被刺穿，就像我们用大头钉钉在标本盒里的昆虫的头上那样？

原来发生了一起工伤事故。由于钻头很长，欧洲栎象开始工作时，后足立在橡栗上。我们假设象虫的身体滑动了，接着两只后脚又乱了方寸，于是，这个笨家伙的身体马上就脱离它正钻探的橡栗，被劳动开始时必须弄弯得稍稍过头因而具有弹性的探头拖离，这个悬吊着的家伙就这样被远远地拖离了劳动工地。它疲劳地在空中竭力挣扎，救命的脚爪找不到地方可以抓附。它因为找不到可以使自己摆脱困境的支撑点，终于筋疲力尽，死在尖桩的尖头上。正如工厂里的工人一样，欧洲栎象有时也是机器事故的受害者。我祝它好运，套上结实的黏性踩脚鞋，防止滑动。现在我继续往下谈。

这一次，机器运转得称心如意，但非常之慢，尖桩的下降，即使被放大镜放大，也无法辨识出来。这只象虫一直在旋转、休息、再旋转。一小时、两小时过去了，在这段时间内，我自始至终目不转睛，密切注意，因而弄得十分紧张。我很想亲眼看见欧洲栎象取出探头，返回原处，把卵放在井坑里。这样至少我可以预见整件事的进行情况。

两小时过去了，我的耐心也耗尽了。我与家人商量，家里的三个人轮流值班，不间断地监视这只顽固的家伙，我必须不惜一切代价了解它的秘密。还好我召请来了几位助手，他们用眼睛帮我观察，帮我留意。在八小时，好似永无终结的八小时以后，夜幕即将下垂时，守候的哨兵呼叫我。这只象虫好像快结束钻探了，它后退，谨慎地抽出曲柄手摇钻，担心会把它弄坏。工具抽出后，它再次径直向前钻。

唉，我又一次上当受骗了，八小时监视毫无成果。欧洲栎象逃走了，它放弃橡栗，没有利用它的探测成果。我完全有理由拒绝在树林深处进行的观察。在绿色橡树林中、在把人晒得肌肤疼痛的炎炎烈日之下，这样的长期等待真是无法忍受的酷刑。

整个10月，在非常时刻，我在助手的帮助下，观测了很多里面没有产卵的钻井。钻井的时间长短颇不相同，一般说来是两小时，有时达到甚至超过半天。

钻这些花费巨大而又没有虫子的井穴目的何在？如果我们了解了卵的位置和幼虫的最初几口食物，或许答案就会出现。住着幼虫的橡栗长在橡树上，嵌在橡栗壳里，就像没有发生过任何有害子叶的事件似的。我们稍加注意就很容易辨认出这些橡栗来，在光滑的、绿油油的外壳上，可以看见一个小点，这是灵巧的针刺出的刺孔，一团狭小的褐色乳晕很快把这个孔眼围起来，这是钻井口。另外有几颗橡栗，洞孔从壳斗穿过壳斗，但这种情况比较罕见。

我选择了一些新近被钻了孔的橡栗，刺孔淡色，还没有因时间的推移而被褐色乳晕包围。我剥去这些橡栗的壳，里面大多都找不到什么稀奇古怪的东西。欧洲栎象在它们上面钻孔，却没有把卵托付给它们。欧洲栎象在网罩里耗费了几个小时仔细加工大橡栗，之后却没有利用它。当然，还是有一些橡栗里包藏着一枚卵。

然而，不管井坑入口距离橡栗底部多远，这枚卵总是在井坑底部，在子叶那里。那里有柔软的莫列顿绒呢，是由壳斗提供的，被叶柄渗出的液汁浸湿。我看见一只小小的欧洲栎象幼虫，在我的眼前孵出。我看见它一出生便较轻地咬几口棉絮似的果肉，就好像在咬用丹宁酸调味的新鲜面包。这种像新生的有机物那样多汁、易于消化的蛋糕，只在壳斗和子叶之间才有。欧洲栎象也只在那里安置它的卵，它十分清楚，那里有最适合新生儿幼弱的胃的食物。

子叶面包比较粗糙，小虫先在小酒店里恢复体力、振作了精神后，不是直接地，而是通过母亲用探针打开的狭道进入面包房。这条狭道满布碎屑和咀嚼了一半的残渣。吃了这种清淡的粗面粉，力气和劲头就来了，欧洲栎象幼虫于是充分伸进橡栗坚硬的果肉里。

我由此了解到象虫母亲的劳动情况。它在钻孔之前，像医生治病那样，上下左右、前前后后仔细检查那颗橡栗。这时候它的目的是什么呢？了解这粒果实是否已经有虫居住。尽管这个橡栗食橱很丰足，却不够两只虫子食用。的确，我从来没有在一颗橡栗里找到过两只欧洲栎象幼虫。单独一只，总是单独一只在消化味美的果实，并且在离开它下到地里之前，使它变为橄榄绿色的小骰子，而子叶面包最多只剩下没有什么价值的面包屑。每只欧洲栎象幼虫都有它自己的圆形大面包，每个消费者都有自己的一份橡栗口粮。

把卵放进橡栗以前，首先去那里仔细查看是适当的。那里是否已经被占领呢？很有可能，很可能有个占领者正在占领这个地下墓穴底部，在橡栗底部，在布满鳞片的壳斗掩护下。不过，这个小小的藏身处没有什么秘密，如果橡栗的表面没有微小的刺孔，谁的眼睛也猜不出里面有个隐士。

这个小孔是可以看见的，它于是成了我的向导。它在那里出现，这就告诉我这个果实已经有虫居住，或者至少有母亲在那里产过卵；它不在那里出现，就肯定没有谁拥有这间房屋。毫无疑问，欧洲栎象也用同样的方式获得信息。

我用敏锐的目光观察事物，必要时，我还有放大镜的帮助。我只须把实验对象放在手指之间转动一会儿，检查就完成了。而它，这个近视的欧洲栎象调查者，在确切地查看小孔之前，却不得不到处巡查。其次，与我在好奇心的驱使下的调查研究相比，它的家庭利益使它不得不更加谨慎小心。因此，它大大延长了观察橡栗的时间。

成功了，橡栗被认定质量优良，象虫伸出钻头，钻探了好几个小时。然后，这只象虫几次离开，对它的工作表示轻蔑，钻探之后没有产卵。这种努力持续得这样久有什么好处呢？这仅仅是在恢复体力的饮水桶上开洞取酒吗？虫喙的麦管会下降到桶的深处，在一些令人满意的角落里吸几口富于营养的饮料吗？这仅仅是进食吗？

首先，我信得过这只虫子。其次，我对欧洲栎象为了喝一大口饮料，而表现得这样百折不挠感到相当惊奇。雄欧洲栎象让我了解真相后，我放弃了这个想法。这些雄虫也有长喙。如果需要，这个长喙也能打开井坑。然而，我却从来没有看见一只雄虫在橡栗上定居下来，用钻头加工橡栗。为什么整天要这样忙忙碌碌、辛辛苦苦呢？对这些饮食节制的虫子来说，一丁点东西就足够了；用鼻子尖加工一张嫩叶的表皮，对维持体力来说就足够了。

如果它们，这些在餐桌上游手好闲的家伙，不需要更多的东西，那么那些忙于产卵的母亲又会怎么样呢？这些母亲来得及吃喝吗？不，被钻了孔的橡栗并不是可以在那里慢慢悠悠、没完没了喝呷的小酒店。欧洲栎象的喙伸进橡栗里抽取一小口，这是可能的。但是，获取这样一点碎屑肯定不是原来的目的。

真正的目的我隐隐约约地看到了。我们说过，欧洲栎象的卵始终在橡栗的底部，在一种类似棉絮的果肉内部，这种物体被叶柄渗出的液汁润湿。小虫刚孵出时还不能够啃食较硬的子叶，于是啃咬壳底柔嫩的毛毡，把它的液汁当作食物。

但是，随着橡栗长大，这块蛋糕就越来越硬，滋味和液汁的量都会发生变化，柔嫩的坚硬起来，湿润的干燥起来。有个时期，对欧洲栎象新生幼虫来说，舒适安逸的条件全都具备，太早条件不合要求，太晚条件又成熟过头。

在橡栗的绿色外壳上，什么也显示不出厨房内部烹饪的进展情况。为了不用令人嫌恶、难以下咽的菜肴喂给小虫，在只看外形便充分了解食物的情况下，母亲不得不用喙先尝尝粮仓底部的面包。这就像乳母在喂婴儿一匙粥糊之前，自己先用嘴唇尝一尝。欧洲栎象母亲就是这样做的，它的柔情同人相比不差分毫。它把探头下伸到橡栗的底部，它在把橡栗里的菜肴传给未来的孩子之前，先了解一下这些东西。如果菜肴令人满意，它就产下卵，否则，它就不再探测。这样，经过辛勤的劳动，却不带来任何效益的钻孔工作就得到了解释，橡栗底部的柔面包经仔细鉴定，不合要求。当为自己的孩子准备第一口食物的时候，这些欧洲栎象的要求多么严格、多么挑剔、多么细致啊！

把卵有序地安置在新生儿将在那里找到多汁、柔软、易于消化的菜肴的地方，对这些高瞻远瞩的昆虫来说是不够的，它们的关怀远不止这些。小幼虫最初吃蛋糕然后再啃硬面包，于是母亲便在橡栗里钻一条地道，把管道里的果肉剪成碎屑，管道的内壁因为受损而变软，更加适合新生儿娇嫩的大颚。

在啃咬子叶以前，欧洲栎象幼虫的确进入这条管道，它吃在路途中找到的粗面粉，收集悬吊在墙上的褐色细粒。最后，当它身体足够壮实时，就弄破果仁这个圆形大面包，消失在里面。胃已经准备就绪，余下的事就是幸福地享用大餐。

这种管状婴儿哺乳室应该有相当的长度，以满足初生婴儿的需要，因此，欧洲栎象母亲用曲柄手摇钻努力钻探。如果探测的目的仅仅是品尝食物，弄清楚橡栗底部的成熟度，操作就会简短得多。这好处象虫并不是没有看到，我有时看到它在加工鳞片状的小碗。我只看到过一次急于了解情况的产卵虫的尝试。如果橡栗合适，钻孔操作就将在更高的部位，在壳斗外面重新开始。当卵应该产下时，一般的惯例是，就在橡栗上钻孔。如果钻孔工具的长度允许，钻孔位置应尽可能高些。

钻这个半天也没有钻成的探测长孔，目的是什么？在叶柄附近，钻头花费少得多的时间和力气就会到达目的地，到达新生虫子将在那里饮水的活泉。这时候，这样顽强拼搏有什么好处呢？欧洲栎象母亲把自己弄得这样筋疲力尽，是有理由的。它这样做，是为了到达心中的圣地橡栗的底部。而且，它还为孩子准备了一只长长的小面粉袋子。这是一项具有重大价值的成果。

这全都是琐碎小事！不，这些不是琐碎小事，而是重要大事。它们告诉我们，无限的关怀和照料反映在储藏最细小的东西上；它们还证明，它们是用一种高级逻辑调节微小的细节。

欧洲栎象像教育家那样有自己的好想法、好主意，有自己的作用，值得尊重。这至少是乌鸫的看法。这种鸟在临近秋末，浆果开始短缺时，乐意把长喙昆虫当作美味佳肴。这虽是小小的一口食物，但滋味鲜美，没有橄榄的苦涩味。这时橄榄还没有被寒冷征服。假如没有乌鸫和它的竞争对手，春天树林的复苏会是一幅什么样的景象啊！即使人被自己所做的蠢事毁灭，从地球上消失，乌鸫仍然用自己的铜管乐来欢祝春回大地，仍然同样庄严肃穆。

鸟儿为森林带来欢乐，欧洲栎象则为鸟儿带来欢乐，让鸟儿美美地饱餐。除了这个值得赞扬的角色之外，它还扮演另一个角色，缓解植物的拥挤状况。正如名副其实的强者一样，橡树慷慨大度提供丰硕的橡栗，大地也欣然接受这些恩赐；然而森林缺乏空间就会窒息，过剩必将造成毁灭。

既然粮食丰足，急于抵消过剩生产的消费者就会从四面八方赶来。田鼠这个土著在一堆碎石里，在它的麦秸床垫旁边积存橡栗。外地的松鸦不知怎样也得到了信息，成群结队从远方飞来，在几个星期内，它们挨棵逐株大吃大嚼，并用像哽住了的猫叫来表示喜悦、欢乐和激动，在完成使命后便返回它的故乡北方。

欧洲栎象先于所有的昆虫来到这里，把卵产在还呈绿色的橡栗上。橡栗躺在地里，尚未成熟就被弄成褐色，还被穿了个洞眼。欧洲栎象幼虫耗光了里面的食物后，就从这个洞里出来。在一株橡树下，被掏空的橡栗轻易就可盛满一篮子。清理过剩的产量，象虫比松鸦和田鼠做得更好。

人很快也来到了，为了他饲养的猪。在我们村子里，市镇宣读公告的人击鼓宣布在树林里收摘橡栗的日子。这可是件了不得的大事呀。头天晚上，村子里劲头最大的人会去树林里踩点，为自己选个好地方。第二天一大早，天刚亮，全家人都已经就位开工了。父亲用竹竿扑打橡树的高枝，母亲采摘手够得着的矮枝，孩子们拾捡落在地上的橡栗。母亲穿着麻布围裙，不怕进入矮树丛深处。篮子盛满了，然后装筐，装口袋。

继田鼠、松鸦、象虫等许多动物之后，森林里洋溢着人的欢乐。他们估算这次收获会带来多少肥美的猪肉，但是欢乐之中也有遗憾。他们看见那么多橡栗落在地上，穿了洞，被糟蹋，于是有人咒骂起糟蹋这些橡栗的家伙来。根据他的说法，森林只属于他们，橡树只为他们结果。

我对他们说，朋友，守林人不能记下轻罪犯人的罪状。这对动物倒是件很幸运的事，我们的利己主义在橡栗的收获中只看到味美的香肠，橡树则邀请大家都来利用它的果实。我们最强大，便获取最大的一部分，这就是我们唯一的权利。

在不同的消费者之间公平分配消费品，这一点超然在上，无限地主宰一切。不论大小，人人在这个世界上都有自己扮演的角色。乌鸫鸣啭，让春天的簇叶欢欣喜悦是极好的事，我们不要认为橡树被虫蛀就一定是件坏事，这可是为鸟儿准备可口的象虫点心呢。这食物会使鸟儿的臀部脂肪丰满，歌喉优美动听。

让乌鸫继续歌唱吧，我们还是回到象虫的卵上来。我知道这些卵在哪里，在橡栗底部，在最嫩和液汁最多的果仁中。它是怎样去到那里的呢？那里距离壳斗上的入口很远呀！不错，这是个微不足道的问题，甚至是个幼稚可笑的问题，但是，我们别对它不屑搭理，因为伟大的科学往往来自幼稚可笑的事物呀。

第一个用琥珀在衣服上摩擦，发现琥珀吸引麦秸的人，当然没有猜想到今天发现电的奇异现象，他只是天真地玩耍自娱。这个儿童游戏不断被人重复，被人用各种方式探寻，最后成了世界上强大力量中的一种。观察家对什么都不应该忽视，他永远也不知道会从最微不足道的事物中诞生出什么来。因此，我向自己再提出这个问题来：欧洲栎象的卵用什么方法，在离入口这样远的地方安置下来呢？

对还不知道卵的位置，却知道欧洲栎象幼虫首先从底部进攻橡栗的人来说，答案会是这样的：卵产在管道的入口，在橡栗表面。小虫在母亲挖掘的地道里爬行，自己到达藏有婴儿食物的偏僻地点。在掌握足够的资料以前，我首先是这样假定的。但是，谬误很快不攻而破。当欧洲栎象母亲把腹尖贴在喙刚刚挖掘的管道口上，停留片刻之后退出时，我检查了这些橡栗。卵似乎应该在那里，在入口处，在橡栗表面。怎么回事？卵并不在那里呀，它在通道的另一端。我大胆地说，它像一块掉到井底的石头那样落到了橡栗底部。

赶快抛弃这个愚蠢的想法！首先，管道极端狭窄，被锉屑堵塞，卵不可能掉下去的。其次，根据叶柄或直立或倒立的方向，卵落到橡栗底部，应该是在一颗橡栗里下落，在另一颗橡栗里则上升。

第二种解释也同样具有冒险性。人们思忖：杜鹃在草坪上产卵，不管产在草坪的什么地方，之后它用喙把卵收集起来放在黄莺的窝里。欧洲栎象有类似的办法吗？我在象虫身上并没有发现能够深入这个小藏身处的工具。那么，我们也赶快抛弃这个稀奇古怪的解释，这个解释是不得已的办法。欧洲栎象从来不是为了方便以后喙住它的卵，而不加遮掩地产下它。即使这样，娇弱的卵在穿过一半堵塞的狭小通道时，也会被压碎，必然死亡。

　　我感到非常尴尬，对象虫的身体结构了若指掌的读者，也会和我同样感到尴尬。蝈蝈儿拥有一把剑，伸入地下在特定的深度产卵的工具。褶翅小蜂装备着一种探头，能钻穿石蜂的泥水工程，并把卵带到半睡半醒的胖石蜂幼虫身上。但是，欧洲栎象没有类似的短剑或匕首，它的腹部末端什么都没有，空无一物。然而，它只须把腹尖贴在井坑狭小的孔眼上，就可以把卵立刻安置在橡栗底部。

　　解剖的结果将揭示用其他办法无法解开的谜底。我剖开欧洲栎象产卵虫的身体，呈现在我眼前的东西令我大吃一惊。一部稀奇古怪的机器，一根僵硬的褐色尖头桩，它几乎占据了整个身体。我几乎要称它为喙，它非常像象虫头部的喙。这是一根管子，像兽类尾巴上的长毛那样细，一端扩大成榴弹发射筒，另一端则鼓胀成卵泡状。这就是产卵工具，它和钻孔器同样精细。钻孔喙下钻多深，卵探测器就能下钻多深。当欧洲栎象加工橡栗时，就选定了攻击点，两件工具相互配合，钻探到理想的果仁部位。

　　现在，其余的问题都迎刃而解了。欧洲栎象母亲的曲柄手摇钻结束工作后，地道竣工，准备就绪。这时，象虫母亲转过身来，把腹部末端放置在橡栗被钻出的孔上。它拔剑出鞘，抽出藏在体内的产卵器，毫无困难地穿过游移不定的锉屑，顺利插入果仁里。什么都没有出现在探头那里，因为它运转敏捷、小心谨慎。卵安置完毕，产卵器逐渐回收，缩回腹内，也还是什么都没有出现。大功告成，产卵的母亲离开了。我没有从中窥探到任何秘密。

　　我强调得不对吗？一个不重要的表面现象刚刚告诉了我菊花象留给我们的一个谜。长喙象虫有个内部探头，一个没有显露出来的腹部喙。象虫的腹部秘密地藏有类似蝈蝈儿和姬蜂所佩带的刺刀。

第九章 🐛 榛子象

如果说只要有个安静的住所、健全的胃、可靠的粮食来源，就能够幸福，那么榛子象就是幸福的，而且比那只隐藏在荷兰乳酪里的著名老鼠更加幸福。寓言作家笔下的这位老鼠隐士同尘世还保持着联系，这就是烦恼之源。一天，鼠族的几位代表来请求这位隐士给点微薄的施舍，隐士漫不经心地听它们诉苦，对它们说它不能帮助它们，但允诺为它们祈祷。至此，它不再说什么就砰的一声把门关上。

不管这位隐士对别人缺衣少食的情况多么漠不关心，这些饥肠辘辘者必然多多少少扰乱了它的消化。关于这一点故事里没有谈到，但是，我想这样推测是允许的。博物学家笔下的隐士榛子象则没有这些烦恼、麻烦。它的家是座不可侵犯的城堡，是个单层的箱子。讨厌的穷光蛋在那里既找不到门，也没有小窗口可敲。那里一片寂静，非常安宁，外面的喧嚣、忧虑都到不了。这真是座完美的住宅，既不太热，也不太冷，安安静静，谁也进不去。室内的桌子也很好，而且豪华。它还需要什么呢？室内享福者长得肥头大耳。

人人都认识这个福星高照的虫子。我们有谁在用那坚固的白齿咬碎一粒榛子时，没有咬到过一个味苦且黏黏的东西呢？呸！这就是榛子里的蠕虫嘛。我克制住厌恶情绪，逼近观察这只虫子吧，它值得花点力气研究。

这是一只丰满的榛子象幼虫，胖乎乎的，弯成弓形，除了脑袋之外全身呈乳白色，头上长着淡黄色的角。把它从榛子里抽出来，放在桌子上，它颤动，蜷曲，发抖，挪不动身子。它在狭窄的窝里，移动又有什么用呢？其次，在幼虫期热衷于蛰居，这也是象虫的共同特点，这个长着浑圆、发亮的臀部的隐居者榛子象幼虫也不例外。这个隐居者的故事，我将随后讲述。

榛子的果仁是榛子象的糕饼，味道鲜美。榛子象通常不屑于吃这种糕饼的残屑，因为粮食丰裕，足以使它长得丰满肥壮。对一只虫子来说，榛子果仁里有丰裕的生活必需品，足够它过三四个星期舒服安逸的甜蜜生活。但是，对两只虫子来说，就不够了。因此，榛子象母亲小心谨慎地为孩子们分配食物。

我很少碰见两只榛子象在一起。晚到者，某只信息不灵的榛子象母亲的儿子，坐在另一只的旁边，是得不到什么好处的。糕饼快吃完了，擅自闯入的不速之客还很幼弱，似乎受到了身强力壮的主人的冷遇，主人唯恐失去自己的财富。身体虚弱的多余者注定死亡，这是显而易见的。比起乳酪里的那只老鼠来，象虫对同类之间的互助并不会更多。人人为自己，这是小动物冷酷无情的规律，甚至在榛果里也是这样。

榛子象的住宅是座连续完整的堡垒，没有接缝，没有入侵者可以钻进来的缝隙。胡桃的果壳是由两个裂瓣接合而成，两个裂瓣间有条抵抗力最小的缝线。榛树用完整的一块桶板制作它的小木桶，桶板弯成张力相同的穹形。榛子象幼虫怎样找到进入这座堡垒的通道呢？

用肉眼在像大理石一样光滑的表面上找不出任何事物，可以解释外来的开发者榛子象能够进入榛子里这个现象。看到没有入口、没有被触动的榛子包藏着小幼虫，那些人的惊讶和天真的幻想是可以想象的。生活在榛子里胖胖的榛子象幼虫不可能是外来者，它就诞生在受到不吉祥的月亮影响的这颗果实里，它是浓雾制作的腐败物的产物。

农夫是古老信仰的忠实信徒，他们往往把虫蛀的榛子和其他被昆虫损坏的果实，记在月亮和流动的污浊空气的账上。只要乡村学校不让令人高兴、生动活泼的田野研究坐上荣誉的席位，这种情况还将无限期地延续下去。

撇开这些愚昧无知的言谈，我来看看真实情况吧。榛子象幼虫肯定是外来者、入侵者，它之所以能够进入榛子内部，是因为它在这枚坚果上找到了一条通道。这条狭窄的通道，我第一次观察时漏掉了。我用放大镜搜寻，搜寻时间不长，在放大镜下，榛子壳底有一块宽阔的凹窝，淡白色，比较粗糙，榛子壳的两瓣在那里接合。在这个部位的边缘，稍稍偏外，有个精微的棕红色细点。这就是堡垒的入口，就是谜底。

虽然我没有对其他部分进行调查，但欧洲栎象的研究成果足以将情况解释得清清楚楚。榛子象也携带着手摇曲柄钻，这种钻头总是太长，但现在略微弯曲。我的脑子里清晰地浮现出这样一幅画面：榛子象以橡栗上的同类欧洲栎象为榜样，立在由鞘翅和后跗节形成的三脚架上。这姿势值得用喜欢画荒谬怪诞的铅笔来描绘。它安插它的机械，耐心地一再钻削。

被钻削的榛子很硬，因为它总是选择快成熟的果实，为了向榛子象幼虫提供更味美、更丰盛的食物。榛子厚实而且坚固，果壳比橡栗壳厚得多、坚固得多。如果另一只虫子花费半天时间钻出一条狭窄的通道，相比之下，这只虫子钻得多么慢、多么顽强、多么耐心啊！或许它的尖头桩是用特殊材料制作的，我们使我们的钻头能够钻削花岗岩，这只虫子无疑也给了它那尖利的钻头一个硬三倍的切削器。

这只虫子的钻头或慢或快地下伸到榛子底部，那里的果肉更嫩，更富于奶汁。为了给孩子准备婴儿期食用的粗面粉，钻头斜着下伸，钻得相当深。榛子和橡栗的探测者，榛子象和欧洲栎象，都为了家庭进行细致周到的准备工作。最后榛子象要产卵了，要把卵产在榛果里的井坑底部。榛子象的产卵方式很独特，已经广为人知。榛子象母亲用像喙一样长且一直藏在腹部的产卵管，把卵安放在榛果里。

观察变成摇篮的榛子，特别是观察欧洲栎象，我对哺乳室的关怀照顾了若指掌。然而，我希望更好些。我想观察榛子象的劳动情况；可是，实现这个愿望的希望很渺茫。

在我们地区榛子树很少，被这种树吸引对它进行开发的昆虫几乎没有。尽管如此，我还是用荒石园里的六棵榛子树来进行实验。首先，我要让这些树有虫子居住。

加尔的一个小山谷不像塞里昂的丘陵那样炎热，我找到了几对榛子象。4月底，驿车把这些虫子运到了我这里。这时，榛子稚嫩、扁平，颜色还很淡，刚刚从榛叶丛中露出来。果仁还没有形成，差得还远呢，但已经有了粗胚，这就是希望。在一个风和日丽的早上，我把这些外来的虫子安置在我那几棵榛子树的叶丛里。旅行没有让它们过分劳累。它们穿着朴素的橘红色服装，仪表堂堂。一获得自由它们就半开鞘翅，展开后翅，再合上，再展开，但不起飞。这是单纯的柔软体操，有利于长期禁锢之后恢复力量。它们在太阳照耀下兴高采烈，我预测我的这些昆虫移民不会逃走。

榛子一天天鼓胀起来，对孩子们来说，这可是个极大的诱惑。榛子树不太高，连最小的孩子也够得着，果实把孩子们的口袋塞得满满的。他们把榛子夹在两块石头中间砸烂，或者咬碎，心花怒放，乐不可支。我特别叮嘱孩子们：不要碰这些榛子。今年，为了让我了解象虫的生活史，收获的欢乐将会取消。

禁令会在这些天真无邪的孩子的头脑里萌生什么想法呢？如果他们到了能够理解我的年龄，我会对他们说："朋友们，提防科学这个大巫师吧。如果你们有谁受到诱惑，但愿他认为自己受到了告诫：科学向我们提供一些小小的秘密，作为交换，它要求我们做出比一把榛子更重大的牺牲。"

禁令得到了理解，诱惑人的果实几乎没有谁去碰一下。而我呢，我毫不松懈地巡视这些果实。但是，这些关怀照顾毫无用处，我没撞见过一次榛子象坚持不懈地在果实上钻孔，至多我有时在夕阳西下时看到一只象虫，它爬得高高的，试图安设它的长钻。这些现象没有让我们了解到一点新情况，因为欧洲栎象已经让我了解了。况且，这仅是一次简短的尝试。榛子象在寻找合意的榛果，但还没有找到；也许这个榛子的钻孔者在夜间干活。

在另一项观察研究上，我取得了成功。我将最早有虫居住的几颗榛子留在实验室里，我经常检查，兢兢业业，勤奋工作，努力终于得到了回报。

8月初，两只榛子象幼虫在我眼前离开箱子似的深宅。毫无疑问，它们一直都在用大颚这把剪刀，耐心地雕凿住宅坚硬的内壁。当我发现虫子下一次逃跑时，出口洞已经凿成，一些很细的粉末像木屑那样落下。这个供它逃走的天窗没有和细小的入口混在一起。也许只要工作继续进行，就不宜把让住所空气流通的气窗堵塞起来。天窗在果实底部，离粗糙的榛子壳很近。那里比其他地方稍微松软，钻孔点选择得非常好，在那里遇到的阻力最小。

榛子象隐士没有预先像医生那样仔细诊听，没有像探险者那样进行探测，就了解榛子监狱的弱点。它艰苦工作，坚信会成功。它在那里挖了第一镐，就会有第二镐、第三镐……一直挖下去，不会把力量浪费在到处试探上。持之以恒、锲而不舍，是弱者的力量之所在。成功了，光线透进了箱子里。窗子打开了，呈圆形，朝着内部略微扩展开来。窗口的周围全都经过精心处理，弄得很光。所有可能阻碍外出的凹凸不平、粗糙不堪的地方，都在大颚的磨光机下消失了。我们用钢丝拉模版凿的孔口也不会比它更精确。

"钢丝拉模版"这个词可真贴切。的确，榛子象幼虫利用一种类似拉模的操作让自己脱壳而出。它像一边通过狭小的孔口一边变细的黄铜那样，在通过榛子壳的天窗时减缩自己的身体。金属丝被工人的钳子和转动的机器迅猛抽拉，之后，它就保持这道工序，使它减缩口径。榛子象幼虫知道另一种方法：通过自身的力量拉长自己的身体，通过狭道后，它的身体又恢复自然的粗胖。撇开这些区别，它和用拉模处理过的黄铜惊人地相似。

出口孔恰好同榛子象幼虫的头一样大。幼虫头上有角，不容易变形。这个脑袋经过孔口后，身体不管多么粗大都必须通过。这只虫子完全解脱出来了，这个粗大的圆柱体，这个肥胖的蠕虫，竟然通过了这样狭窄的孔口，令人目瞪口呆。如果人们没有见过这场表演，就永远猜想不到这样的体操成绩。

我认为，出口是根据头的精确直径开凿的，而这个头最多只是身体大小的三分之一。三倍粗的物体怎么能够通过一倍粗的狭道呢？

现在，头已经在外面了，毫无困难，门是根据它的形状制作的。接下来的是颈部，它稍微大一些，它收缩到最小程度脱离狭口。然后是胸部，再是丰满鼓凸的大肚子，这时，操作最为困难。这只幼虫没有足，没有爪子，没有能够提供支撑的僵硬纤毛，它什么都没有。这就像一条松软的腊肠，必须依靠自身的力量，通过同身体非常不成比例的峡口。

榛子内部发生的事被不透明的果壳遮挡住，我无法了解。我在外面看到的非常简单，但我可以据此清楚地知道看不见的情况。幼虫的血从身体后部向前部涌流，身体组织的汁液移动，聚积在已经脱逃的部分。这一部分鼓胀起来，好似水肿，大小是头的直径的5～6倍，在石井栏上，形成了一个粗大的环形软垫。这是个具有能量的腰带，它由于自身的膨胀和弹力，逐渐抽出后面的体节，后面的体节则通过体内液体的移动逐渐减缩体积。

这个过程进行得非常缓慢而且十分艰苦。这只幼虫已经获得自由的身体弯曲起来，重新直立，摇动振荡，就像我们摇动一颗钉子，把它从孔里拔出一样。这时，榛子象幼虫的大颚半开，接着关上，再次半开，但并不想抓捕什么东西。它发出哎嗬、哎嗬的声响，筋疲力尽的虫子用吆喝为自己鼓劲，正如樵夫哎嗬、哎嗬挥动斧头砍伐一样。榛子象幼虫叫一声"哎嗬"，腊肠似的身体就抬高一点。当具有拔取功能的环形软垫鼓胀、绷紧时，还在壳里的身体部分，就让汁液流到已经出壳的自由部分，让留在壳里的部分干涸到极点，这样就可以进入拉丝模。鼓胀起来的腰带再稍稍抬起，再半开。哎嗬，好啦，榛子象幼虫从壳上滑动落下。

那些刚刚让我们看到这个景象的榛子，是一点前从树枝上摘下的，因此榛子象幼虫可能是从榛树上掉下来的。对我们来说，从树上跌落会跌得粉身碎骨，令人心惊胆战，但对这个身子这样灵活的虫子来说，却是件微不足道的小事。在灌木梢上的世界翻筋斗，或者稍后当榛子成熟脱离树枝掉落地上时，安安稳稳地搬迁，对榛子象幼虫而言，都无关紧要。

虫子一旦获得自由，就随即在一个狭窄的范围内探测地形，寻找一个容易挖掘的地点。找到后，它就用大颚挖掘，用臀部推压，把自己埋进土里。它在一个不深的地方把泥粉往后推压，挖掘一个圆窝，它将在那里度过一个天寒地冻的严冬，等待春天大地的苏醒。

如果我根据推测，去劝告比谁都更熟悉象虫科昆虫事务的榛子象，我就会对它说："现在离开榛子是愚蠢的。当4月的欢乐时节再度来临时，当榛树长出玫瑰色的雌蕊时，那才是离开的时候。但是，今天在烈日如焚的时刻，在这个让最勤劳的农夫不得不停工休息的时刻，放弃一个非常舒适的家，在夏天的农闲季节长眠又有什么好处呢？当秋雨和冬霜来临时，到哪里去找比榛子壳更好的住宅呢？艰难的变态过程又能在哪个更偏僻的地方进行呢？

"而且，地底下处处有危险，不但又湿又冷，还十分粗糙，对你那细嫩的皮肤来说，接触是多么痛苦啊。那里还潜伏着一个可怕的敌人，一种生长在所有藏身地下的幼虫身上的隐花植物。在我用来饲养昆虫的短颈广口瓶里，为了保护隐士们，我操碎了心。或迟或早，靠着玻璃内壁会出现一丝东西，好似毛茸茸的纺锤。纺锤的底部缠着一条可怜的幼虫，它已被汲干，成了生石膏粒。这是一种蘑菇的菌丝体，处于地下蛹期的昆虫，就像被开发的沃土，都化为了这种蘑菇的一部分。在榛子里，十分卫生，而且还能摆脱劫掠，幼虫不必担忧任何类似的危险。那么幼虫为什么要离开它呢？"

榛子象拒不接受这些理由。它搬迁，它这样做没有错。在掉落榛子的地上，首先要担心和提防田鼠。这种动物很喜欢积攒果核，它夜间巡查收集的财宝都堆积在碎石上，然后从容不迫地、耐心地用牙齿在果壳上凿穿一个小洞，把种子从洞里拔出来。

榛子颇受田鼠欢迎，这可是道美味佳肴呀。它被象虫掏空后就更加珍贵，里面盛藏的不再是平常的食品，而是榛子象幼虫。这种幼虫像肥肉小香肠，使淀粉食物产生一点让人高兴的变化。幼虫惧怕田鼠，就钻到地下生活。

促使虫子离开还有一个更加重要的理由。不错，在榛子固若金汤的塔楼里可以高枕无忧，但是还必须考虑到成虫未来的解脱。天牛幼虫把谨慎小心抛到脑后，离开橡树内部，来到树表，把自己暴露在铁镐的搜寻之下。它向危险地方移居，只为准备一条逃脱的道路。在这条路上将出现一只长角昆虫，它没办法为自己开辟一条道路。

对象虫的幼虫来说，类似的预防措施是必不可少的。当它的大颚十分有劲的时候，它不等待体内积存的脂肪融化成一种新的组织，不等待那个半睡半醒的时期来到，便凿破成虫将不能依靠自身力量逃出来的箱子。它逃出来，沉降到地下。它高瞻远瞩，明智地预测到未来。成虫能够从目前的地下建筑里，顺利地上升到阳光之下。

我们假想，榛子象如果在榛子里长成成虫形态，它就无法使自己解脱出来。然而，安置卵的时候，它却能用自己的钻头有效地达到钻壳的目的。它受到什么阻碍，不能朝反方向做它擅长的工作呢？稍微思考一下，我们就会知道那个巨大的困难是什么。

要放置一枚卵，只要有支口径像曲柄手摇钻那样粗的细管就足够。可是，让僵硬的象虫通过，就必须有相当宽大的孔口。被钻孔的榛子很硬，硬得连榛子象幼虫用它那强劲有力的半圆凿大颚，也只能钻通一个恰好能让头通过的孔，身体的其余部分必须使出令人筋疲力尽的力气跟着挣扎出来。

当榛子象幼虫装备好，花了九牛二虎之力为自己钻凿出一个舷窗似的孔洞后，成虫怎样用它纤细的钻头为自己打开一扇足够宽的门呢？它钻凿一圈环形孔眼，不能撬开一块小圆片吗？严格讲来，它非常耐心地钻削，是可能的，而且，耐心也是象虫并不缺乏的品质。

但是，在榛果里，多长的时间都是不够的。在榛子内部，钻孔器根本无用武之地。这个器械太长，当榛子象在外面钻洞时，为了把它插入钻孔部位，都不得不立起身子。在榛子壳扁圆形的穹顶下，空间不够大，它无法用这种姿势旋转钻头。不管这只虫子多么耐心，不管人们假设它的钻头装备多么精良，它还是会死在榛子箱子里，因为它受到狭窄的住所的阻碍，不能使用曲柄手摇钻。它将可能成为自己过长的机械的牺牲品。在必须安放卵的时候，这个机械很好。但是，如果榛子象囚犯想要破壳而逃，这个机械就显得太笨重了。

榛子象幼虫如果有个不太长的喙，有个短而硬的穿孔器，尽管要面临田鼠侵袭的危险，还是不会放弃榛子的。对昆虫变态来说，这是一个安宁的庇护所。不错，榛子壳在地面上毫无遮掩，任凭北风吹刮。但是，只要保持干燥，寒风吹刮又有什么要紧呢？这只昆虫不怕冰冻。除了生命处于麻木状态外，又加上低温，它那甜蜜的觉就睡得更熟了。

我深信，如果榛子象带着一个不那么笨重的钻孔器，在消耗完榛子的果仁后，是不会搬迁的。我的假设是有根据的。另一些象虫类昆虫，特别是毒鱼草荚果的开发者毒鱼草象，以及农耕地的常客金鱼草象，它们的荚果小屋跟榛子象很像，只不过体积较小。这些荚果坚固的壳由两片密实的果荚合成，与外界隔离。一只象虫身材一般，衣着朴素，在五六月得到荚果，并且把它的幼虫安放在里面。幼虫啃吃果实的胚，胚里装着还没有成熟的种子。

8月，植物干枯了，被太阳晒成红棕色，但仍然俊俏挺拔，挂满了茂密的荚果。我打开几只荚果，它们差不多同樱桃核一样坚硬，象虫已在里面羽化为成虫。冬天我再次打开荚果时，毒鱼草象还没有出去。4月，当我最后一次打开荚果时，这只小象虫仍然在它的家里。这时，在附近，一些新长出的毒鱼草正在开花，果荚已经成熟。这是毒鱼草象离开荚果去建立家庭的时刻，只有在这时，这只独居的象虫才会拆除果荚隐庐。这只果荚一直妥善地保护着它直到现在。

怎么拆除隐庐呢？很简单。毒鱼草象的喙是只很短的穿孔器，因此，即使在狭窄的蛹室里也很容易使用。其次，果荚也远不及榛果硬，与其说它是硬木内壁，不如说是只非常干燥的羊皮纸套。隐居者插进有柄的短镐，它钻洞、敲打，墙壁像灰泥残屑那样塌陷。现在它看见太阳啦，太阳带来的欢乐万岁！长着布满紫色毛绒的雄蕊的黄花万岁！

这成套的工具，在太低的天花板下显得太长；可是在果荚里，它的体积很小，宅子里有足够的空间供它舞刀弄棒。这些昆虫难道不是由于工具的启发，而想到好主意的吗？榛子象的幼虫凭借锋利的剪刀早早地离开榛子；毒鱼草象一年的四分之三坚持留在安全的壳中，只有当在毗邻的植物上举行婚礼的时刻到来时，才从壳里出来。本能所拥有的无懈可击的逻辑，哪怕在最微细之处都会表现出来。

第十章　青杨绿卷象

把卵巧妙地插入幼虫能找到食物的部位，有时还用令人赞叹的准确可靠的植物性直觉，来改变饮食方式，一般说来，象虫母亲的知识就止于此。这个母亲很少有或者根本没有什么技艺，幼虫的衣食用品和奶瓶精巧细致的做工与它毫不相干。这种乡野的母性我只知道有一个例外。这个例外是某类象虫的固有特性，这些象虫为了给幼虫制备食物罐头，卷裹既是住宅又是口粮的树叶。

在这些制造植物香肠的工人中，最灵巧能干的是青杨绿卷象。它身材矮小，但衣着华丽，背上闪着金色和铜色的光泽，腹部呈靛蓝色。谁想看它工作，只须在将近5月底，去草地边往普通黑杨下部的细枝寻觅就行了。上面，春天轻拂的微风撼动着碧绿的树枝，树叶在扁平的叶柄上颤抖，下面，在宁静的空气中，当年新发的嫩芽正在休憩。

青杨绿卷象主要在远离喧嚣闹嚷、不利于勤劳的人的高处干活。工场与人同高，观察起来相当轻松。不错，很容易，但是，如果想跟踪观察这种象虫的方法和工作进程，必须待在晒得人头昏脑涨的烈日下，这可是件十分艰苦的事。此外，还得马不停蹄地往来奔波。往来奔波不仅要花费大量时间，还不利于准确的观察。准确的观察需要非常充裕的时间，需要每天时时刻刻坚持不懈地巡视。在家中舒适的环境里进行研究，似乎更加可取，但是，首要条件是昆虫必须顺从。

青杨绿卷象非常符合这个条件。这是一只温和而热心的虫子，它在我的桌子上与在杨树上干活一样，劲头十足。我不断更换嫩枝，插在金属钟形网罩下的新鲜沙土上，这只象虫毫不惊慌失措，甚至在放大镜的玻璃片下，都从容地干自己的活。我希望得到多少个叶卷，它就向我提供多少。

我密切地跟踪青杨绿卷象的劳动过程。它首先精选树叶，从树根丛簇中选出新枝。但是，新枝下部的树叶太老，太硬，已经绿得发亮，比较结实，要制服太艰苦，而枝梢的新叶又太嫩，不够宽大，青杨绿卷象都不中意，它只选择新枝中部的树叶。这些树叶绿得还不很纯，绿中带黄，很嫩，像涂着清漆那样发亮，即将成熟，叶缘细密鼓胀成纤细的环形软垫，并渗出些许黏液，当细芽舒展开时，黏液为新芽涂上一层柏油。

现在我谈谈青杨绿卷象的装备和工具。它的爪子有像秤钩那样的双爪，跗节下部带着白纤毛形成的厚刷，它穿上这种厚刷鞋子，能迅速敏捷地攀爬光滑的垂直内壁。它能够背朝下，像苍蝇一样在玻璃罩的天花板上停留和奔跑。从这个特点可以猜测出来，它的工作非有巧妙的平衡不可。

它的喙同榛子象一样，弯曲而有力。喙不太大，在顶端膨胀成一把抹刀，抹刀末端是把灵巧的剪刀。这也是个极好的穿孔器，开工后第一个发挥作用。

杨树叶处于正常状态时是不能卷起的。这张活生生的叶片，由于内含汁液加上植物组织的张力，在卷起之后，马上又舒展开来。叶片只要保持着生命活力，矮小的虫子就无法征服它、卷曲它。这在我们眼里是非常明显的，在象虫眼里也同样是非常明显的。

怎样才能获得没有活力的柔软性呢？我们会说："必须摘下树叶，让它掉在地上，然后等到树叶枯萎时，在地上处理它。"但是，象虫比我们考虑得更加细致周密，与我们意见相左。它想：
"我无法在地上工作，在草坪上障碍重重。我必须无拘无束，行动自由。我必须悬在空中，什么也阻碍不了。更重要的是，幼虫拒绝吃干燥的哈喇味香肠，它需要新鲜的食物。我为它准备的叶卷不应该是干枯的树叶，而应该是软脆而且没有完全失去汁液的树叶。我必须切断供给树叶汁液的源泉，而不是彻底弄死它，以便让即将枯死的树叶维持新鲜，陪伴我的孩子度过青春岁月。"

青杨绿卷象母亲选择好树叶后，暂时住在叶柄那里耐心地用喙往下钻，坚持不懈地转动喙。这种坚韧的劲头表明，用穿孔器这样钻有很大的好处。一个小小的裂口打开了，而且相当深。树汁的导管被切断，只有非常少的汁液流到叶片上，树叶因承载不住重量，受伤的部位垂下。树叶垂直地俯下身子，略微枯萎，很快就变得柔软。青杨绿卷象加工树叶的时刻来到了。

用穿孔器一钻，相当于捕食性膜翅目昆虫的一蜇，但毕竟技巧较差。捕食性膜翅目昆虫想为它的孩子捕捉有时是死的、有时是瘫痪的猎物，它像熟练的解剖学家一样，清楚地知道在什么部位插进它的螯针，使被蜇的猎物突然死亡，或者仅仅失去活动能力。

青杨绿卷象想为它的幼虫收获失去生机的树叶，这样的树叶十分柔软，好像瘫痪了似的，容易加工成叶卷。它对于叶脉和叶柄等组织了若指掌，在这些地方，树叶的导管聚集成一个小仓。就在那里，而且只在那里，从来不在别处，青杨绿卷象巧妙地插入钻头。它几乎不费吹灰之力，只一下就破坏了导管。这只长着喙的象虫在哪里学到汲干泉水的技能的呢？

杨树叶呈不规则的菱形，像一根边缘有尖利小刺的戈矛。青杨绿卷象从菱形树叶的一个钝角开始制作叶卷。尽管树叶悬垂，从哪一面卷曲都可以，但是，青杨绿卷象从来不会忘记选择从树叶正面下手。它这样做有它的理由，这些理由是力学定律强加给它的。树叶的正面比较光滑，容易卷曲，必须位于叶卷的内部；而背光面，由于有叶脉，弹力较大，必须放在外部。小脑袋的象虫的看法与学者的观点不谋而合。

现在，这只虫子开始干活了。它在折线上，三只足放在树叶已经卷起的部分，另三只足放在还没有卷起的部分。这只虫子用小小的足和厚刷鞋子，把身体牢牢地附着在树叶上。它的六只足，一边支撑身子，一边使劲用力。这部昆虫机器两边的足像发动机那样交替运转，已经成形的圆柱在舒展的叶片上有时前进，有时后退，舒展的叶片缓缓移动，贴在已经成形的叶卷上。

足的交替动作没有任何规律，取决于昆虫工人当时如何操作。或许这只是一种稍稍休息而不中断工作的方法，就像我们用双手轮流搬运东西以减轻负担一样。

在现场观看青杨绿卷象工作，得花上足足几个小时。这种工作也会使青杨绿卷象脚爪颤抖，筋疲力尽。如果一只爪子不小心稍微放松，其他的足就会受到威胁。想要准确了解象虫面对的困难，必须亲眼看见它怎样谨慎小心地在五只足已经牢牢地固定时，才抽出剩下的那一只。一边是三个支撑点，另一边是三个牵引点，这六个点一个一个逐渐移动，使受力系统保持平衡。忘却片刻，松弛片刻，倔强的叶片就会重新展开，拒绝服从操作者的摆弄。

此外，工作环境也不大方便。树叶悬垂，非常倾斜，甚至垂直；叶面像漆过，像玻璃那样光滑。青杨绿卷象工人因此穿着鞋底粘着刷子的鞋子，攀爬垂直而光滑的叶片，用12只秤钩抓住滑溜溜的叶面。这些精良的工具并不能排除工作中的全部困难。我吃力地用放大镜跟踪观察这只虫子卷缠叶卷的进展情况，手表的指针走得也不会比这更慢。虫子长时间停在一个点上，足始终牢牢抓着叶面。它等待叶片的褶子被降伏，不再反弹和抗拒。树叶没有涂过任何胶，可以使叶卷粘得牢牢的，叶卷是否稳固取决于树叶的弯曲状态。

因此，青杨绿卷象工人使出的劲无法对抗叶片的弹性，已卷好部分的叶卷再度展开，这种情况并不少见。青杨绿卷象顽强地、同样不动声色地、缓慢地重新开始，把不服帖的叶片再卷裹起来。不，象虫并没有因为失败而躁动，它对用耐心和大量时间能够完成什么了如指掌。

青杨绿卷象通常后退着卷叶，它折好一条线后，注意避免放弃刚刚做好的褶子，避免回到出发点重新开始。褶子还不够服帖，如果过早放任自流，它就会反抗，重新展开。因此，青杨绿卷象坚持留在折线上，然后，用足紧紧压着褶子，始终耐心地、缓慢地向后退。当褶子被压得服服帖帖后，象虫工人又准备折下一个褶子。它再次长时间停留在折线上，然后向后退。青杨绿卷象就这样一个褶子一个褶子地卷叶片，好像犁铧耕地一样。

当杨树叶被确认已经柔软时，青杨绿卷象稍稍修理一下刚做成的褶子，就很快攀爬到折线处，开始卷曲下一个褶子。青杨绿卷象从上到下、从下到上来回走动，它既顽强又灵巧，终于卷好了那张树叶。它已经卷到叶片边缘，到达另一个钝角。这个钝角是开始卷叶那个角的对角，是块拱心石①，整个叶卷是否稳固都取决于它。青杨绿卷象对此更加警惕和耐心。

---

① 拱心石：建筑拱圈结构中位于正上方的石块，用以强化结构。常用于比喻事物的高度重要性。——校注

它用鼓胀成抹刀的喙端逐点压紧需要固定的边缘，正如用熨斗烫压衣边一样。它长时间地、很长时间地压紧叶边，一动不动。它等待叶边紧紧地贴在叶卷上，角上的整条花边一处一处被谨慎小心地固定起来。

叶卷怎样紧紧贴牢呢？如果加进来一根线，人们会自然而然把喙当成一部缝纫机，这部机器把缝针垂直地插入布料。然而，这样的比较是不恰当的，因为象虫并没有使用任何纤维，应该去别处找原因。

我们说过，杨树叶很嫩，它那像精细的环形软垫似的细齿叶缘，有流着微量胶汁的腺体。这微黄的黏性物质就是糨糊，就是用来封盖的蜡。青杨绿卷象用喙按压，使糨糊大量地从小腺体涌流出来。于是它把印章加盖在叶卷上，等待黏稠的封蜡硬固起来。大体上讲，这就是我们粘信封的办法。不管粘封能够维持多久，树叶随着枯萎而失去弹性，很快就会失去抵抗力。卷好的叶卷好似一根雪茄，同粗麦秸一样粗，差不多一法寸长，垂直地悬挂在因啄伤而弯曲的叶柄上。要制造它，花一整天时间不算太多。青杨绿卷象母亲在短暂的歇息后，着手处理第二张树叶。它夜间干活，制成了另一个叶卷。在24小时内制作两个叶卷，对勤劳的青杨绿卷象母亲来说，这就是它能做的一切。

然而，这个昆虫卷叶女工的目的是什么？它在准备供自己食用的罐头吗？显然不是。如果仅是为了自己，昆虫从来不会这样细心地备办食物。它常常是为了家庭才这样灵巧地积攒财富，青杨绿卷象的雪茄是未来的嫁妆。

我打开这个雪茄，看见叶卷的每一层里都有一枚卵，一般还会更多一些，有两枚、三枚，甚至四枚。卵呈椭圆形，微黄，类似精巧的琥珀珠子，松松地贴在树叶上，稍有震动就会脱离。它们凌乱分布在雪茄的内层，或深或浅，始终孤孤单单。在这个螺旋卷的中央，有一些卵差不多就在开始卷折的角上。

青杨绿卷象母亲不间断地制作叶卷，不让紧张的足松弛。随着它感到成熟的卵来到产卵管末端，它便把卵产在正在卷折的褶子中间。当它在作坊里全身心投入艰苦劳动时，就在哪怕片刻休息就会弄坏的机器齿轮之间生育。制作和产卵同步协调，一致进行。青杨绿卷象母亲生命短促，只不过两三周。它要安顿花销很大的家庭，因此怕把时间浪费在安产的感谢礼中。

事情还没有完结呢。在同一张树叶上，离开被艰难地卷折起来的叶卷不远，几乎总是站着青杨绿卷象父亲。这个游手好闲的家伙站在那里干什么呢？它仅仅是偶然的过路人，对机械的运转十分好奇，因而停下来观看别人干活吗？它对制作叶卷有兴趣吗？它希望在伴侣需要时帮它一把吗？人们会认为是这样。我不时看见它跟在青杨绿卷象女工厂主后面，在褶子的条痕里，用足抓住圆筒，稍微帮忙一下。但是，它总是显得十分冷漠而且动作笨拙。对它来说，圆柱转了不到半圈就足够了，这不是它的事呀。它离开远去，在树叶的另一端等待、观望。

在昆虫中，父亲很少帮助建立家庭，我赞叹它的援助吧，但不要太多。它所助的一臂之力是出自私心，对它来说，这是表示爱情和使它的业绩受到赞扬的方法。的确，尽管它主动表示要合作制作叶卷，多次遭到拒绝，但这个心急火燎的家伙最终仍然被接受了。事情发生在工地上，过程持续十来分钟，卷折工作暂时停顿。但是，青杨绿卷象女工的足剧烈收缩，避免松开。如果它停止用劲，叶卷就会立刻展开，它不能为了这短暂的欢乐让工作停顿下来。

　　青杨绿卷象母亲为了让不驯服的叶卷维持在被制服的状态，始终处于紧张状态，只短暂停顿。于是雄虫退到附近，待在树叶上，雌虫又恢复工作。或早或迟，在封条贴到叶卷上以前，游手好闲的家伙又来探望。它鼓起勇气以合作为借口，把足插在滚动的叶片上，就像什么事都还没有发生过似的。在制作一根雪茄的时间内，这样的事重复了三四次，我不得不思忖：安放卵是否需要贪得无厌的献殷勤者的协助？

　　当然，在阳光朗照下，在还没有遭到啃咬的树叶上，成双成对的青杨绿卷象比比皆是。结婚的嬉戏玩乐是劳动的严格要求破坏不了的喜庆活动。青杨绿卷象心花怒放，尽情玩乐，竞争者相互推推搡搡。一张树叶，它们只吃掉一半厚。这张树叶有裸露的叶脉，令人想起随兴挥就的书法。在作坊里辛劳苦累之前，是快乐伴侣的纵情狂欢。

　　根据昆虫学的规律，联欢结束后，一切都应该恢复平静，青杨绿卷象母亲开始制作雪茄，不再受到干扰。可是普遍规律在这里却没有任何意义。我从来没有看见雌虫制作叶卷时，雄虫不在附近窥视。我如果有耐性等待下去，我肯定会看见三番五次的交配。为每枚卵再三举行婚礼，我对此大感不解。在我根据书本的叙述，相信存在单一性的地方，我却看到了事物的多样性。

　　这种情况不是孤立的，我下面要提到第二个更令人惊讶的情况。这是天牛向我提供的。我在笼子里养着几对天牛，用梨片作为它们的食物，用橡木圆材安置它们的卵。交配几乎延续整个7月。在四个星期里，高大的、有角的雄天牛老是骑跨在它的伴侣身上。雌虫被骑着、搂着，到处漫游，用产卵管选择有利于储放卵的树皮缝隙。

　　雄天牛相隔很久才下到地上来，去梨片那里进食恢复体力。然后，它突然像癫狂的人那样跺脚，疯狂地返回，再次骑跨在雌天牛身上。它日日夜夜、时时刻刻都保持着这种姿势。雌天牛放置卵的时候，雄天牛一声不吭，用有毛的舌头把雌虫的背擦得发亮。这是天牛的爱抚。但是，过了一会儿，它又试探，往往都能成功。它真是没完没了，乐此不疲。交配就这样持续了一个月，卵巢枯竭时才停止。这时雄雌两只虫子都已耗尽体力，在橡树干上不再有什么事要做了。这对配偶于是分开，它们逐渐衰竭憔悴，有气无力，奄奄一息，几天之后便死了。

　　天牛、青杨绿卷象等昆虫这样异乎寻常地始终坚持不懈，人们可以从中得出什么结论呢？仅仅一点：我们今天了解到的真理是暂时的。它们被明天了解到的真理打开缺口后，便像荆棘那样，大量矛盾现象丛生，以至知识的最后一个词是"怀疑"。

第十一章 🐛 葡萄树象

春天，正当杨树叶被制成叶卷的时候，另一种衣着华美的象虫也把葡萄叶制成雪茄。它稍微肥胖一些，呈变蓝的金黄绿色。这种华美的葡萄树象如果身材更好一些，就可能在昆虫学的珠宝首饰虫中享有盛誉。

为了吸引人们的视线，它有比它身体的亮丽光泽更好的东西，那就是它的技艺。这种技艺引发了葡萄果农的仇恨，他们嫉妒它的天赋。农民了解它，甚至用一个特殊的名字称呼它，这个名字很少赐给小虫子的社会。

葡萄树象

农村里关于植物的词汇十分丰富，但关于昆虫的词汇却非常贫乏。一两打概括、笼统而晦暗不明的名词，在普罗旺斯的惯用语中就是全部昆虫学的专业词汇。然而，普罗旺斯语在植物方面却很富于表现力，非常丰富，甚至有时一个词专指一种野草，而这种植物或许只有植物学家才知道。

种地的人最重视植物这个最伟大的乳母，对他来说，其余的都无足轻重。华美的首饰、奇特的习性、本能的奇迹，这一切对他都无关紧要。但是，碰他的葡萄树，吃别人的草，却多么罪恶滔天啊！快取一个名字吧，快拿一个铁项圈挂在为非作歹之徒的脖子上吧。

普罗旺斯的农民为了想出一个特别的词，不惜花费力气，他们为这个卷制雪茄的虫子取名为啄沟虫。学者的词汇和农民所取的名字是多么吻合一致啊，葡萄树象就是啄沟虫，两者都影射这种昆虫的长喙。但是，葡萄果农的词简单明确，同专业词汇相比，多么贴切啊。后者将虫子开发的树种强制性地补充出来，反而让我糊涂。我始终没有弄清楚，为什么学者要把在葡萄树上卷制雪茄的虫子称为桦树象。如果的确有开发桦树的象虫，它当然同葡萄树象不是同一种象虫。这两种树叶的形状、大小都迥然不同，不适于同一个象虫工人加工。

你们，昆虫的体貌特征的记录者，在放大镜下描绘昆虫的形态和制定它们的身份文书之前，在给予被你们用木桩处死的虫子以姓和名之前，请试图了解一下它们的生活方式吧。这样你们就会看得更清楚，就会避免令人憎恶的错误，就会让初学者不得不在桦树象身上贴上葡萄树象的标签时，省去一些迟疑犹豫。人们宁愿原谅难听的音节和辅音的呱呱声响，却会大发雷霆，拒绝接受歪曲事实的名字。

葡萄树象采用青杨绿卷象的工作方法，首先啄断葡萄叶的叶柄，使树汁停止流动，使树叶变得柔软。卷折从树叶的一个角开始，树叶正面碧绿光滑，被卷在里面；背面呈棉絮状，有粗大的叶脉，则露在外面。但是，葡萄叶比较宽大，叶脉较深，而且弯弯曲曲、起伏不定，不可能从一个叶角顺顺利利地卷折到它的对角。这时就需要卷一些不规则的褶子，褶子多次改变卷折的方向，使得外边时而是绿色的，时而是棉絮状的，好像是象虫兴之所至卷出来的，毫无秩序。

杨树叶较窄小，形状规则，可以卷出漂亮的叶卷。葡萄树叶宽阔，笨重，轮廓不规则，只能卷出难看的雪茄，一个不规整的包裹。这并不是因为缺乏才能，而是制作叶卷时困难重重。在力学上，象虫对付葡萄叶的巧计的确与对付杨树叶的一模一样，它三只足在叶片上，三只足在褶子的边缘。啄沟虫也是一边足做支撑，另一边足用力。

葡萄树象像制作雪茄的竞争者那样后退着干活，眼前或许有刚卷好的褶子，它还不牢固，需要立即修整。只要卷出来的褶子还没有稳固，象虫就会耐心地修葺。葡萄树象用喙施加压力，把最后一层的叶缘细齿加固。葡萄叶没有叶缘渗出的黏胶，但有棉絮状的废毛。废毛互相纠缠，把叶边粘紧。从总体上看，这两种象虫使用的方法是一样的。

卷叶象家族的习性并没有改变，当葡萄树象母亲耐心地卷雪茄时，葡萄树象父亲就在附近，在同一张树叶上观看妻子干活。然后它匆匆忙忙地跑过来，志愿充当助手，用它的铁钩打打下手。它不是个勤劳苦干的助手，它的短暂合作是调戏葡萄树象女工的借口。它赖在那里不离开，终于达到了目的，然后心满意足地离开。

然而，在叶卷卷好以前，我们将会看见它带着同样的目的多次返回，很少受到冷遇。不必进一步详谈这些没完没了的交配，这是关于昆虫生理学最棘手的问题之一，事实又与历史资料所记载的相悖。用生命的印章为蚕蛾母亲的几百枚卵、为蜜蜂母亲的三万多枚卵打上标记，这两种昆虫的父亲只直接参与一次。而象虫父亲却差不多要求对每枚卵都参与一次。我把这个问题交给有权发表意见的人去谈论吧。

我摊开一个新近制成的雪茄。卵，好似精美的琥珀珠子，分散在螺旋卷的不同部位，一般说来，有5～8枚。在杨树和葡萄树叶卷上。参加宴会的象虫宾客数不胜数，由此可以肯定，这些象虫过着节衣缩食的简朴生活。

这两种卷叶象孵卵都很迅速，五六天后就孵出了小虫。对观察者来说，开始学习饲养幼虫似乎有一定的困难。由于缺少预示的迹象，困难就更使人感到厌烦。其实，想要进行下面的实验十分简单。

既然叶卷既是住宅又是食物，只须在葡萄树上收集一些，在杨树上收集一些，把它们放在短颈广口瓶里就行了。之后，在适当时刻再把它们从瓶子里取出来。在露天，在气候多变的环境中成长的昆虫，在玻璃器皿安宁的掩蔽所里，只会发育得更好。因此，我毫不怀疑我会轻易地取得成功。

然而，天哪，这是什么呀？我时不时摊开几个雪茄，我看到的情况使我对育婴室的命运忧心忡忡。新生的幼虫并没有繁衍兴旺，我发现有些已经气息奄奄。它们一天天消瘦，萎缩成皱皱的小球，有些已经死去。我耐心等待，但枉费心思。几个星期过去了，我养育的葡萄树象和青杨绿卷象的幼虫没有一只肥壮起来，没有一只显得生气勃勃。这两种象虫居民一天天减少，奄奄一息，濒临死亡。7月来临，在短颈广口瓶里什么活的生命都没有了。

它们全都死了，死于什么？死于饥饿。是的，在丰足的粮仓中死于饥饿。食物只被耗食了很少一点，叶卷几乎原封未动，毫无损耗，至多可以在褶子里看到几个擦伤的痕迹，不屑于这些食物的大颚留下的痕迹。可能因为粮食过分干燥，不能食用。

如果说在自然条件下太阳的热力在白天把粮食晒硬了，那么晚上的雾和露就应该把粮食弄软，在螺旋卷中央就会有一个对青杨绿卷象和葡萄树象的幼婴来说必不可少的嫩面包心。相反，在短颈广口瓶里始终干燥的空气中，叶卷变成了幼虫不想吃的老面包皮。这就是我的实验失败的原因。

下一年我重新开始实验，这一次我考虑得更细致周密。我自忖，叶卷悬挂在葡萄树和杨树上，刺在叶柄上的孔没有完全弄断输送树汁的导管，一股细小的水流持续不绝，在一段时间内使没有受到太阳照射的叶片，特别是螺旋卷的中央保持柔软。这样，幼虫就有新鲜的粮食食用，就会长得粗壮，变得生气勃勃。然而，叶卷却一天天发黄，变得干燥。如果它一直悬挂在树枝上，如果碰巧夜里缺乏湿气，干燥就会侵袭整个叶卷，叶卷里的宿主就会死亡，正如短颈广口瓶中的情况一样。但是，或迟或早，风会把它吹刮落地。

叶卷的坠落拯救了幼虫，这时虫子还远远没有老熟。在杨树下，在经常受到灌溉的牧草下，泥土始终保持潮湿；在葡萄枝蔓下，土地受到葡萄藤掩护，积存着新鲜的雨水。这两种象虫的食物在湿润的环境里，不会直接受到炎炎烈日的照射，因此，维持了幼虫所需的柔软。

我就这样进行推理，思考新的实验。事实会证实我的假设是正确的，现在一切都比较顺利。

和新制作的绿色叶卷相比，我宁肯收集已经发黄的雪茄。雪茄很快就会落到地上，它们内部的象虫幼虫年纪长些，养育可以随便些。像过去一样，我把叶卷放在短颈广口瓶里，但是，这次是放在一层沙土上，此外，便不再需要什么。实验取得了圆满成功。

尽管这次霉菌侵袭雪茄，似乎会把一切全弄糟，但这些幼虫仍然生气勃勃，顺利成长；其实腐败物很合幼虫的口味。开始我很注意提防霉菌，为了避免长霉，我让叶卷保持干燥。这次，我看见幼虫用大颚大口啃咬正在腐烂的碎叶片。由于生霉，树叶已经略微发臭，就快变得好似松软的沃土。

在最初的几次实验中，我的象虫寄宿者让自己饿死，我不会再感到惊奇。我听信一种很不得当的卫生学，注意在没有生霉的环境中，让食物保持良好状态。其实，我应该反其道而行之，听任霉菌发挥功效，使硬如皮革的布料变嫩变软，使得霉味更浓。

六个星期以后，将近6月中，那些最老的叶卷成了破破烂烂的房屋，只剩下最外面的一层防御性屋顶。我打开这个破屋，看见它的内部已经完全破败，混着残渣和黑色细粒，黑色细粒像狩猎用的细火药。外面是即将崩塌的外壳，到处穿花漏眼。这些洞孔表明，洞里的居民已经离开，下到了地上。我果然在短颈广口瓶盛装的新鲜沙土层里，找到了这些居民。它们拱动背部，在沙土层里挖掘一个圆窝，精打细算地利用空间。幼虫在窝里蜷缩成一团，集中心思，准备过新生活。

蛹室的内壁虽然由小块沙土筑成，但并不会马上倾塌。这些幼虫隐居者在睡觉变态以前，认为加固房屋是谨慎之举。我小心翼翼地把像豌豆大小的小球屋分离开来，发现加固住宅的材料是一种树胶。树胶喷射出时是流动的，渗透得相当深，把沙土粒黏结成一堵相当厚的墙。树胶无色、量少，我不敢肯定它来源于何处，但它肯定不是源于类似幼虫的丝管那样的腺体，象虫幼虫没有这样的机体组织，它是由消化管道的进口或者出口提供的，到底是哪一个孔口呢？

另外一种象虫没有解决水泥的问题，却提供了一个可能相当正确的答案。这种象虫就是短喙象，它其貌不扬，笨头笨脑，全身布满小疙瘩，身体呈炭黑色。当人们在春天遇见它时，它的身体总是被泥土弄得脏兮兮的。它穿的衣服满是尘土，说明它是挖土工。

3

短喙象

的确，短喙象常常去泥土下层寻找大蒜，它的幼虫的唯一食物。对普罗旺斯人来说十分珍贵的大蒜，在我那产量不丰的菜园里，有个为它专门准备的角落。7月，在收获季节里，大多数大蒜都提供给我一只漂亮的蠕虫。它非常肥胖，在珠芽中挖掘一个大窝，它唯一的窝，而不去碰别的珠芽。这就是短喙象的幼虫，它先于普罗旺斯的厨师发明了蒜泥蛋黄酱。

拉斯帕耶[①]说，生大蒜是穷人的樟脑。是的，是除虫的樟脑，而不是面包。但是，对短喙象幼虫来说，生大蒜是它的面包。短喙象幼虫非常喜爱这种气味浓烈的香料，它一生中除了这种食物，不再吃别的东西。这浓烈热辣的饮食偏好，怎么会使它积累起厚脂肪层呢？这是它的秘密。在我们生存的这个世界上，口味和爱好多种多样，千差万别。

大蒜浓汁的爱好者短喙象幼虫吃光蒜珠芽后，向地下钻得更深，它或许担心大蒜很快就会被拔除，种菜的人将给它带来烦恼。于是，它往更深的地下钻，远离它的出生地。

我在盛着沙土的短颈广口瓶里饲养了一打短喙象，有几只靠着瓶壁定居下来，我能够隐约看见地下蛹室里的情况。短喙象幼虫的身体弯成弓形，有时又收紧成圆圈，我仿佛看见它像菊花象幼虫那样，用大颚收集挂在尾部的黏性小滴。这个建筑工人让小滴渗进沙土内壁，用它来粉刷玻璃瓶。这种物质在玻璃瓶上凝结成白色和浅黄色雾状的长条痕迹。

总之，根据水泥凝固后的模样以及我窥见的幼虫的活动情况，我认为短喙象加固小屋，使用的是菊花象修建"茅屋"的方法。短喙象也知道肠子转变为水力砂浆工厂的秘密。它黏结泥沙，为自己

---

① 拉斯帕耶（1794—1878）：法国化学家及政治家。——译注

造了一个坚固的小屋。8月，短喙象在小屋里羽化为成虫后，继续居住到大蒜季节临近。

在各种各样的象虫中，这种方法可能非常普遍。象虫处于幼虫、蛹或者成虫的状态时，一年中的一部分时间都蜷缩成团，在地下室里度过。卷叶象，特别是杨树和葡萄树的宿主，不管使用黏合剂时多么精打细算，毫无疑问在肠子里都储备有水泥；对它们来说，找到更好的物质非常困难。怀疑的一扇门已经打开，我将继续追究下去。

制雪茄的工作进行了四个月后，将近8月末，我第一次把成虫形态的青杨绿卷象从地下室里取出来。我把它从地里挖掘出来时，它全身的金光和铜光闪耀夺目。我如果没有打扰这个华丽的小家伙，它会在那座地下小城堡里酣睡，一直睡到4月养育它的那棵树长出新叶。

我还从地里挖出了另一些软绵绵的、全身雪白的虫子。它们半开松弛的鞘翅，让弄皱的后翅展开。这些刚刚苏醒的虫子，体色苍白，深黑色的喙反射着紫光，对比十分鲜明。金龟子羽化为成虫时，首先让它的劳动工具变得坚硬，并着上颜色。这些工具包括保护臂膀的锯齿形铠甲，以及有轮辐状小圆齿缘的头罩。象虫也首先使它的穿孔器变硬，染色。这些勤劳的昆虫进行的这些准备工作，使我兴味盎然。身体的其余部分刚刚成型，未来的劳动工具由于提早淬火，已经坚硬得异乎寻常。

我从打碎的小窝里也取出了蛹和幼虫。从外表看，这些幼虫越不过今年初。匆忙行事有什么用呢？幼虫和成虫一样，在严寒的冬天，也适合在地底下酣睡。当杨树吐出有黏性的嫩芽、蟋蟀在草坪上唱起单调的歌时，大家，迟到的和早熟的，都已经准备就绪，大家都听从大地回春的召唤，从地下出来，急急忙忙攀爬友好的大树，在阳光下重新开始卷叶的节庆。

土地满布卵石，渴求雨水的滋润，叶卷在那里会立即干燥。葡萄树象待在这样的地里，长得比较慢，成熟得比较晚。由于缺乏松软的粮食，它们面临停工的威胁。9月、10月，我获得了第一批葡萄树象的成虫。这是封藏起来的华丽的首饰，直到春天，它们都一直把自己封闭在首饰盒里。在此期间，大量蛹和幼虫被埋葬，很多幼虫甚至还没有抛弃它们的叶卷呢。然而，根据身材来看，它们很快就会从叶卷里出来。初寒乍到时，一切都将麻木迟钝，发育也渐趋缓慢，直到天寒地冻、朔风凛冽的日子结束。

第十二章 🐝 其他卷叶象

昆虫的技艺是由工具的构造决定的吗？或者，不取决于这些工具的构造？是器官的结构在支配本能吗？或者各种各样的能力要回溯到仅用解剖学知识不能加以解释的源头吗？对这些问题，另外两种卷叶象将做出答复。榛树象和栎卷象都是加工杨树叶和葡萄树叶的雪茄工人的狂热竞争者。

4

卷叶象

根据希腊文，卷叶象的词意为"去皮的动物模型"。这就是词汇创造者的原意吗？我那几本由乡村博物学者撰写的不成套的书，不能使我做出回答。但我可以用颜色来解释这个词。

卷叶象像只被抓伤的昆虫，它把血淋淋的惨状展露出来。它的身体呈朱砂红，鲜艳得同西班牙蜡一样，好像在暗绿色的树叶上凝固的一滴动脉血。在象虫中很少有这样醒目的服装，除此之外，它还有其他一些同样异乎寻常的特点。各种象虫都长着小脑袋，卷叶象更是过分愚蠢地把身体缩小。它只保存了头部必不可少的部分，仿佛它试图不要脑袋似的。盛着那点可怜的脑髓的脑袋，是个普通细粒，乌黑发亮。头的上部没有喙，但有个短而宽的吻端；头的下部有个难看的脖子。于是，人们想象它是被一个扼死人的络头①给夹成这样的。

卷叶象腿长，形态笨拙。它在一张树叶上踱步闲逛。树叶被它凿了些圆形天窗，凿出来的碎叶是它的食物。毫无疑问，这只奇怪

---

① 络头：套在牲口头上，用以驾驭拉车的牲口。——校注

的虫子，或许是古生物的活化石。

在欧洲的动物种类中只有三种卷叶象，其中最有名的是榛树卷叶象①，我关心的就是这一种。我不是在它的合法地产榛树上，而是在赤杨这种黏性桤木上找到它的。它开发的树种多种多样，值得简单地研究。

我们地区不大适合榛树生长，过分炎热和气候干燥对榛树十分不利。在万杜山高高的圆形山顶上，疏疏落落长着一些榛树。在平原上，除了可容人进入的花园外，别的地方就没有这种树。由于缺乏饲养虫的灌木，虽然并非不可能有虫，但至少是凤毛麟角。

我常常翻转雨伞扑打荆棘丛。现在我第一次用它来扑打卷叶象。接连三个春天，我都坚持观察赤杨上红色的象虫和它的作品。一棵树，仅仅一棵树，始终是同一棵树，在埃格河边的柳树林里向我提供榛树卷叶象。这是我第一次看见活的榛树象。在周围，尽管只有几步远，别的赤杨树上都没有榛树象。在这棵受到优待的树，这块偶然的小移民地，这个外来者的市镇上，一些榛树象在扩展领地之前适应水土。

它们是怎样来到这里的？毫无疑问，是急流把它们带来的。地理学家确定埃格河为一条河流，我亲眼见过这条河，更贴切地称它为卵石流，卵石恣意地在河里流动，好似雪崩。只要一下雨，卵石就会流动起来，这时我会听见离我家两公里远的碎石子互相碰撞发出的声响。一年的大部分时间，埃格河是一大片白色卵石地，湍急的流水消失后露出干涸的河床，河道很宽，可以同壮阔的罗讷河媲美。如果连绵不断的降雨突然来临，如果阿尔卑斯山的积雪融化，干涸的河道就会在几天之内灌满山洪，奔腾咆哮，卵石翻滚。一个

---

① 榛树卷叶象：又名榛树象。——校注

星期后，喧闹的河流重归宁静，可怕的洪水已经无影无踪，河岸上只留下可怜兮兮的小水洼，那是洪水和卵石经过后留下的痕迹。小水洼里浑浊的泥水，很快就被太阳喝得一滴不剩。

突然上涨的水带来成百上千的宝贝，散落在河两岸，等待人们捡拾。干涸的埃格河河床，是个很奇怪的植物标本采集地，人们可以在那里采到来自山区的植物。其中一些历时短暂，在一个季节内就被清除，没有留下后代；另一些则坚持下来，适应了新的气候条件。这些背井离乡者来自远方，来自崇山峻岭。要在它们家乡采集其中一种植物，就必须攀登万杜山，越过山毛榉林带，抵达木本植物的最北界。

在柳树林也有外地动物的代表，寂静的柳树林只有在涨水期才会受到打扰。我注意到一种陆地软体动物，它特别喜欢待在家里。雷雨季节雷声隆隆时，正如普罗旺斯人所说，这些"卡卡洛索鼓手"就走出它的庄园，走出岩石的凹处，在家门口吃雨水淋湿了的草和地衣。这是这种蜗牛在爬行中所能得到的一切。要使这些"鼓手"旅行，就必须暴发一场山洪。

埃格河疯狂上涨的河水把法国最肥大的蜗牛波马梯亚蜗牛——勃艮第①的光荣，带到我家附近，放在柳树林里。这个被放逐者在绿草如茵的山坡上，被倾盆大雨冲得滚动起来，却在钙质甲壳的保护下顽强地对抗雨水的浸入。它利用自己坚固的甲壳抵抗河水的冲击，它从一站到另一站，从一个柳树林到另一个柳树林。它甚至下到罗讷河，在埃格河口对面的鼠岛和鸽岛上繁殖。

人们白费力气，在生长橄榄的土地上寻找这种移栖动物。它从哪里来？它喜欢温和的气候、绿色的草坪、凉爽的树荫，它的老家

---

① 勃艮第：法国罗讷河和莱恩河东部的地区。——校注

当然不在这里，而是远在山上，在阿尔卑斯山顶上。然而，这个山民被迫进行的迁移似乎是甜蜜的，这只粗胖的蜗牛似乎在激流岸边凌乱的树中繁衍兴旺起来。

卷叶象也不是土著，它是难船上的旅客，来自盛产榛树的肥沃山区。它乘坐小船旅游，乘坐幼虫出生的卵壳远行。严严实实地封闭的轻舟，使它可以横渡江河。这只虫子在河岸边登陆后，在夏至时找到住所。它找不到自己喜爱的树，便在赤杨树上定居，在那里扎下根。我同它交往三年来，它都忠于同一棵树。当然，这个小镇的历史可以追溯得更远。

这个外来者的历史使我兴味盎然。对它来说，生活的基本条件气候和食物已经改变，它的祖先生活在气候温和宜人的地区，它们食用榛树叶，把由于世世代代经常使用而很熟悉的树叶制成叶卷。而它这个背井离乡者，却在炎炎烈日下生活，而且吃赤杨树叶。赤杨树叶的滋味和营养，大概与家族的菜肴截然不同。它加工一张不认识的树叶，但这张叶片的形状大小都近似一般的叶片。饮食和气候的改变，给榛树象带来了什么变化吗？

卷叶象的叶卷

没有引起任何变化，我用放大镜来回观察赤杨和榛树的开发者，但枉费功夫。后者是通过水陆交通网从科雷兹省①的平原运来的，即使在细节上我也没有看到两者之间有细小的区别。那么，技艺改变了吗？我还没有见过用榛树叶制作的产品，但我大胆肯定它和用赤杨树叶制作的叶卷如出一辙。

改换粮食和气候，改换加工的原材料，榛树象如果能够适应强加给它的新事物，就会一丝不苟地保存原来的技艺、习性和身体结构。如果不能，就会灭亡。这是急流中的难船上的乘客，在大批旅客受难之后告诉我们的。

瞧瞧榛树卷叶象怎样在赤杨树上干活，我们就会知道它怎样在榛树上裹叶卷。它不了解青杨绿卷象的方法，青杨绿卷象为了使树叶松软，猛刺叶柄。榛树卷叶象这个红色工厂主有它自己特殊的方法，与猛刺法毫不相干。

它之所以改变是因为它没有喙，没有适于钻进狭窄的叶柄的尖细穿孔器吗？这是可能的，但并不是肯定无疑的，因为吻管这把优质大剪刀，能够一下就咬掉一半叶柄，得到相同的效果。我宁愿把这种新方法看成是每个昆虫专家独有的方法，我们不要根据工具来判断作品，善于使用工具的，就是能工巧匠。

榛树卷叶象用大颚稍稍偏离叶柄横着切割赤杨树叶。它切断叶片，包括中心的叶脉，只剩下小部分叶片。被切开的叶片悬吊在树上，慢慢枯萎。切开的叶片是树叶的主要部分，卷叶象循着粗叶脉将叶片卷裹起来，绿色的叶面卷在里面。它从叶边出发，将叶片卷成圆柱。圆柱上端的开口用没被刀伤损坏的叶片封闭，在下端，则将叶缘往内塞，封住开口。雅致的小桶垂直地晃动，风一吹就摇摇摆摆。它的中枢是中央叶脉，叶脉的上端比较突出。卵安置在两层

---

① 科雷兹省：法国中南部大区省份，位于中央高原西缘。——校注

叶片之间，靠近螺旋卷的中心，呈松脂红色；叶卷里只有一枚卵，独一无二的一枚卵。

我能够获得的叶卷很少，我无法了解到关于叶卷主人发育的详细情况。不过，我还是了解到了一些趣事。榛树卷叶象幼虫老熟后，不像其他一些象虫那样下降到地上。它留在它的小桶里，风一吹很快就会把小桶吹落到草丛中。在这个半腐烂的庇护所里，气候恶劣时，很不安全。这只红色象虫对此很清楚，于是它很快羽化为成虫，穿上朱红色外套。夏天快来临时，它放弃已经变成破屋子的叶卷，在微微剥离的老树皮下寻找更好的避难所。

在用树叶制作小桶的技艺方面，象虫中的栎卷象也同样是行家里手。这两个象虫箍桶匠身体呈红色，或者更准确些，呈胭脂红色，喙很短，吻端鼓胀。然而，相似之处仅此而已。老箍桶匠的身体略微伸长，四肢不受拘束；新箍桶匠矮胖，身体蜷缩成小球。人们对后者的叶卷感到十分惊奇，它看上去与这个拘束、笨拙的工人很不相称。

栎卷象加工的不是驯服的叶片。它卷裹的树叶是最近采摘的，枯萎很慢，还没有变柔软，仍然硬如皮革，难以啃咬，不易折弯。我所知道的四种卷叶象中，最小的一种栎卷象命途多舛。然而，正是它，外表十分笨拙的矮子，由于坚忍不拔，建造的宅子最漂亮。

3½

栎卷象

有几次，栎卷象开发同一棵橡树，一棵英国橡树。橡树叶更宽大，切口比在圣栎叶上开得更深。在春天的嫩枝上，它选择枝梢的树叶，这些树叶中等大小，不很坚硬。如果场地合适，五六个，甚至更多的小桶就会悬挂在一根枝杈上。

栎卷象不管在圣栎上还是在英国橡树上定居，都在靠近叶柄处，从主叶脉的左右两边切开叶片，但又不损坏主叶脉，因为叶卷需要主叶脉提供稳固的支撑。这仍然是卷叶象的方法，不过，树叶被切两刀后更容易处理。栎卷象纵向卷裹叶卷，将正面折在里面。所有这些卷叶象，卷制雪茄的和制桶的，都知道用蜇刺或者切割的方式制服树叶的弹性，都通晓力学原理。根据这个原理，最有弹性的一面是弧形的凸面。

卵安放在卷裹的叶片之间，还是只有一枚。叶片被卷成小桶后，最后一褶弯弯曲曲的细齿叶缘，都被栎卷象耐心地施压固定，圆柱两端的边缘被向内推压封闭起来。小桶制好了，有一厘米左右长，并被主叶脉在悬挂端加了箍。这只桶很小，但很牢固，也不乏优雅。

矮胖粗短的象虫箍桶匠有它的优点，如果有机会观看它干活，我要进一步阐述它的优点。机会终于在田野里的一切差不多化为乌有时来临，我多次突然看见栎卷象在树叶上，一动不动，吻端黏附在叶片的沟纹上。它在那里干什么？它在阳光下打盹，半睡半醒。它等待小桶上最后那道褶子在持久的压力下稳固。我逼近仔细观看，它马上把足缩起藏在腹部下面，并掉到地上。

野外观察几乎没有取得什么结果，我于是试着饲养它。栎卷象听从我的安排，它在钟形罩下和在橡树上同样勤奋地工作。我开始时了解到的情况几乎使我丧失了希望，没有信心深入细致地跟踪观察它卷裹树叶的操作情况，因为栎卷象是夜间干活的工人。夜深人静，万籁俱寂，约9点或者10点，栎卷象用大剪刀剪断树叶，第二天早上，小桶已经制作完毕。在微弱的灯光下，在打瞌睡的时刻，这个象虫工人细致灵巧的技艺逃过了我的眼睛。

栎卷象选择夜间干活是有理由的，这个理由我似乎隐约看到了。橡树叶，特别是圣栎叶，比赤杨木叶、杨树叶、葡萄叶更加桀骜不驯，如果在太阳灼热的光照下，在大白天加工，橡树叶除了有韧性外，还比较干燥。相反，在晚间的凉爽中，树叶被露水滋润就会柔软易弯，卷裹起来就比较顺利，当烈日当空，火热的光照使刚卷好的叶卷形状稳定下来时，小桶已制作完毕了。

这四种卷叶象尽管互不相同，但都告诉我们：技艺与身体器官的结构无关；工具对劳动种类不起决定性作用。几种昆虫不论有吻管还是吻端，不论足长还是用碎步奔跑，不论身体纤细还是粗短，不论是切割工还是冲压工，工作的成果都相同，都为幼虫卷好既是住宅又是食品柜的叶卷。

它们告诉我们：本能的根源在器官之外，它上溯得更久远，铭刻在生命最原始的法典上。本能不受工具控制，它支配工具，善于使用各种工具，同样熟练地在这里制作一种产品，在那里制作另一种产品。

橡树的小箍桶匠栎卷象还没有吐露它的全部秘密。我继续频繁地去看望它，知道它对粮食质量非常挑剔，很难满足。粮食如果干燥，即使会饿死，它也拒绝食用。它要粮食软嫩，在水中淹泡过，开始变腐坏，甚至用一点霉菌调味。我把粮食保存在短颈广口瓶里一层潮湿的沙土上，这样烹调的食物才合它的口味。

幼虫孵出来后，我就这样饲养它，到6月它已经长得很粗壮，两个月的时间足够让它变为橙黄色的漂亮幼虫。它很快像弹簧那样突然松开，不再弯曲，在受到破坏的小室里忐忑不安地动来动去。我注意到，它细长的身躯，不像一般的象虫那样肥胖。仅仅幼虫不肥胖这个现象，就表明它的成虫属于一个特殊种类。这种蠕虫的情况我不再多谈，它的体貌特征并非十分有趣。

不过，有个现象值得更深入细致地观察研究。现在是9月末，我们刚刚度过一个不寻常的夏天，异常炎热、异常干旱的酷暑持续了数周，在阿尔代什、波尔德莱、鲁西荣等地出现了森林大火，阿尔卑斯山的村庄一个个被焚毁。在我的家门前面，一个过路行人粗心大意扔了一根火柴，烧光了邻近田地的庄稼。这不再是节庆，而是一场火灾。

在这场灾难中，栎卷象在做什么呢？它舒舒服服、逍遥自在地在我的器皿里繁衍兴旺，因为这些器皿把粮食保存得十分柔软。但是，在橡树上，在好像被火炉的热气弄蜷曲的叶丛中，在被烧烤的土地上，这个可怜兮兮的小家伙变得怎样了呢？我们去观察一下吧。

在它6月开发的橡树下，我在枯叶中找到了一打树叶小桶。小桶仍然呈绿色，因为干燥得太快，用手指按压，咔嚓一声就粉碎了。

我打开一只小桶，桶的中央是一只小虫。小虫外表端端正正，但显得弱小，只比刚孵出时长一点。这个小黄点是死的还是活的？它一动不动，表明它死了；但它身体的颜色还没有褪尽，又表明它还活着。我弄破第二只、第三只小桶，这些桶的中央总有一只黄色小虫静止不动，个子很小。我把余下的绿叶小桶保存下来，准备做一个实验。

小桶里的小虫像木乃伊那样纹丝不动，它们真的死了吗？不，它们没有死，我用针尖刺，它们马上就动个不停。它们现在的状态，只不过是生长的暂时停顿。新近卷好的叶卷、悬挂在树上还会有些微液汁浸入，在这样的小桶里，幼虫找到了初步发育必不可少的食物。然后小桶掉到地上，很快就干燥了。栎卷象幼虫蔑视坚硬的食物，便停止吃食，停止发育。它对自己说，睡觉可以忘掉饥饿。它在麻木迟钝状态中等待雨水来把面包弄软。

这场雨，虫子和人眼巴巴地等了四个月。然而，至少在象虫需求的范围内，我能够让它提早降临。我让干燥的小桶在水面上浮动，被浸透后，再把它们移到玻璃试管里。我用湿棉花塞住试管的两端，使空气保持湿润。

我的巧计获得的结果值得一提。沉睡的虫子醒来了，啃食变软了的圆形面包心，好好地弥补时间的损失。在短短几个星期内，它们的身体就和那些在盛着湿土的短颈广口瓶里，没有经历过生长停顿的虫子同样粗大。

当食物不再柔软时，在漫长的几个月内暂时中断生命活动，这种能力其他卷叶象是没有的。8月末，幼虫孵出三个月后，在干燥的杨树雪茄中，死亡率更高。至于赤杨上的圆桶，我由于没有足够的资料，无法考察主人的耐力。

在四种卷叶象中，最受干燥威胁的是栎卷象。它制作的小桶落下，留在除了雨天之外都非常干燥的土地上。其次，它由于体积很小，一被阳光照射就干枯了。葡萄园的土地同样干旱，但葡萄架下有树荫。丰满的雪茄比细薄的小桶更好，它的厚度可使中心保存对幼虫必不可少的新鲜和凉爽。在持久节食方面，葡萄树象无法同栎卷象比高低，青杨绿卷象就更不用说了。对青杨绿卷象来说，尽管叶卷像老鼠的小尾巴一样细小，但不存在干燥的危险，它通常落在沟渠边田野和潮湿的草地上。榛树象的处境也不危险，它寄宿的树是小溪的朋友。在赤杨下，它能找到让富于营养的圆柱保持良好状态必不可少的凉爽和新鲜。但是，当它开发榛树的时候，我不知道它如何摆脱困境。

最近一个时期，报纸，对所有蠢话声音响亮的应声虫，大肆宣扬某些不幸者的胃功能，为了生存，他们三四十天不吃任何东西。正如人们逛马路看热闹一样，报纸也赞美假崇高，鼓励不幸的事。

但是，假装斯文、节制饮食的人，你们要知道，还有比你们本领更高的呢。一只没有受到报纸赞扬的小虫子，一只低下卑微、无足轻重的小虫子，它刚出生的那几天只吃几口食物，然后，由于粮食干燥，它四个月不再进食。然而，这并不是病态的萎靡不振。在发育期的极度饥饿中禁食，这时胃比任何时候都更需要美味佳肴。啮虫整个季节毫无生气，在房顶的青苔中保持干燥，现在在一滴水中又开始打起转来。栎卷象幼虫在四到五个月内濒临死亡，如果我把它的面包弄湿，它又生气勃勃，贪婪地吃起来。生命能够有这样的停顿，它到底是什么呀？

第十三章 🪲 黑刺李象

栎卷象和榛树卷叶象卷裹树叶灵巧能干，不亚于葡萄树象和青杨绿卷象。这向我们表明，虽然工具不同，但技艺仍然可以相同；相同的能力和不同的器官可以相容，用相同的器官可以从事不同的行业。形态的相同并不强使本能相同。这说明什么呢？是谁提出这种破坏性的命题呢？这个大胆者就是黑刺李象。

黑刺李象同葡萄树象和青杨绿卷象比赛身上的金属光泽，它也同后两种象虫一样，有弯曲的穿孔器。这个穿孔器似乎很适合刺戳叶柄，然后把叶卷的边缘固定。黑刺李象身体粗短，似乎适于在一条褶子狭窄的条纹里干活。它有钉着扣钉的便鞋，在光滑的表面能稳稳地站立。对了解昆虫雪茄工人的人来说，只要看见黑刺李象，就会立刻用属于同一类的名称称呼它。昆虫分类学者没有弄错，他们一致称它为象虫。他们根据劳动者的外貌评断行业时没有半点犹豫，把这种象虫当成青杨绿卷象和葡萄树象的竞争者，将它归入树叶卷裹工人的行会。

可是，我们受了外貌的骗，上了结构同一性的当。至于习性，黑刺李象与专门术语把它与之联系起来的那两种象虫毫无共同之处。专门术语只考虑形态特点，再说，只要没有看见过黑刺李象干活，谁也无法猜测它的职业。它专一地加工黑刺李树的果实，它的幼虫需要黑刺李小小的果仁作为口粮，需要黑刺李狭小的果核作为住宅。

这种与昆虫雪茄工人外貌相同的象虫，对同胞的行业和手艺一窍不通，在丝毫不改变工具的情况下，成了小盒子的穿孔工。它的近亲用穿孔器加固叶卷的最后一个褶子，它使用相同的工具，在硬得像象牙的果核表面挖掘小洞。它的劳动工具是一种可以折叠的薄片，却像挖土机的镐那样挖掘坚硬的石头。更奇怪的是，在干完粗活后，它在卵的上方立起一个小小的奇妙物体，做工之精细，令我赞叹和佩服不已。

黑刺李象幼虫同样使我感到惊奇，它改变了饮食方式。葡萄树和杨树的主人，耗食树叶；黑刺李树的主人，则吃含有淀粉的植物。它还改变了破壳而出的方法。当老熟后，下降到地上的时刻来临时，青杨绿卷象和葡萄树象的幼虫面前只有叶卷浅浅的表层，它因腐烂而变软，甚至破败不堪，毫无抵抗力，而黑刺李象以榛子象为榜样，要钻通一堵特别坚固的墙。

如果对黑刺李象的习性了解得更清楚，我们会揭示出多少奇怪的对比现象啊。第四种象虫杏树象我比较熟悉，它的形状很像昆虫雪茄工人和果核开发者，总之，对象虫这个名称当之无愧。它会干什么呢？它会卷裹树叶吗？它把幼虫安置在果仁的箱子里吗？它什么也不会干。

杏树象的行业和技艺非常简单，它只会在杏子仍呈绿色的果肉中产卵，而且没有什么困难需要克服。杏树象的幼虫和母亲都没有任何技艺。用喙敲击爽脆的绿杏子，检查一番之后把卵放入创口的深处。杏树象要做的就是这些。它安置家小很随便，让人想起菊花象。

杏树象的幼虫也不必施展什么才能，那么，它会干什么呢？会吃果肉。杏子很快就会熟透落到地上，变成烂糊。这种汁液很浓稠，幼虫浸泡在腐烂的乳品中，生活得很惬意。当到地下避难的时刻来临时，浸透在果酱里的小虫没有遮掩物需要撕碎，没有墙需要打洞，杏子的果肉成了一撮褐色粉尘。

黄斑蜂，一些是棉花的整经工，一些是树脂的糅合工，曾向我提出难题，之后又来了潘帕斯草原的食粪虫猪蜣螂和亮蜣螂。它们制备食品罐头。亮蜣螂塑制梨形粪球；猪蜣螂制作猪肉粪饼，储存在黏土坛子里保鲜。它们都向我提出这个难题：这些不同的昆虫主人，形态如此相近，既然人们承认它们有共同根源，那么又怎样解释它们之间毫无联系的习性和技艺呢？有了这四种象虫——青杨绿卷象、葡萄树象、黑刺李象、杏树象，问题就再度凸显出来而且更加紧迫。

环境因素会略微改变昆虫的外形，光线加深体色，粮食的量适度地改变身材，炎热或者寒冷的气候使皮毛的颜色变淡或者变深。如果这种种变化能够使某个人欣然接受，我都轻易承认。但是，我们应该站得更高些，不要把生命世界缩减为一批管道、一整套把自己塞满又把自己腾空的肠胃。

如果我们考虑动物机器最后一道高明而巧妙的技巧，观察动物的本能这个形态的主宰者，回想古代的一句妙语——心智动摇障碍，我们将会了解理论在解释以下现象时遇到的困难：在这四种形状像水滴般一模一样的象虫中，怎么会有两种卷裹树叶，一种雕刻果核，一种开发烂果子做的果酱呢？

如果它们之间有血缘关系，如果它们的确是亲属，那么谁是这个家族的始祖呢？会是树叶的卷裹者吗？假设雪茄工人某天会对制作叶卷感到厌腻，而成为在果核上钻孔的狂热革新者，除非满足于幻想，谁也不会接受，这些技艺彼此很不协调，无法互补与适应。对最初那些卷叶者来说，树叶并不短缺，它们或许会从一种植物转到类似的植物上，但是，放弃容易卷裹的叶卷，在不受外力影响的情况下，顽强地啃咬硬木头，是十分愚蠢的。没有任何可以接受的理由能够说明，它们为什么要放弃原来的手艺。在昆虫世界里，这种荒诞的行为是闻所未闻的。

黑刺李的开发者拒不认为自己启发了昆虫雪茄工人。它说："抛弃涩中带甜的小黑刺李，我，酒杯雕刻工，抛弃雕刻刀，在一个荒谬的时刻去卷裹树叶，你们把我当成什么啦？我的幼虫酷爱含淀粉的果仁，面对任何别的菜肴，特别是面对瘦肉，面对杨树上的同胞那淡而无味的叶卷，它会让自己饿死。过去只要有黑刺李或者类似的果实，我的种族就会心满意足，不会愚蠢得为了一张树叶而放弃果实。将来，只要有大量黑刺李，我们也会忠于它。万一短缺，我们就会饿死直到最后一个。"

杏子爱好者杏树象的口气同样肯定而且明确，它在柔软的果肉里安家落户轻松方便，尽力避免后代艰苦地在果核上钻孔，把树叶卷成雪茄。根据地点的不同和果实的丰足程度，从杏子转到黑刺李，转到桃子，甚至转到樱桃，都是大胆的革新。这些果肉爱好者对它们的生活非常满意，而这种生活过去和今天都同样可能获得。那么，它们冒昧地舍弃柔嫩的转而选择坚硬的，舍弃多汁的转而选择干燥的，舍弃容易的转而选择困难的，为的又是什么呢？

在这四种象虫中，没有一种是家族谱系的始源。它们共同的祖先会是一只不知名的昆虫，或许紧贴在页岩上。我已经查阅过古老的页岩档案，即使始祖在这些档案里，它也不会告诉我们什么情况。石头图书馆保存了昆虫的形状，却没有保存本能，它不可以描述任何技艺。我再次强调，昆虫的工具不可能告知它们的行业，象虫用同样的工具，可以从事迥然不同的职业。

　　各种象虫的祖先干什么，我们不得而知，也不抱希望有朝一日会知道。理论根植于假设的空地上，理论说，"让我们承认""让我们想象""可能是"。理论，我亲爱的理论，你就是人们希望取得某种结果的捷径。我虽然并不是机敏的逻辑学家，但是，选择适当的假说也保证能够向你们论证，白的是黑的，阴暗的是光明的。

　　我喜爱实实在在、无可争辩的真理，不会追随那些虚假谬误的假设，我需要明白无误地观察到的、细致深入地探索到的事实。然而，关于本能的起源，你们了解到什么呢？什么都没有了解到，将来也什么都不会了解到，永远都不会了解到。你认为自己建立了一座巨石纪念碑，其实你只不过建造了一个空中楼阁，现实的风一吹它就会倒塌。真实的而不是想象中的象虫，这种人人都可以观察了解的昆虫，敢于真诚地、如实地这样告诉你。

　　它对你说："我们具有彼此之间截然相反的技艺，不会是一种源于另一种。我们的才能和本领不是同一个祖先的遗产，因为要为我们留下这样的遗产，最初的创始者必须同时精通各种互不相通的技艺，比如，卷折树叶、钻通果核、浸泡果实，还有许多你不知道的其他技艺。创始者即使并非同时什么都会，但至少肯定随着时间的推移，它放弃过第一种技艺，学习第二种，然后学习第三种，然后学习其他不少技艺。关于其他那些行业的知识，留给未来的观察者去研究吧。同时实践好几种技艺，或者从某个行业的行家转变为另一种行业的里手，说实话，这对虫子来说，可是个不理智的举动呀。"

　　象虫就是这样告诉我们的。我再做一点补充。象虫发展史上的三种行业团体的本能，绝对不能归结到一个共同的根源；对应的各类象虫，尽管身体结构酷似，但不可能是同一个家族的分支。它们的每个亚种都是一枚独立的大纪念章，是在外形和才能的作坊里用特殊的模子制作的。当外形的差异加上本能的差异，会出现什么呢？我研究得已经够多。

现在我们来进一步结识黑刺李的开发者吧。7月底，幼虫长得胖乎乎的，于是钻出果核，下到地上。它用背部和额头把周围的灰粉推向后面，在地上营造一个圆形窝巢。这个建筑者用一点黏性物质把小窝稍微加固，以防崩塌。葡萄树象和青杨绿卷象也经常这样为蛹期和越冬做准备工作，但它们更早熟，9月还没有结束，大部分已经羽化为成虫。我看见它们在短颈广口瓶里的沙土里，就像有生命的天然金块那样闪闪发光。这些金质小球能够预报即将来临的寒冷季节。它们通常待在地道里一动不动，然而，由于受到一年中最后的强烈阳光的引诱，有几只青杨绿卷象会回到自由的空中，了解气候的变化。北风初刮，这些喜欢冒险的象虫就躲藏在枯死的树皮下，或许会被冻死。

黑刺李树的象虫主人却不这样心急火燎，行事匆忙。秋天行将结束，我那些藏在沙土里的虫子仍然处于幼虫状态。不急不缓有什么要紧呢？当它们钟爱的灌木覆盖着鲜花的时候，所有的黑刺李象虫都已准备就绪，自5月起，它们就开始活跃在黑刺李树上。

在这个无忧无虑的欢乐时期，黑刺李树的果实还太小，果核还不硬，果仁还太嫩，不适合黑刺李象幼虫。但它们却是成虫的美味佳肴。成虫没有摇动钻头，而是把钻头一半插进果肉里，一动不动，惬意地吮吸果汁，黑刺李的汁液都渗到了钻孔上。

对酸涩的黑刺李的爱好没有排他性，在我的网罩里，当果实成熟的时候，金色的黑刺李象欣然接受绿色的樱桃和刚像橄榄那样大的人工栽培的李子。但它断然拒绝接受马哈利酸樱桃树或者圣鲁西樱桃树的果实，这两种树是附近荆棘丛中常见的野生幼树，散发出一股药味，使金色象虫感到厌恶。

当金色象虫产卵的时候，我无法使它接受栽培的李子。粮食短缺期间，它似乎更偏爱普通樱桃。金色象虫母亲的胃满足于任何一种厚实的果肉，幼虫的胃则需要藏在狭小的核里且不太硬的果仁。樱桃的果仁用氰氢酸调味，略带苦味，幼虫接受时犹豫不决。黑刺李树的果仁藏在核里，核的内壁对幼虫的进出设下难以逾越的障碍，因此黑刺李完全遭到了鄙弃。象虫母亲对家务十分在行，为了家庭，它断然拒绝除黑刺李之外的其他核果。

我们去看看黑刺李象母亲是怎样干活的吧。6月上旬，正值象虫产卵高峰期。这时黑刺李开始染上紫色，果肉逐渐厚实，差不多有一颗豌豆大，几乎快接近成熟；果核是木质的，顶得住刀子；果仁也长硬了。

被象虫母亲钻探过的果实上，有两种小洞窝，因组织受损变成褐色。为数最多的洞窝是很浅的小坑，差不多总是覆盖着些微硬的胶汁。黑刺李象幼虫只在这些部位进食，不会超过果肉层厚度的一半，伤口渗出的树胶会将洞窝填满。

其他小洞窝较宽，呈不规则的多角形，一直通到果核，洞口差不多有四毫米宽，内壁不像小洞窝餐厅的内壁那样是倾斜的，而是垂直地竖在裸露的果核上。我注意到一个重要的细节：在这些小洞窝里很少能找到胶汁，其他洞窝通常都盛装着树胶。这些小洞窝畅通无阻，是幼虫的卧室。我在同一颗黑刺李上看见两个、三个、四个，有时一个这种小洞窝，旁边总是有表面呈漏斗形的小孔，象虫在那里吃得饱饱的。

一直垂直下伸到果核里的小洞窝比较宽，形成了不规则的火山口，中心总是矗立着一个褐色圆形果肉。用放大镜观察中央圆锥体顶端，可以看到一个精细的孔眼，这种情况并不罕见。另外几次，孔眼关闭，但关闭得很松动，我猜测这可能与深度有关。

我沿中轴切开这个锥体，在它的底部是个小巧的半圆形小碗，挖掘在果核的深处。在纤细的粉尘小床上，有枚最大直径为一毫米的椭圆形黄卵。在这枚卵上矗立着一个黄色锥体，好像防御性屋顶，锥体中间插着一根小管，小管时而畅通，时而一半堵塞。

作品的结构可以告诉我们制作的过程。黑刺李象母亲在黑刺李的果肉里先吃掉部分果肉，吃不完的就扔掉，然后挖掘一个内壁平整的坑，小坑的底部裸露出果核，然后它用凿子雕刻一个深入果核一半厚的小盆，卵就产在一个锉屑堆成的细薄床垫上，最后，象虫母亲在小碗和卵的上面竖起一个尖顶，材料是由小坑内壁提供的黏糊。

如果给这只被囚禁的象虫广阔的空间、充足的阳光和挂满黑刺李的枝杈，它会干得更出色，我也会比较容易地观察到象虫母亲的工作情况。但现在，辛勤的观察却收获甚微。

黑刺李象母亲几乎整天待在一个地方，纹丝不动，把喙插进果肉里。它什么活动也没有，也没有什么显露出它所做的努力。一只黑刺李象雄虫不时来探望它，爬到它背上，把它紧紧搂住，一边自己摇晃，一边轻轻摇它，被搂抱的虫子被动地顺从雄虫的摇摆。安置一只卵时间太漫长，或许这是消磨时光的好方法。

进一步观察十分困难，象虫的喙在果肉内部秘密活动，它一边挖小坑，一边用喙把它遮掩起来。产卵盆凿好后，黑刺李象母亲后退、转身，我在一刹那间隐约看见了火山口底部裸露的果核，以及果核中光秃秃的小盆。卵一旦放进小盆里，母亲又转过身来，之后，直到工作结束，我什么也看不见。

象虫母亲怎样在卵的上方筑起一个防御堆，一个由于有个狭小的烟囱而奇形怪状的方尖碑①呢？特别是它怎样在柔软的锥体里开凿出这个狭窄的通道呢？象虫干活谨慎小心，这个细节很难发现，我只了解到象虫不用足，而是用喙单独挖掘火山口，并且竖起方尖碑。

6月，烈日炎炎，天气酷热，不到一周时间，卵就可以孵化，好运为我带来了趣味盎然的场景；再说，这个好运是我的实验所企求的，这些实验已耗尽我的耐心。我眼前有一只黑刺李象幼虫，它刚刚抛弃卵壳，在产卵盆里动来动去，忙得不亦乐乎。它为什么这样躁动不安呢？原来，为了去到果仁食橱，这只小小的幼虫必须开凿小洞，将它凿成进入的天窗。

对一只小小的昆虫来说，这可是个非同小可的工作。但是，这个衰弱的小不点却拥有木工具，大颚这把精密的半圆凿，还在卵里就经受过必要的锤炼。小虫刚从卵里孵出来就立即干活，第二天它凿通了一个小孔，像针那么细，它通过小孔进入它的乐土，占有了果仁。

另一个好运则让我稍微了解到插有烟囱的中央圆锥体的用途。黑刺李象母亲在黑刺李的果肉中挖掘坑穴，吸饮外渗的汁液，食用果肉。这是扔掉废屑但而又不撂下手边的活最好的方式。当母亲在果核上雕刻盛卵的小碗时，它就地留下细蛀屑。这种蛀屑是制作卵的小床的优质材料，但作为食物却毫无用处。

———————
① 方尖碑：耸立在古埃及神庙前的锥形石碑，碑四面均刻有象形文字。碑的性质分宗教性、纪念性和装饰性三种。——校注

　　黑刺李象的幼虫，为了吃到果仁，在果核上挖洞，怎样处理洞穴的木质粉末呢？把废屑堆放在周围，是不可能的，因为缺少空间；吃下废屑，堆放在胃里，更不可能，当幼虫满怀希望地等待果仁的乳品时，头几口是不吃这种干燥的粗面粉的。

　　黑刺李象新生的幼虫有更好的办法，它用背推几下就通过圆锥体的烟囱，把挡道的废屑推到外面，我的确有时看见在中央锥体顶端有个盖满粉尘的白点。这个有根小管子的圆锥是个排污通道，废屑就通过它排出。

　　这个稀奇古怪的锥体，它的用途并不仅限于排运废屑。黑刺李象总是精打细算，不会仅仅为了排除阻碍幼虫干活的粉尘劳神费力，竖立一座中空方尖碑。用最小的耗费可以取得同样的成果，思虑周密，不会舍简求繁的。

　　显然，果核表面安放卵的小碗，需要防护屋顶，此外，小虫去到果仁里后，狭窄的小窝需要有扇安全门。圆屋顶有一扇低矮的小天窗，似乎足够清除垃圾。为什么它要这样奢侈，要像火山喷发锥矗立在火山口那样，有个高耸在坑穴上部的金字塔形烟囱呢？

　　黑刺李上的火山口有树胶汇集形成的熔岩，树胶从不同的损伤部位淌出，然后变成硬块。一条熔流堵塞了所有的坑穴，黑刺李象在这些坑穴里只是进食。相反，在有圆锥的大坑穴里没有熔流，或者只在内壁上出现一些稀薄的浆液。

　　很明显，象虫母亲为了保护安放卵的小窝不受树胶侵袭，采取了预防措施。它首先扩大洞穴，使流淌着黏液而不能信赖的墙，适当地离开卵。此外，它还在黑刺李的果肉上挖掘，一直挖到果核露出一块洁净的果核，不可能产生什么危险。

　　然而这还不够，坑穴的内壁光秃秃的，笔直竖立，始终令人担心。在几颗黑刺李里，内壁或许会产生大量树胶。在卵的上方直到火山口，竖立一道屏障挡住熔浆，这是消除危险的唯一办法，也是中央圆锥体存在的理由。如果树胶的喷吐量大，就会填满环形空间，但至少它不能覆盖存放卵的小盆，高高的方尖碑不会被淹没，因此这是一道非常精巧的防御工事。

方尖碑沿着轴线部分是空的，我刚才看见它充当排除废屑的运输机。当幼小的黑刺李象幼虫挖深它出生的盆子，把它变为通向果核的通道时，就把挖出来的废屑推向外面。但是，对方尖碑来说这是很次要的作用，它还有另一种非常重要的作用。

所有的卵都必须呼吸，黑刺李象的卵在那个只有蛀屑床垫的小盆子里，也需要呼吸空气。但是，如果没有气窗，那里永远不会有空气进入。现在，空气通过锥形房顶的小管道可以到达卵那里，并且不断更新。即使运气很坏，火山口填满树胶，也不能阻挡空气流通。

所有有生命的东西都必须呼吸。小虫刚刚在果核上开凿一个入口，进入果核内。我们最精巧的钻头也钻不出这样精确的洞口。现在小虫待在一个密封的小盒子里，在一只不透水的小桶中，而且小桶还像涂沥青那样涂上了含树胶的果酱，这时小虫比卵更加需要空气。

好啦，由黑刺李象幼虫挖凿的气窗通气了。不管呼吸天窗多么狭小，只要它不被堵塞，就足以发挥作用。没有什么情况需要担心，即使树胶过多，也不必操心。小虫在气窗上面竖立防御性锥体，通过中心管道继续与外界连通。

我曾经想了解在非常狭窄的环境中，一些比黑刺李象隐士更健壮的隐居者的表现。我需要在变态之前处于休眠期的隐居者，这时，它们已经暂停生长，不再进食，差不多已经不再具有生命活力。它们节衣缩食，降低消耗，类似发芽的种子。对它们来说，对空气的需求减低到了尽可能少的限度。

我不加选择地使用手头的收藏品，首先选择了吃大蒜的短喙象幼虫。一个星期以来，它们放弃啃咬的珠芽，一批批地下到地上，待在沙土小窝里一动不动，准备变态。我把六只虫子放在玻璃试管里，试管的一端用搪瓷灯封闭；然后用软木隔板把虫子分开，为每只虫子造一间与天然窝巢同样大小的蛹室；最后，在试管的另一端塞上塞子，再封上一层西班牙蜡，把试管关闭得严严实实。试管的内部和外部，不可能相互交换气体；而且，每只幼虫都被严格压缩到狭小的空间里，空间大小是根据天然蛹室的宽度测定的。

我还用其他的昆虫做这个实验，其中有待在蛹室中的花金龟幼虫和蛹。所有的囚禁者都在通气条件降到最低限度下生活，会变得怎么样呢？两个星期以后，实验有了结果，试管里只有令人恶心的尸体糊。由于缺乏流通的空气，蛹失去了活力，幼虫全都死亡，腐烂了。

黑刺李的小盒子尽管封闭得严严实实，并不像我的玻璃监狱那样密不透气。既然果仁也是有生命的，只要生长旺盛，就会有空气交换。然而，动物的生命活动更加活跃，果仁里原本富足的空气这时就不够了。黑刺李象幼虫在啃咬果仁的几个星期之内，如果在果核内除了很有限、很难更新的空气之外，没有其他的呼吸渠道，它就会受到很大的伤害。

一切似乎都肯定，如果黑刺李象幼虫雕刻的气窗，被一滴树胶堵塞，隐居者就会死亡，或者至少是奄奄一息，苟延残喘，不能及时移居地下。我的猜测是有道理的。

我准备了一打黑刺李，亲自测试失去母亲修筑的防御工事，情况会怎么样。我把火山口及其中央锥体，浸没在一滴浓稠的阿拉伯树胶溶液中，这种黏胶就好似黑刺李树的树汁。这一滴溶液凝结了，我再添加几滴，直到锥体顶端消失在浓稠的溶液中。而果实的其余部分，我则让它保持原样。

之后，我让黑刺李象像在灌木上那样留在露天。凝固的树胶在灌木上，不会因为果实提供的湿气变得柔软，在短颈广口瓶里也是如此。

将近7月末，田野里的黑刺李树为我引来了第一批象虫移民，成批的迁居则发生在8月。出口是个圆孔，十分清洁，类似榛子象的圆孔。这些移居者同榛子象幼虫一样，穿过拉丝模，做体操使自己得到解脱。虫子通过体操动作，推压身体被囚禁部分的体液，使已经拔出的身体部分鼓胀，逐渐得到解脱。

解放天窗有时和细小的入口相混淆，两者靠得很近，但象幼虫从来不出现在裸露的火山口外面。黑刺李象幼虫似乎厌恶在大颚下面遇到黑刺李松软的果肉，它的工具虽然善于雕刻硬木，但或许会陷入黏糊的果酱里。果酱应该用汤匙，而不是用有螺丝的半圆凿去搅动。幼虫总是出现在被母亲打扫得干干净净的火山口底部。那里既没有树胶，也没有黏稠的果肉，这些东西都不利于工具的操作。

掺有树胶的黑刺李上，情况怎么样呢？什么都没有发生；我等待了一个月，还是什么都没有发生；我等待了三四个月，仍然什么都没有发生。从我施了魔法的黑刺李中没有出来一只幼虫。最后，在12月，我决定去看看果实里究竟怎么样了。我砸碎用树胶堵住气窗的黑刺李果核，大部分果核里都关着一条死去的幼虫。这条幼虫很小，已经枯干。少部分果核里有一条活着的幼虫，发育良好，但缺乏活力。果仁几乎已被吃光，因此，可以看出，小虫不是由于没有进食，而是由于另一种需求没有得到满足而受过苦难。

最后，只有几只幼虫让我看见了挖掘得很整齐的出口。这些得天独厚的受惠者，当它们老熟后，有足够的力气钻通箱子。但是，当它们发现木头上面有令人厌恶的油灰时，就顽固地拒绝向前打洞，树胶障碍彻底把它们阻拦住了，它们不习惯到别处去尝试把自己解脱出来。在裸露的火山口外面，它们肯定会遇到果肉，果肉遭到厌恶的程度不亚于树胶。总之，在被我用巧计制服的幼虫中，没有一只发育良好，树胶围墙对它们来说是致命的。

这个结果使我不再迟疑不决，我大胆肯定，矗立在坑穴中央的锥体对隐居生活在果核里的幼虫是必不可少的，管道是一个通气烟囱。

当幼虫生活在一个如果不采取预防措施，空气的更新就会过于困难甚至不可能的环境中时，每种象虫都肯定拥有同外部保持联系的特殊技能。一般说来，一道裂缝、一条多少可以自由通行的通道和幼虫装饰的小窝，都足以使住宅空气流通。黑刺李象母亲自己也很注意卫生，它采用的方法巧妙得令人惊叹。关于这个问题，我们回想一下食粪虫的奇迹吧。

埃及圣甲虫把幼虫的圆形大面包塑成梨形，而西班牙粪蜣螂则把面包加工成卵形。这些面包的原料相同，十分紧密，像灰墁那样不透气。在这样的住宅里，呼吸肯定十分困难，但没有危险。我们来看看小梨的梨颈和卵形面包的上端，人们稍加思考，就会异常惊奇和赞叹。

在那里，而且只在那里，不再有不透水汽的黏糊；只有一种粗纤维塞子、一个密布小纤维的粗天鹅绒圆盘、一个宽松的毛毡小圆片，空气通过这块圆片流通，过滤器取代了密实的粪料。仅仅外貌就足以说明这个部位的功能。如果你还心存疑虑，我就来消除你的怀疑。

我把含有小纤维的圆盘涂上几层清漆，阻塞过滤管的孔洞，但不触动别的部分。当秋雨初降破壳而出的时期来临时，我砸碎小粪球，发现内部只有干燥的尸体。涂了清漆的小梨里的卵死了，它在母亲身体下面成了一块毫无生气的石卵，这只"小鸡"在胚胎期死去了。当起呼吸气窗作用的毛毡小片涂上漆时，圣甲虫、粪蜣螂等昆虫也同样死了。

使用渗透性的塞子，效果非常之好；这种方法在遥隔千里之外的食粪虫中也相当普及，亮丽亮蜣螂像普罗旺斯的食粪虫一样醉心于这种方法。

潘帕斯草原的另一个昆虫主人采用另一种方法，它加工的材料使它非如此不可。这位主人就是米隆亮蜣螂，陶瓷艺术家和猪肉饼大厨。它用细细的黏土制作中央放着一个圆形热馅饼的葫芦。葫芦是用死尸的脓血制作的，食用这些食物的幼虫在葫芦上层孵化，一块黏土隔墙把葫芦上层同粮仓分开。①

以后幼虫凿穿地板去吃冷肉馅饼时，先在上面的卧室，然后在下面的粮仓怎样呼吸呢？住宅是件陶器、一只砖坛，内壁有时有一指宽，空气穿过这样的围墙进入是绝对不可能的。米隆亮蜣螂母亲深知这一点，因此采取了预防措施。它循着葫芦颈部的轴心修建狭窄的通道，空气可以通过这条通道流通。很明显，这条很小的管道没有使用清漆或者其他物质来堵塞，是个通气的烟囱。

---

① 见卷六第五章。——校注

黑刺李象在它的果实上面临树胶侵害的威胁，因此在预防措施的精巧方面，超过了潘帕斯草原上的红案大厨。它在存放卵的部位竖起一个方尖碑，好似亮蜣螂的葫芦颈。为了供给卵空气，黑刺李象像昆虫陶瓷工那样，掏空乳突的轴心。黑刺李象和亮蜣螂的幼虫在开始阶段都不得不艰苦地钻削：一个雕刻果核；另一个钻通砖隔墙；而且，两者都到达了目的地，前者到达果仁，后者去到热馅饼食堂。它们都在身后留下一个圆形天窗，连接着母亲制作的通气管道，保证住宅与外部的空气流通。

对比不能继续下去，因为处于被树胶窒息的危险中的黑刺李象，技艺超过了在黏土罐子内处于安全状态的亮蜣螂。象虫不得不关心可怕的树胶，它可能会淹没它、窒息它。因此，象虫母亲首先竖起一个圆锥体的通气烟囱，树胶的外渗到达不了圆锥体的高度。然后，在果酱屏障的周围挖掘宽阔的壕沟，把渗出危险物质的内壁隔离在远处。如果喷进势头过猛，黏液就会堆积在火山口，而不会使呼吸孔口处于险境。

如果黑刺李象和那些长于防止窒息危险的专家，通过逐步从一种不太成功的方法，转到另一种比较令人满意的方法，学到技艺，如果它们的确自力更生，取得成功，那么，即使自尊心会因此受到伤害，我也毫不犹豫地承认，它们是能够教导我们的工程师。我大胆宣布：吻管短小的黑刺李象拥有发达的脑袋，是个了不起的发明家。

但是，你们不敢走到这一步，而宁愿求助于偶然的机遇。当问题可以用这样合乎理性的方法来解释时，求助于偶然则成了低级庸俗的办法，好似把字母表上的字母抛到空中，料想它们落下时会拼成诗句。

不徒劳无益地去理解迂回曲折的概念，而说："有种最高秩序统治着物质世界。"这样做多么简单，多么真实啊。这就是黑刺李象卑谦地向我肯定的。

第十四章 🪲 叶甲

我是圣多马①难于对付的弟子，在对某个现象说"是"以前，我要观察、实验，而且不是一次，是两三次，甚至没完没了，直到我的疑心在如山的铁证下冰释。是的，形态不能决定本能，装备不能把某种职业强加于人；继象虫之后，现在由叶甲来向我们证

百合花叶甲

实。我观察了三种叶甲，它们经常出现在荒石园里。在适宜的季节，每当我想要它们提供情况时，我不须寻找，它们就会出现在我面前。

第一种是百合花叶甲。既然拉丁文用词无视诚实公正的原则，我就用它的科学名称负泥虫来称呼它，但是，我不想转译，尤其不想重复，这个名称审慎的精神不允许我这样做。我从来就没有弄明白，在博物学中有什么必要用这样一个令人憎恶的词，来折磨某种美丽的花、某种优雅的动物。

的确，叶甲尽管受到专业词汇的粗暴对待，却是美丽可爱的。它形态匀称，不太粗胖，也不太细小，呈美丽的珊瑚红色，头和脚则乌黑发亮。春天，尽管有的人很少看百合花一眼，但人人都认识这种花卉。这个时节，花葶已经出现在绿叶的圆形花饰中央，一只鞘翅目昆虫停留在这株植物上。它身材中等偏小，身体朱红，类似西班牙蜡。你伸手向前去抓它，它马上胆战心惊，全身瘫痪，掉在

---

① 圣多马：耶稣十二门徒之一。据史书载他亲手触摸耶稣伤口后始相信耶稣已复活。后以圣多马喻亲自获得有关某事物之确切证据后始相信此事的人。——译注

地上。

我等待几天之后再去观察百合花，它已渐渐长大，开始露出花蕾，红色昆虫仍然在那里。不过，百合花的叶子已经被弄得残缺，好似一块破布，而且涂满暗绿色污物，就像传说中的一种巫术，将磨碎的叶到处撒布，撒得像溅起的泥浆。然而，这堆小污物在移动，慢慢前进。我抑制住厌恶的情绪，用麦秸尖剥开这堆小污物。露出一只淡橘黄色幼虫，肚子圆凸，十分难看。这就是百合花叶甲的幼虫。

我刚刚从这只虫子身上剥掉的法兰绒外衣，可能来源于这个恬不知耻的工厂主体内某个不可告人的地方。这件紧身上衣的确是用这只虫子的粪便制作的。百合花叶甲幼虫不用陈旧过时的方法朝下面排便，而是朝天拉屎，而且用背部收集肠子排出的残渣。粪便形成环形软圈，一圈紧贴一圈，慢慢地从尾部向头部扩展。雷沃米尔曾满意地描述过这件污物外衣怎样在倾斜面上滑动，从虫子的尾部向前延伸到脑袋。这些倾斜面是幼虫波浪形起伏的背脊。大师已经谈过这种含粪的机械，我就不用再重复。

我现在已经了解到百合花叶甲为什么得到负泥虫这个羞耻的名字，因为它的幼虫用自己的粪便为自己制作外衣，这个名字已经被搁在官方的档案文献里。

服装缝好，并且覆盖虫子的整个背部以后，制衣厂并未因此而停工，后面不时添加一条新褶边，前面的褶边便伸出身子外面，由于自身的重量而松脱掉下。粪衣不断修补、翻新，一端延长，另一端则破旧，切短。有时这堆布料过分厚重，整件衣服便掉到地上，露出赤身裸体的虫子。于是，乐善好施的肠子便立刻为它补救这个灾难。

　　或者由于放在缝纫机上的布料太宽，而使边料不断被切削落下，或者由于高低不平的地形使衣料部分或全部落下，负泥虫在所经之路上留下了一堆堆脏物，象征纯洁的百合花竟然变成了粪便的集中地。花叶被吃掉后，花葶被叶甲幼虫咬得伤痕累累，失去茎皮，只留下破烂的茎秆。百合花正在盛开，但也不能幸免于难，美丽的象牙酒杯变成了污秽的茅坑。

　　为非作歹之徒早早地就排泄污物，我想看看它开始时的情况，看看它污秽外衣的第一道褶边。它当过学徒吗？它最初干得很差吗？然后稍好些吗？这些我现在全都了解了。它没有见习期，没有笨拙的尝试，从一开始，它的技艺就娴熟完美，将排出的污物摆在尾部。

　　百合花叶甲5月产卵，卵产在叶子的背光面上，平均产3～6个短列。卵呈圆柱形，两端浑圆，鲜橙黄色，发亮，涂着一层黏性分泌物。这层分泌物将它紧贴在叶子上。卵孵化需要12天左右，孵化后，卵壳有些皱纹，但始终呈鲜艳的橙黄色，停留在原位不动。撇开略微干枯的外表，孵化后的卵壳完好如初。

　　新生的幼虫长1.5毫米，头和足呈黑色，身体的其余部分呈暗琥珀色，胸部第一个体节上有一条中间被截断的褐色肩带，第三个体节以后的身体两侧各有一个小黑点。这就是幼虫最初的模样。橙黄色的卵变成了琥珀色的幼虫。小虫胖乎乎的，用它的短爪，还有屁股紧贴着叶子。它的屁股起杠杆作用，将略为圆鼓的大肚子向前推进，它是个双腿残废者。

　　从同一个卵群孵出的每只小虫，很快就开始在自己卵壳的旁边进食。它们孤孤单单地在那里啃咬，在厚实的叶子上挖掘一个小洞，但注意不损害叶面的表皮，在叶面上留下一块半透明的地板，使它能够食用洞穴内壁而没有跌落的危险。

它们懒洋洋地挪动身子，寻觅几口更加美味的食物。我看见一些虫子盲目分散，在同一条沟里结成小群体，但从来没有像雷沃米尔叙述的那样排成一列，有节制地进食。共栖动物虽然同代，并且从同一卵群孵出，但在它们之间并没有什么次序，并没有什么协定，也不太关心节约。百合花多么慷慨大度啊！

小虫子的大肚皮鼓胀起来，肠子开始发挥功能。行啦，我看见它从肛门排出了第一个小球。小球像婴儿的粪便那样量少且呈流体。幼虫马上将小球有条不紊地放在身体后端。我听之任之，不到一天工夫，小虫就为自己缝好了一套衣服。

这个虫子艺术家是位时装设计大师。如果说它童年时代织造的莫列顿绒呢的质量已经极好，那么当它的技艺炉火纯青时，未来的宽袖长外套会是怎样的呢？我继续往下谈，关于这位粪衣工人的才能，我知道得相当多。

色彩鲜艳的绸上衣有什么好处呢？幼虫用它来保持身体凉爽，防止太阳照射吗？这是可能的，柔嫩的表皮上有这样柔软的糊剂就不必担心皲裂。幼虫想用它来使敌人灰心丧气吗？这也是可能的，谁敢啃咬污物堆呢？这只是一时的任性、稀奇古怪的心血来潮吗？我也不能说不是。

我们有过带撑架的衬裙，好似荒诞的钢圈防护罩，还有现在还存在的大礼帽，像坚硬的箍子紧紧裹住我们的脑袋。对这种昆虫拉屎者宽容些吧，不要非议它在穿衣戴帽方面的怪癖，我们也有我们的怪癖啊！

为了弄明白这个敏感的问题，我来问问百合花叶甲的亲密伙伴。在荒石园的碎石地上，我种了一畦芦笋。从烹饪角度看，从这块地里收获的庄稼，永远不能补偿我的操心。不过，我通过另一种方式得到了补偿。春天，在翠绿芦笋叶上，有两种叶甲大量繁衍，比比皆是。它们是田野叶甲和十二点叶甲。这是极好的意外收获，比芦笋更好。

田野叶甲

田野叶甲穿着三色服装，装饰也不少，蓝色的鞘翅外缘镶着白色带子，中部佩戴三个白色饰结；红色前胸点缀着一个蓝色圆盘。它的卵呈暗绿色，圆柱形，但不像百合花上的叶甲卵那样，躺卧成一条线，而是彼此隔离，一端竖立在芦笋叶、细枝、含苞未放的花上，处处都有，毫无秩序。

田野叶甲的幼虫虽然在露天，在养育它的植物叶子上生活，因此暴露在各种可能威胁百合花上的蠕虫的危险之下，却完全不了解用粪衣掩蔽自己的办法。它一生都光着身子，总是非常洁净。

田野叶甲的幼虫呈淡绿黄色，身体后部相当肥胖，前部逐渐变细。它的主要运动器官是肛门，肛门形成局部鼓泡，像灵活自如的手指那样弯曲，缠绕枝杈，支撑虫子，推它向前。真正的足很短，位置过于靠前。这些足能够单独拖动笨重的身躯，但十分艰难。它们的助手，肛门上的小指，十分有劲，当它在细枝间迁移时，幼虫没有别的支撑，便头朝下翻倒身子。这个双腿残缺者是走钢丝高手，一个技术娴熟的杂技演员。它不怕跌落，在枝杈上自由移动。

田野叶甲幼虫休息的姿势十分奇特，沉重的臀部搁在后足上，特别搁在肛门的钩形足趾上；身体前部抬起，弯得十分优雅；黑色脑袋竖得直直的，有些像蹲着的狮身人面像。在阳光下，在午睡和恬静的消化食物的时刻，这个姿势很常见。

这只赤身裸体的肥幼虫，在阳光朗照的日子里半睡半醒，很容易被捕获，遭劫掠。各种小飞虫身体短小，却十分狡诈，令人厌恶，它们常常飞到芦笋叶丛。田野叶甲幼虫摆出狮身人面像的姿势，一动不动，甚至当这些小飞虫在它的臀部上空嗡嗡叫时，它似乎也毫不理会。这些小飞虫像它们安静地玩耍时那样不伤害人吗？非常可疑。这种长着双翅的贱民，不仅吮吸植物微微渗出的汁液，它们还是为非作歹的行家，毫无疑问还追逐其他目标。的确，在大部分田野叶甲幼虫的身上，一些像白色瓷器那样白的小点牢牢地贴在它们皮肤上。这是匪徒产的卵吗？

我收集身上有白色污点的田野叶甲幼虫，把它们监禁起来喂养。一个月后，将近6月中，幼虫萎缩干瘪，身体起了皱纹，转变为褐色，只剩下干燥的皮壳。皮壳的一端裂开一条缝，露出一只双翅目昆虫的蛹。几天以后，寄生虫羽化了。

这是一只浅灰色小飞虫，身上稀稀疏疏地竖着粗糙的纤毛。它的身体大小不到家蝇的一半，与家蝇有些相像，但它属于弥寄蝇。弥寄蝇在幼虫时，经常寄生在各种幼虫体内。撒布在田野叶甲幼虫身上的白点，是令人憎恨的弥寄蝇产的卵。从这些卵里孵出的寄生虫，将穿破病幼虫的肚子。它们通过微小的、不怎么痛苦的、几乎立刻愈合的伤口钻进病幼虫体内，进入浸泡内脏的体液中。受害者最初并没有受到什么损伤，继续在钢丝上做体操、在草场上饱餐、在阳光下睡午觉，似乎什么严重的事件也没有发生过。

我饲养在玻璃管里的田野叶甲幼虫，身上有寄生虫的幼虫。我常常用放大镜探查，并没有发现它们有任何忐忑不安。弥寄蝇的子孙多么恶毒而又不露声色啊！在身体变态之前，寄主必然会继续生存，而且始终精神饱满、充满活力。因此，它们贪得无厌地吞食幼虫储备的脂肪。当幼虫的形态改变时，形态完整的弥寄蝇行将诞生。寄生虫专挑不会妨碍田野叶甲幼虫生存的身体组织，不去触碰危及生命的器官。如果咬伤这些器官，寄主就会死亡，它们也必然死亡。将近老熟时，谨慎和含蓄就不再必要，它们于是把被剥削者的身体彻底掏空，只剩下一张皮，而这张皮以后还将充作它们的掩蔽所。

在这种野蛮残忍的盛宴里，我也有丝丝的满足，弥寄蝇得到了报应，轮到它们被严酷地清除。在田野叶甲幼虫的身上有多少只弥寄蝇呢？或许八只、十只，或许更多。然而，只有一只小飞虫，而且始终只有一只，从受害者体内出来；因为受害者的身体太小，不够养活几只小飞虫。其他那些怎样了呢？在可怜的受害者的肚子里，这些小飞虫之间发生过战斗吗？它们互相吞食，只让最强壮者，或者让在斗争中最幸运者幸存吗？或者某个先到一步，成了寄主体内的主人，其他的则宁肯死在外面，也不钻进已被占领的幼虫体内吗？只要在幼虫体内有两条虫，就会发生饥馑，我认为原因应该是这些小飞虫互相残杀。同类的肉或者异类的肉，麇集在田野叶甲幼虫肚里的寄生虫的獠牙下，毫无区别。

不管强盗之间的竞争多么激烈，寄生种族是不会灭绝的。我检查芦笋地里的那一大群田野叶甲幼虫，大多数幼虫暗绿色的皮上有弥寄蝇的卵。细小的白色污点清晰可见，表明叶甲幼虫的肚子肯定已经受到侵害或者即将受到侵害。如果田野叶甲幼虫身上没有污点，则不能肯定它们的肚子是处于何种状态。为非作歹的家伙在植物的绿色彩斑上不断转悠，等待良机。只要小飞虫活动的季节还在继续，很多今天还没有白斑的幼虫，明天或者后天就会标上这种白斑。

　　我估计这一大群幼虫绝大多数最终都会受到侵害，我饲养的幼虫能提供足够的证据。当钟形网罩下住满昆虫时，如果我不细心选择，随便收集住满田野叶甲幼虫的枝杈，我就很少能够得到成年叶甲。它们几乎全都蜕变为一大群小飞虫。

　　如果我们能有效地防止昆虫，我就会对任何方法都不抱幻想，而劝芦笋种植者求助于弥寄蝇。这个昆虫助手独有的癖好，使我们在恶性循环中转圈。药物防止疾病，但是，对药物来说，疾病又是必不可少的。为了摆脱芦笋的蹂躏者，需要大量弥寄蝇，要得到大量弥寄蝇，首先必须有芦笋的大量蹂躏者。自然的天平会在总体上将事物平衡。如果田野叶甲大量繁殖，就会突然产生不可胜数的小飞虫来减少它们。如果前者日益罕见，后者数量也会减少，但始终蓄势待发，以制止另一方再度繁衍，数量过大。

　　百合花叶甲幼虫穿着厚厚的污物大衣，逃脱了芦笋上的同行命定的苦难。如果你脱掉它那色彩鲜艳的绸上衣，你永远不会在它的皮上找到可怕的白色污点。这种预防手段非常有效。

　　难道不能找到另一种巧妙的防御办法吗？它既可防止弥寄蝇的侵害，又不求助于令人憎恶的污物。方法是有的，只须居住在不必担忧双翅目昆虫产卵的庇护所里就行。这正是十二点叶甲的方法。十二点叶甲同田野叶甲杂居生活，但它体形稍大，服装呈铁红色，鞘翅上对称地点缀着十二个黑点。

十二点叶甲

　　十二点叶甲的卵呈深橄榄绿色，圆柱形，一端尖，另一端圆钝，很像田野叶甲的卵，而且放置的方式也一样，用圆钝的一端竖立在支撑面上。如果没有居住地做指南，人们很容易把这两种卵弄错。田野叶甲把卵固定在细枝杈的叶子上，十二点叶甲则把卵安放在未成熟的果子上，这些果子是豌豆大的小球。

刚孵出的小虫为自己开辟狭窄的通道，钻进果子。它以果肉为食。因为口粮份额不够，每个小球上只有一条幼虫，没有第二条。然而，我却多次看见同一个果子上有两枚、三枚、四枚卵。第一条孵出的幼虫得天独厚，成了小球的主人。不过，它心胸狭窄，不能容忍异己，它将会弄死任何在它旁边的就食者。残酷无情的竞争，随时随地都可能发生。

十二点叶甲幼虫的身体呈暗白色，胸部第一个体节披着不连贯的黑色肩带。这种深居简出的昆虫没有田野叶甲那种在芦笋叶子上吃食的杂技才能。它不会用臀部抓牢，无法将臀部转成能够缠绕和紧抱的指头。它在自己的小球里要这种能力来干什么呢？它喜欢睡眠，这注定它会因不四处走动寻食而肥胖起来。在同一个族群里，每条虫都根据未来的生活方式而获得自己的天赋。

受到侵害的果子很快就掉到地上，随着果肉被耗光，一天天失去绿色，最后变成美丽的半透明小球。那些没有受伤的果子则在植物上成熟，并染上浓艳的红色。十二点叶甲幼虫在小球的皮下，再也找不到可吃的东西，于是钻破圆球，下降到地上，弥寄蝇饶恕了它。那半透明的小球，好似百合花叶甲污秽的艳丽绸上衣，而且，它硬如皮草，也许比绸上衣更好，它因此得救了。

第十五章 🐞 叶甲（续）

十二点叶甲在半透明小球中得救了。真的得救了吗？唉，我刚才使用的这个讨厌的说法啊！世界上有什么人能自认可以逃脱榨取者吗？

将近7月中，这正是十二点叶甲以成虫形态从地下爬上地面的时期。从我饲养叶甲幼虫的短颈广口瓶，飞出一大群蓝黑色小蜂，它们纤细，漂亮，产卵管不明显。这种低贱的昆虫有什么正式名称吗？昆虫分类者把它登记了吗？我不知道，也不大关心。我最想了解的是芦笋上的隐居所。当这个隐居所被十二点叶甲的幼虫掏空，不再具有保护作用时，它成了半透明的球。弥寄蝇这种小飞虫独自将受害者汲干榨尽，它们有时也成群结队，一群二十多只，来榨取十二点叶甲幼虫。

当一切都似乎预示叶甲幼虫生活安宁的时候，一个矮子中的矮子出现了，它被特意指派来消灭最初受到果子的小盒子保护，然后又受到幼虫在地下造的蛹室保护的昆虫。吃十二点叶甲是它生存的理由，它的职能。它在何时、怎样进行呢？我可不知道。

它为自己扮演的角色感到自豪，并且觉得生活甜蜜，它摆动触角，还像枪托那样转动，它碰擦跗节，刷擦肚子，表示心满意足。不过，我很少看见它。它受托进行消灭活动，是个冷酷无情地消灭生命、人群和葡萄的压榨机的齿轮。

肚子的专制暴虐使世界成了匪窟，进食就是杀戮。被杀戮夺走的生命在胃的蒸馏器里经过蒸馏，变成后天再制的生命。一切都重新熔炼，一切都在死亡这个贪得无厌的熔炉中重新开始。

从吃的观点看，人是头号强盗，人耗食生存的和可能生存的一切。这时我想起小麦种子，它们只要求发芽，在阳光下呈现出绿色，长出茎秆，结出麦穗。

我想到了鸡蛋，如果把它们和平地交给母鸡，它们就会发出小鸡的轻柔啾鸣，可是，它们为了使我们活着而死亡。我想到了牛、羊和家禽的肉，多么可怕啊，它们散发出血腥的气味，简直就是屠杀！如果人们想到这些，就不敢坐下吃饭，饭桌是残酷的祭坛。

我只举最温和的动物燕子为例。它独自飞翔，一天下来便要毁灭多少生命啊！从早到晚，它吞食在灿烂的阳光下欢乐地跳舞的大蚊虫、家蚊、小飞虫。它像箭一样迅速飞过，这些舞蹈者便大量死亡。它们死亡了，然后落在一窝雏鸟的贝壳似的喙下，成为令人悲叹的残渣，成为草坪上的鸟粪。在动物中，只要存在着大小区别，情况就都是这样。永恒的屠杀使生命的波涛绵延不绝，永远存在。

思想家对这些屠杀感到十分悲痛，开始梦想把我们从恐怖的弱肉强食中解救出来。这种天真无邪的理想，正如我们可怜的本性能够隐约地瞥见到的那样，并不是不可能的事。对我们大家，也就是对人和虫来说，这种理想部分实现了。

呼吸是最紧迫的需求。在咬面包之前，我们必须靠空气维持生命。以空气维生是自然而然的，不需要激烈的斗争，不需要耗时费力的劳动，几乎在不知不觉中就完成了。我们获取空气不需要武装自己，不需要使用抢劫、暴力、欺诈、谈判、拼命劳动等手段。至高无上的生命要素自动地来到我们身上，浸透我们，激励我们，每个人都无须忧虑，都有自己宽裕的一份。

更完美的是，空气是不付分文的，而且，只要一贯精明的税务部门还没有发明分配空气的龙头，以及将按活塞使用次数收费的空气钟形罩，就会永远取之不尽。我希望免去这样的科学进步，这种进步将是我们的不幸，将是人类的末日。缴纳空气税将杀死纳税人。

化学科技在欢快的岁月里向我们允诺，将来会有一种浓缩食物精华的药丸。这些高科技的药物，不会终止这样一个愿望：拥有一个耗费不比肺更大的胃；进食就像呼吸一样。

植物知道部分秘密，它和平地在大气中吸取二氧化碳。在大气中，每片叶子都浸透生长和变绿所必需的物质。植物不需要任何活动，因此，它的生命清白纯净，无可指责。动物需要活动，活动需要异常辛辣的香料，而香料必须通过斗争夺取。动物活动，于是进行屠杀。人或许具有已知的头等智慧，但并没有更大的贡献。人和野兽同样顺从胃的管制，胃是进行活动无法抗拒的动力来源。

然而，我在哪里陷入了迷思呢？一个个有生命的小点在叶甲幼虫的大肚子里乱蹦乱动，向我们显示生命的掠夺。这个小点多么精通灭绝者的职业啊！叶甲枉费心机，避在一个无法袭取的箱子里面。它的刽子手把身体减缩得很小，最终触到了叶甲的身体。

可怜的叶甲幼虫，你摆出吓唬人的狮身人面像的姿态停留在枝杈上，躲藏在神秘的匣子里，穿上粪便盔甲。在残酷无情的搏斗中，你也不会因此而免于死亡。总会有一些天敌，变换狡诈手段，变换身材大小，变换器械工具，把它们那致人死命的生殖胚胎夹塞到你的身体内。

百合花的主人，百合花叶甲，虽然使用污秽的方法，也不能受到保护、安全无虞。它的幼虫往往是其他寄生蝇的掠夺物。这种寄生蝇并不比田野叶甲的弥寄蝇粗大。我相信，只要受害者覆盖着令人憎恶的艳丽绸上衣，寄生虫就不会在它身上产卵。但是，受害者一时的疏忽就会向它提供良机。

当埋藏在地下准备变态的时刻来临时，叶甲幼虫就脱去外衣。它这样做或许是为了从植物上下来时将身子变轻，或许是为了在阳光朗照下享受日光。它一直盖在潮湿的被子里，直到现在还没享受过日光浴哩。赤身裸体在叶子上散步，是幼虫一生中最后的欢乐，可对漫游者来说却是致命的。寄生蝇突然飞来，它找到一块干净、丰满、发出亮光的皮，就赶紧把卵紧紧贴放上去。

叶甲幼虫提供的情况，同我的预见是吻合的。最招惹寄生虫的是田野叶甲，它的幼虫在露天生活，得不到任何遮护。其次是十二点叶甲，它幼小时在芦笋的果子里定居。得天独厚的是百合花叶甲幼虫，它穿着粪便做成的宽袖长外衣。

现在我再来观察因为形体非常相像，而被认为出自同一模子的三种叶甲，它们的服装没有什么不同，身材也没有什么不同，真不知道该怎样区别它们。可是，一模一样的形态却伴随着迥然不同的本能。

弄脏自己背部的拉屎者不可能启发退隐在干净的小球内的隐士。芦笋果实上的居民没有劝告田野叶甲，不要餐风宿露，不要在叶子上像杂技演员那样游荡。在三种叶甲之中，没有一种向其他两种传授风俗风尚。在我看来，这些都一目了然，如果它们有共同的始祖，又怎样获得这样不相一致的才能呢？

此外，这些才能是逐步发展变化的吗？百合花叶甲能够告诉我们。我承认，它的幼虫受到寄生蝇的烦扰，因此决定在背部开一道含粪的狭长切口。它没有明确的目的，只是偶然地让肠子里的废物流到背上。干净的飞虫面对这堆污物犹豫不决，不敢靠拢。天长日久，狡黠的幼虫终于明白，它可以从稠厚的粪糊中得到好处。这种最初并非预谋制造的污物谨慎地变成了它的便服。

星移斗转，经历几个世纪，它们取得了一个又一个成就，用粪便制作的艳丽绸上衣，从身体后部延伸到前部，直至额头，这是不言而喻的。百合花叶甲幼虫对这种防范方法感到满意，蔑视衣服外面的寄生虫，便把偶然的排粪行为定为严格的法律，并忠实地把令人厌恶的制服代代相传。

直到那时，情况都不错。可是现在，事情却复杂起来。如果百合花叶甲幼虫的确是粪衣的发明者，如果它发现隐藏在污物下面有好处，我就要求它能够聪明地让它的奸计持续到把自己埋藏起来为止。但是，它早早地提前脱掉衣服，光着身子游荡。它在叶丛中呼吸新鲜空气，而这时它那圆鼓鼓的大肚皮，比任何时候都更诱惑双翅目昆虫。它最后一刻，把几个世纪学习来的谨慎精神，全都抛到了九霄云外。

这种突然的转变，这种面临危险安之若素的态度，对我们表明："百合花叶甲幼虫什么也没有忘记，因为它什么也没有学到，什么也没有发明。在本能和天性的分配中，它得到的那一份是色彩鲜艳的绸上衣。它在利用这件色彩鲜艳的绸上衣的好处的同时，并不知道这件衣服的价值何在。它没有一步一步、由浅入深地来获得知识经验，而是在最危险、最能够使它产生怀疑的时刻，突然停止不前。"

然而，我们不要匆匆忙忙认为，粪便衣服有独一无二的防御寄生虫的作用。百合花上的幼虫在哪方面比芦笋上的幼虫更有天赋，人们还不十分清楚。后者没有任何防身本领，或许前者的繁殖力较弱，它才需要一种保护种族的技能，作为对贫瘠的卵巢的补偿。也没有任何情况表明，柔软的外衣同时也是保护过分敏感的表皮，不受烈日照射的掩蔽体。如果这仅仅是简单的装饰品，是幼虫的小巧玲珑的褶带，就不会令人感到惊讶。昆虫具有不能用我们的喜好去加以评价的喜好，我只能用怀疑来做结论。

百合花叶甲幼虫老熟后就离开百合花，浅藏在植物的根部。这时，5月没有结束。它用额头和臀部向后推压泥土，营建一个豌豆大的圆窝。为了把小窝筑成一个不会倒塌的空心圆球物，它还得用很快同泥砂凝结的黏胶浸湿内壁。

为了观察幼虫加固内壁，我挖出一些尚未竣工的小屋，开凿一个让我能够观察幼虫劳动的洞口。这位隐士刚好在窗子边，从嘴里吐出一股充满泡沫的喷流，就像搅打的蛋白一样。它分泌唾液，大量喷吐，然后把泡沫放在缺口边沿。喷出几口泡沫后，窗口就封好了。

在另一些幼虫下到地里的时刻，我收集了几只，把它们安置在玻璃试管里，用几张细纸片作为它们的支撑点。试管里，除了虫子的唾沫和零星的碎纸屑外，不再有沙土，不再有建筑材料。在这种环境中，圆形小屋可能存在吗？

是的，它可能存在，并且没有什么巨大困难。幼虫部分倚靠在玻璃上，部分倚靠在纸片上，开始在自己周围分泌唾液，吐出大量泡沫。一连干了几个小时后，它就消失在一个牢固的壳中。这只壳洁白如雪，布满细孔，好像一个圆鼓鼓的蛋白质小球。幼虫为了把沙土粘成丸形窝巢，便使用一种起泡沫的蛋白质材料。

现在我剖开一只会筑蛹室的幼虫，在它那长而软的食道周围，没有唾液腺，没有丝管。因此，起泡沫的黏胶既不是丝，也不是唾液。不过，它的嗉囊十分惹人注目，体积异常庞大，鼓胀起不规则的凸纹，非常难看。嗉囊里充满了无色的黏性流体，这肯定就是泡沫的来源，就是黏合沙粒修筑圆球的材料。

当身体变态的时刻来临时，中肠不再需要像消化实验室那样运转，于是便充作昆虫的工厂和各种不同用途的仓库。西芫菁在那里积存尿的残余，天牛在那里堆放修筑蛹室入口的石围墙的白垩糊，幼虫在那里储备粉尘和用来加固茧的胶液，膜翅目昆虫在那里汲取像丝质小屋内糊墙纸用的清漆。现在百合花叶甲把中肠用作储存泡沫黏胶的仓库。这个消化囊袋是个多么令人满意的器官啊！

芦笋上的两种叶甲同样是能干的泡沫生产者。在建筑工程方面，它们是百合花上的同伴当之无愧的对手，三种叶甲的地下球体建筑，形状和结构都相同。

当百合花叶甲在地下停留两个月，以成虫形态再回到地面时，要想把它的历史补充完全，就有个植物学的问题尚待解决。这时正值酷暑，百合花已经凋谢，春天那株枝叶密茂、华美壮丽的植物已经枯萎，片叶不存，茎上只留下几只凋零的破囊袋。然而，鳞茎还保存着生命，它暂停生长，等待将再使它充满生机、绿叶满枝的连绵秋雨。

在十分珍贵的青枝绿叶重返大地之前，叶甲夏天怎样生活呢？它在盛夏时节不吃不喝吗？如果戒绝饮食是它在植物短缺季节的生活规律，那么，它为什么要抛弃可安静地小睡、不用吃喝的蛹室呢？这是在鞘翅染上朱红色，就把它从地下赶出，来到阳光下进食的需求吗？这是很可能的。那么，我们就进一步去了解吧！

我找到一些还呈绿色的百合花梗，用来喂养短颈广口瓶里的囚犯。它们从沙土里出来两天了，它们吃得津津有味。胃具有很强的决定性，绿色的花梗被吃得直到裸露出木质，顷刻之间，供给这些饥肠辘辘的家伙的食物，就一点都没有剩下了。我认识所有的百合花，本土的或者外来的，比如头巾百合花、虎斑百合花以及其他合它们口味的百合花。我不是不知道王冠贝母和波斯贝母，它们也同样乐意接受，然而，这些美丽娇弱的植物却拒绝荒石园的盛情好意，不愿在石子地里生长。那些我可能种植的这类植物，现在也像百合花一样凋零，什么绿色的部分都没有剩下。

在植物学领域内，百合花涵盖百合花科的所有植物，普通的百合花是这个科的首领，在万般无奈之下，谁以百合花维生就应该接受同一族群的其他植物。不过，这只是我的看法，不是叶甲的看法，它比我精通植物的效能。

百合科分为三类：百合花、阿福花和芦笋。阿福花中没有什么适合那些饥饿的虫子食用，这些虫子在其中两种植物上，因营养不足、极度衰弱而死亡。荒石园里微薄的资源，我能够用于实验的只有以下几种：萱草、大蒜、虎眼万年青、绵枣儿、风信子、麝香兰等等。叶甲极度轻蔑阿福花是完全有理由的。对昆虫的意见不应该不予理睬，不屑一顾。它告诉我们，进一步区分阿福花系列同百合花系列，人们处理事情将更合乎情理。

在百合花中位居首位的是古典百合花，它是叶甲最喜爱的植物。其次是其他各种百合花和贝母，它们也差不多同样深受欢迎。最后是郁金香，过分提前的生长季节使我无法让叶甲品尝这种植物。

芦笋使我十分惊讶，红叶甲啃咬芦笋叶，但态度倨傲不屑。芦笋是田野叶甲和十二点叶甲特别喜爱的菜肴，红叶甲却有滋有味地饱餐铃兰、多花黄精。对任何没有受过植物分类学训练，不具有专业眼光的人来说，这两种植物同百合花有天壤之别。

红叶甲就比较内行，它吃一种味道苦涩的野生藤本植物菝葜时，显得胃口很好，心满意足。这种植物借助卷须缠在篱笆上，在秋末冬初结出一串串漂亮的红色小浆果。这些浆果是圣诞节耶稣降生的马槽的装饰品。对红叶甲来说，苗壮的老叶太坚硬，无法啃咬，它需要新叶的嫩尖。我准备了不同的食物，既用粗糙味涩的荆棘叶，也用百合花饲养它。

　　红叶甲接受菝葜，使我对枸骨叶冬青有了信心。冬青是另一种质地粗糙、难以下咽的小灌木。由于它青葱翠绿、果实红艳，酷似大粒珊瑚珠子，而被收纳助添圣诞节的欢乐。为了不用太硬的叶子使我饲养的消耗者反感，我选择了刚发芽的嫩叶，子芽还悬挂在圆圆的种子上，十分滋养。可是，我失败了，我饲养的红叶甲十分固执，拒不食用枸骨叶冬青。我原来认为叶甲愿意吃菝葜，我可以指望这种植物。

　　我们有我们的植物学，叶甲也有它的植物学。它的植物学在鉴定植物的姻亲关系和相似性方面，比我们的植物学更加深入透彻、洞察入微。它的范畴包括两个很自然的系列——百合花和菝葜，后者由于科学的进步变成了菝葜科。在这两个系列中，叶甲的植物学范畴承认属于多数的某些品种（属），拒绝其他品种。这些不被承认的品种，在分类之前或许需要复查修订。

　　对菝葜的主要代表之一芦笋情有独钟，是另外两种叶甲的特性。这两种叶甲是芦笋田的狂热开发者，我也常常在野生芦笋上找到它们。野生芦笋是粗糙苦涩的小灌木，枝茎很长，容易弯曲，细权很多。普罗旺斯的葡萄果农称它为"鲁米厄"，用它来制作葡萄酒酿造槽龙头前面的过滤器，以阻止榨渣堵塞出口。除了这两种植物外，这两种叶甲对任何植物都拒之于千里之外。即使在7月，当它们饥肠辘辘，重新从地下回到地面时也是这样。身体变态期内长期戒绝饮食，它们的肚肠已空空如也。第四种叶甲也生活在野芦笋上，它在叶甲中体形最小，性格倨傲。我对它的生活习性了解不够充分，无法更详细地叙述它的情况。

这些植物学的详情细节告诉我们，叶甲早熟，在盛夏孵出，不必担心受饥挨饿。百合花叶甲如果再找不到喜爱的植物，可以食用多花黄精和菝葜或者铃兰。而且，我毫不怀疑，它还可以食用同科的其他植物。其他三种叶甲更加幸运，它们的食用植物亭亭玉立，直至秋末冬初，始终绿叶满枝。野生芦笋本身耐得住冰雪严寒，终年茁壮，长势旺盛，因此，迟来的食物资源也就不必要了。在夏季短暂的欢乐之后，各种不同的叶甲前往它们的冬季营地，把自己埋在枯叶下面准备越冬。

第十六章 🐜 牧草沫蝉

4月，当燕子和杜鹃飞来的时候，我去到田野，像专心致志于研究昆虫的观察家那样，把目光投向地面。这时，我肯定会在牧场上，到处都看到一小堆的白色涎沫。开始，我很自然地认为这是从过路人嘴里吐出的唾沫；然而，这些白色涎沫数量太大，我很快就放弃了这种看法。人的唾沫永远不够这样耗费，即使一个游手好闲的家伙，幼稚无知而又令人厌恶地恶作剧，也没有这么多的唾液。

北方农民一方面承认人与这个现象风马牛不相及，一方面却又不放弃表象强迫人接受的名称。他们把这种稀奇古怪的絮团叫作"杜鹃唾沫"，以纪念那只用歌声报春的鸟儿。据说，这种欢乐的候鸟不适应筑巢的辛劳，在飞行中总会注意观察其他鸟儿的窝，以便在找到安置自己的卵的鸟窝时，盲目地吐出唾沫。

让人信服杜鹃唾液的效力，做这种解释的人思想多么贫乏啊。至于另一个名称——"青蛙唾液"，就更糟糕。善良的人啊，青蛙和它们的唾沫来这里干什么呢？

普罗旺斯的农民更加机灵，他们也知道这种春天的泡沫，但注意避免给它一个荒谬怪诞的名称。我的农民邻居在被问到青蛙唾沫和杜鹃唾沫时，莞尔而笑，只把这些话当成不当的玩笑。当我问及这种东西的性质时，他们回答说："我们不知道。"好极啦，就像我喜欢他们那样，这可是个好答复，是个一点没有被稀奇古怪的解释弄得晦涩难懂的答复。

想知道谁真正吐这些唾沫吗？那我们得用根麦秸在泡沫堆里去

搜寻。我们会从中发现一只淡黄的小虫子，圆凸，粗短，好像没有翅膀的蝉。这就是制作泡沫的昆虫工人。

把这只昆虫放在一张叶子上，它就从下向上摇动，挥动略呈圆形的大肚子尖，露出一部奇妙的机器，我们马上就会看见它运转。这只小小的昆虫稍稍长大后，总是在自己泡沫的掩护下干活，渐渐长大，把身体染绿，不发达的翅膀像腰带那样紧紧贴在身体两侧。它在干活时，一根钻头，一个类似蝉喙的喙，从圆钝形脑袋上突出来。

牧草沫蝉

这的确是一只个子缩得很小、具有成虫形态的蝉，因此昆虫学家才得以不受琐碎名称的束缚，直截了当地把它叫作蝉，人们曾经用讨厌的"白沫"取代悦耳动听的蝉。它的正式学名为"唾沫携带者"，人的耳朵没有从这个名称改进中得到什么。我们就用沫蝉这个名称吧，因为它尊重耳朵的鼓膜而又不重复"白沫"这个词。

我查阅了几本关于沫蝉习性的书，这些书告诉我，沫蝉刺戳植物，让植物的液汁像起泡沫的雪花片那样渗出，它就在泡沫的掩蔽下，生活在荫凉之中。资料最丰富、最新编辑的书告诉我：必须天一亮就起床巡视沫蝉生活的作物，收集所有布满泡沫的细枝，立刻把它浸泡在水烧得滚烫的锅里。

啊，我可怜的沫蝉，你可要当心啦。不过，那个渊博的人不会太过分、太不留情的。我看见他黎明前起身，点上装有轮子的炉子，让这个可怕的火神在苜蓿、三叶草和豌豆中巡游，就地用沸腾滚烫的水浸泡你，他有些活要干呢。我记得有一方块岩黄芪，几乎每根小枝上都有白沫的小絮片。如果必须求助于锅，那么同样有效的方法会把什么都收割掉，把收获物变成汤药。

　　为什么会有这些野蛮残忍的行为呢？小巧玲珑的牧草沫蝉，你对收获物来说太可怕了，人们责怪你把受你侵害的植物吸干耗尽。我的天，这可是千真万确的呀。你把植物吸干，几乎就像虱子对狗那样。但是，你知道得很清楚，寓言作家说过，碰触别人的一草一木，就是罪恶滔天，这种罪行只有用沸腾滚烫的水刑才能抵偿。

　　把农业昆虫学和它的灭绝言论撇在一边吧，如果听信农业昆虫学的话，昆虫就没有活的权利了。我不能像那些恶霸那样，为了一颗生虫的李子就渴望进行屠杀。我自觉自愿地、宽宏大量地把我的几行蚕豆和豌豆交给牧草沫蝉，它会留下我应得的一份。对此我深信不疑。

　　在才能、在独特的发明创造方面，卑贱者并不是最贫困的。独特的发明创造能够告诉我们本能无穷无尽的多样性，特别是牧草沫蝉，它有它制作汽水似的液汁的方法。我们问问它，它用什么方法使它的产品冒出泡沫，因为关于沸腾的锅子和杜鹃唾液的书对此都只字不提，而这个问题却是唯一值得历史记载的。

　　盖满泡沫的唾液堆，大小不超过一颗榛子。即使沫蝉已不再在那里干活，它也因为久不消散而惹人注目。这堆泡沫失去了泡沫工人，没有谁去维护它，它被置放在玻璃上，也不会蒸发消失，即使24小时后也不见气泡破灭。同肥皂泡沫消散之迅速相比，它的稳固令人吃惊。

　　对沫蝉来说，泡沫堆可以长时间保存是必不可少的。如果它制造的只是普通泡沫，它就得不停地更新产品，把自己弄得筋疲力尽。泡沫小屋一旦建好，沫蝉就休息一些时间，而不关心诸如饮水、发育成长等事情。变成泡沫的汁液有一定的黏性，适宜长期保存。它有点稠腻，像溶解的树胶那样，用手指摸起来发黏。

气泡小而规则整齐，大小相同，可以看出，一个个都经过了严格认真的测定。人们猜测沫蝉有根测量体积的量管，就像我们的配药室里的装备那样，沫蝉必定有属于它的滴管。

孤零零一只沫蝉通常蹲在泡沫里，不见踪影。有时有两三只或者更多沫蝉生活在一起，这是偶然的群居，是毗邻而居的结果。邻居关系使独门小院合并为共同的大厦。

我借助放大镜去跟踪牧草沫蝉劳动的方法和步骤。牧草沫蝉把口针插进树叶里，六只足固定后就一动不动，腹部平放在它选定的树叶上。我看见从井坑口喷涌出泡沫状的汁液来。牧草沫蝉的柳叶刀就像蝉的柳叶刀那样，轮番升起和下降，互相碰触，使渗出的液汁产生泡沫。泡沫似乎从被刺的伤口流出时已经制备完善。牧草沫蝉的生活史似乎让我们可以这样推测。

但是，我们大错特错了，实际情况巧妙得多。从井坑里渗出的是一种清澈透明的液体，就像露珠一样没有任何泡沫痕迹。蝉装备着同样的工具，使饮水井喷涌出一股清澈的汁液，里面没有半点泡沫。小小的牧草沫蝉的口器尽管刺吸流体十分灵巧，但同气泡的制作却不相干。喙只提供原料，另一种工具加工泡沫。这是什么工具？耐下性子来吧，我们以后会知道的。

清澈的汁液难以觉察地上升，并且在牧草沫蝉身下滑动。当牧草沫蝉的身子被淹没一半时，它立刻开始加工泡沫，毫不拖延。我们让蛋白产生泡沫有两种办法：第一种是搅拌，把黏性汁液搅打得细碎，使它在一张细胞网中注满空气。第二种是注气法，通过气泡把空气注入液体内部。在两种方法中，第二种更加和缓、简单，牧草沫蝉使用的就是这种方法，它吹注它的泡沫。

　　但是，它怎样吹注呢？牧草沫蝉没有任何与输送空气的肺类似的器械。用气管呼吸和像风箱那样运转是两种不可调和的动作。我同意这种看法。我相信，如果牧草沫蝉需要喷射空气，那么肯定会精巧地设计出鼓风机。在牧草沫蝉的腹尖，在肠子的末端，有一只小袋子，袋子的两片唇瓣合拢成密封的围墙，现在它长长地裂开成Y字形，轮番半开、半闭。

　　谈完这些，我再来跟踪观察牧草沫蝉的劳动情况。它把腹尖抬升到浸没它的液体之外，打开囊袋，吸入空气，充满空气，再关闭起来下沉。鼓风机收缩在汁液中，受到挤压的空气像从喷管里喷出那样，产生第一个泡沫。输送空气的囊袋再升到空中，半开，再充满空气，再关闭下降，再下沉注气，于是又形成新的泡沫。鼓风机就这样像秒表一样有规律地从下向上摆动，以便打开气门充气；从上向下摆动，以便再钻入液体中灌注空气。

　　尤利西斯①受到众神喜爱，风神埃俄罗斯②给了他一只囚禁风的羊皮袋子。船员们想了解袋子里装着什么，冒冒失失把它解开，于是引发了一场暴风雨，船队在这场灾难中沉没。神话中的羊皮袋子灌满了风，我在孩提时代曾经见过。

　　一个流浪的冶金工人，加拉布尔③的子弟，在两块石头之间安放一只坩埚，熔化一只有盖的大汤碗和一些锡盘子。旷野里的风神埃俄罗斯，是个棕发小孩。这个孩子蹲在地上，左边一下，右边一下，轮番推动两只山羊皮袋子，把空气灌进炉灶里。史前的古代铸

----

①　尤利西斯：古希腊史诗《奥德赛》中的英雄。——译注
②　埃俄罗斯：希腊神话中的人物，风神。他在诗歌中的形象是：手执风标，端坐悬崖巅，下面是藏风的山洞。——校注
③　加拉布尔：意大利南部的一个行政区。——校注

铜工想必就是这样操作的。我在我家附近的丘陵上找到过这样的作坊和炼铜的残渣，冶金工人用充满气体的皮囊让炉火熊熊燃烧。

我的埃俄罗斯鼓风袋简单稚拙，主要材料是一块毛茸茸的山羊皮，羊皮袋子有根导管，下部打结，上面开口，并且装备着两块小板。两块小板是袋子的唇瓣，靠得很近，将在关键时刻发挥作用。僵硬的唇瓣下装有一个皮柄，手指就通过这个皮柄操作唇瓣。手上升，袋子微微打开唇瓣，充满空气。手降下，袋子合上两块小板，关闭起来，通过导管挤压出空气。袋子交替打开、关闭，于是产生了一股连续的气流。

牧草沫蝉的鼓风机，像加拉布尔冶金工人的风箱那样，也能产生连续的气流。它的风箱是一只柔韧的小袋子，有僵硬的唇瓣，唇瓣轮番张开、合拢，微微张开时让空气进入，关闭起来则阻留住空气。沫蝉靠尾部内壁给鼓风机加压，在小袋子被浸淹时喷射出一股气流。

第一个想到像神话里的埃俄罗斯那样把风关在袋子里的虫子，当然受到了巧妙的、难能可贵的启发。对我们来说，变成风箱的母山羊皮价值等于金属这种上乘的原材料。

喷射空气的技艺是个巨大进步，牧草沫蝉远胜于人类。它早在土八该隐①想到用皮袋囊使锻铁炉里的火燃旺之前，就吹鼓它的泡沫，是它最早发明了鼓风机。

当牧草沫蝉的鼓风机用气泡把自己遮盖起来，泡沫团厚厚的，牧草沫蝉抬升起腹尖也到不了那么高时，便因无法吸收空气，而停止制造气泡。然而，提取植物液汁的穿孔器仍然在运作。于是，通常在倾斜的叶面上，丰沛的汁液没有变成泡沫，而是凝成清澈的

———————————

① 土八该隐：基督教《圣经·创世记》中的人物，铜匠和铁匠的始祖。——译注

树脂。

要变成白色和起泡沫，这种清澈的液汁还缺少什么呢？据说只缺少灌注的空气。对我来说，用我的妙计取代牧草沫蝉的注射器是可行的。我在两片唇瓣之间安放一个十分细长的玻璃管，轻轻地吹气，把气流吹进水滴深处。可是，液体不起泡沫，使我万分惊讶。用水泉的纯净水做实验，也是如此。

我吹不出覆盖牧草沫蝉那样的泡沫。沫蝉的泡沫十分丰沛，而且经久不散。我只能吹出一圈细薄的气泡，一出现就破裂。用牧草沫蝉在开始安家，使风箱运转以前，在腹部下面堆积的液体来进行实验，也同样失败了。还缺少什么呢？泡沫产品和生产泡沫的液体将会告诉我们。

泡沫产品触摸起来滑腻，呈黏液状，像稀薄的蛋白质溶液那样黏稠，像纯净水一样流动。因此，牧草沫蝉从水井里吸取的汁液，用鼓风机吹不出泡沫。正如小孩把肥皂加进水中用麦秸吹出五颜六色的泡泡一样，牧草沫蝉在刺孔渗出汁液之外添加了某种物质，一种能够黏附、能够产生泡沫的成分。

牧草沫蝉的肥皂厂在哪里呢？制造泡沫的添加剂工厂在哪里呢？显然就在鼓气小袋囊的底部，或者由消化管道，或者由特殊腺体提供的蛋白质原料，以微小的量流入肠子末端。它每次喷射都用了一点黏合剂。黏合剂在水中扩散开来，使水具有黏性，使封藏的空气凝结为恒久的泡沫。牧草沫蝉身上所覆盖的细薄柔软的平纹织物，肠子提供了部分材料。

这种方法再度把我的注意力引向百合花昆虫居民的技艺上。百合花叶甲幼虫是一种为自己缝制肮脏外套的拉屎虫，它背上的污物同牧草沫蝉的气垫差别何啻天壤。

　　另一个现象也十分惹人注目，但解释起来更加困难。很多低矮的草本植物都适合昆虫制造泡沫，而不分昆虫所属的种、属、科。4月，植物汁液就已在这些植物上流动。我把我家附近地区的非木本植物差不多全都抄录下来，同时又把或多或少可能有小虫子的泡沫的植物进行分类编目。我做的几次实验告诉我，牧草沫蝉对植物的性质漠不关心，四处安家。

　　我用画笔尖蘸取浸在泡沫中的牧草沫蝉，把它置放在任何一棵味道十分浓烈的牧草上。我用味道剧烈的替换缓和的，用味道辛辣的替换淡而无味的，用味道苦涩的替换香甜的，这些新营地都被它毫不犹豫地接受了，并且开始制造泡沫。

　　从味道中性的蚕豆上取来的牧草沫蝉，在充溢着具有灼伤性乳汁的大戟上，特别在齿状大戟上，它很快就喜欢上了这个新家。从气味浓烈的大戟转到淡而无味的蚕豆上，它也同样心满意足。

　　其他昆虫对寄宿的植物忠贞不贰，牧草沫蝉则漠不关心，使人惊讶不已。一些昆虫当然有个特别的胃，能吸饮腐蚀剂和食用有毒物质，例如鬼脸天蛾幼虫吃马铃薯的叶子，用茄碱①作调料，天蛾幼虫吃大戟，大戟的乳汁沾在舌头上，好似通红的铁在灼烧。但是，这两种幼虫没有一种抛弃麻醉药和腐蚀剂，转吃淡而无味的食物。

　　牧草沫蝉怎样做到不挑食的呢？它一边制造白色泡沫一边进食。我看见它自己或者通过我的妙计在草地上的几种植物上繁衍兴旺，这些植物包括：黄花毛茛，除了红辣椒外，没有一种植物的味道能与之匹敌；海芋，一小片叶子就能灼烧嘴唇；篱笆的铁线莲，

---

① 茄碱：茄科植物的有毒结晶生物碱。——校注

俗称穷人草，它使皮肤发红并产生被圣迹区^①利用的溃疡。

牧草沫蝉在接受卡宴^②的辣味香料植物之后，不经过过渡，又直接接受温和的岩黄芪、香风轮菜、苦蒲公英、甜刺芹，总之，它接受所有我喂它的有味的或者无味的植物。

这种水源多样化的奇怪现象，可能只是表面的。当牧草沫蝉在任何一种草茎上钻孔时，只让一种几乎中性的汁液喷涌出来，就像植物的根在地里只汲取这种汁液一样。它不容许在它的泉水里有起泡沫的液汁，在牧草沫蝉的穿孔器的操作下流淌的，在泡沫堆下将起泡泡的，是完全清澈的液体。

我在大戟、海芋、铁线莲、黄花毛茛上收集水滴。我预料这些水滴会像这些植物的汁液那样是苛性水^③，可是，怎么啦，这些水滴什么味也没有。这是水，或者几乎不再是水，是烧酒罐中淡而无味的劣质烧酒。我如果用细针尖刺伤大戟，从细小的伤口流出的是辛辣得令人厌恶的白色乳浆。当牧草沫蝉刺进它的套管针时，渗出的是一种淡而无味的清澈液汁。两种液汁似乎来自不同的源泉。

牧草沫蝉怎样从我用针戳出苛性乳汁的桶里，取出清洁而无害的液汁呢？它用不可比拟的蒸馏器，把苛烈的液汁分为两份，接纳温和的一份，去掉有辣味的一份吗？它用刺吸管吸干某些导管吗？在这些导管里苛性汁液已失去毒性。面对这只小虫的泵水动作，精明的植物解剖学也无计可施，我不得不放弃了这个问题。

---

① 圣迹区：旧时巴黎的一地区。该区乞丐集中，装成各种残废外出乞讨，返回后即恢复正常，仿佛突然因"圣迹"而治愈一样。该区因此得名。——译注
② 卡宴：卡宴辣椒，作为烹调香料使用，味道辛辣，此处用来形容植物气味辛辣。——校注
③ 苛性水：指苛性碱的溶液，苛性碱是碱金属氢氧化物的总称，对羊毛、皮肤、纸张具有强烈的腐蚀作用。——校注

当牧草沫蝉开发大戟时，这是屡见不鲜的，有重大理由不容许在它的泉水里有我用针刺戳涌出的任何物质，植物的乳汁对它是致命的。

我切下一根细枝，收集从细枝上一滴一滴淌下的树汁，然后将一只牧草沫蝉放在树汁上面。牧草沫蝉在那里很不舒服，为了摆脱困境，它不停地扭来扭去。我用画笔把逃跑的虫子带回乳汁中。这种物质富含溶解的树胶，树胶很快就凝固成像白色乳酪碎屑似的结块，牧草沫蝉的足就穿上了像用酪蛋白制作的护腿套，一种含树胶的黏性分泌物堵塞住了呼吸气窗，也许细嫩的皮肤也会被乳汁的腐蚀剂弄痛。这是一种发疮药，牧草沫蝉被放在这样的环境中，过些时候就会死亡。

如果牧草沫蝉的钻头像普通的针那样，把大戟的乳汁吸出来，它就会死去。因此，它进行了一次筛选过滤，只让几乎百分之百纯净的水从源泉涌出。制泡沫的原料就是从这个源泉中汲取的。一次巧妙的过滤，一个闻所未闻的细致的泵水动作，实现了净化的奇迹。但是，我的好奇心却把这一动作遗漏了。

不管来自发臭的池塘还是清澈的小河，来自有毒的溶液还是无害的浸剂，当水通过蒸馏去掉不洁的物质以后，水总是水，具有相同的性质。同样，植物的汁液不管由大戟，由铁线莲，由岩黄芪，由毛茛或者由玻璃翠提供，当牧草沫蝉的刺吸管，通过连我们的蒸馏器也会羡嫉不已的筛选过滤，把它所蕴含的特殊物质抽取出来后，留下的就只有纯净的水。这种特殊物质在各种植物间千变万化，各不相同。因此，牧草沫蝉为何无论遇到什么草都能够产生泡沫，这个问题就迎刃而解了。在它看来，什么都是最好的，因为它的器械将把所有树液都提炼成清纯的水。这个无与伦比的昆虫掘井工，善于从浑水中滤出清水，从有害的水中滤出无害的水。

严格说来，牧草沫蝉的水井并不供给纯净水。将从泡沫堆里渗出的清洁水滴蒸发，会产生一种稀薄的白色残渣，残渣在硝酸中溶解会产生沸腾现象，它很可能是碳酸钾，我猜测里面也有微量的蛋白质。

显然，牧草沫蝉在刺戳的小孔底部找到了它的食物。但是，它吃什么呢？从表面现象看，是些富含蛋白质的东西。这只瘦弱的虫子，它看上去也不过是一粒蛋白质的小丸子。在所有植物里的，蛋白质含量都很丰富，看来牧草沫蝉会广泛地利用它，以满足对形成泡沫必不可少的添加剂的耗费。某种蛋白质产品在消化管道中制成后，随着小气袋排放出气泡，被肠子喷出。这可能是使液体鼓胀成能够长期保存的泡沫的重要配方。

如果人们寻思牧草沫蝉从那堆泡沫里得到什么好处，马上就会有个答案。这个答案说得过去，可以接受。牧草沫蝉在泡沫的掩护下保持身体凉爽，还避开了迫害者的目光，它在泡沫里不怕太阳的照射和寄生虫的侵扰。

百合花叶甲幼虫在用污物制作的外套遮护下就是如此，可是后来叶甲幼虫扔掉它的金色外套，光着身子从植物上下降到地面。它这样做对它自身损害很大，它在地上不得不隐藏起来，无可避免地弄脏了它的身子。在这个危急时刻，弥寄蝇虫窥伺着它，把卵放在它身上，这些卵将孵出啃咬它身体的害虫。

牧草沫蝉深思熟虑，不去经历迁移的危险。它将泡沫粗略修整之后，就在堡垒内，在一个能够击退任何来犯者的黏性防御工事的掩护下，羽化为成虫。在那里，当它蜕去旧皮换上新皮的危险时刻来临时，它安全无恙；在那里，皮肤不会被擦伤，漂亮的成年服饰不会被磨损。

　　牧草沫蝉从小巧的身体间杂着褐色的若虫羽化为成虫时，才从新鲜而又细薄柔软的平纹细布中露出来。那时它能够灵活自由地鼓足劲头活蹦乱跳，它轻轻一蹦就可远离侵犯者。之后，它就会过着愉快的生活，少受敌人侵扰。

　　以泡沫城堡作为防御体系，的确是个伟大的发明，比百合花的开发者那卑微的粪衣高级得多。奇怪的是，这种防御体系在与它关系最亲密的种族中，却没有任何模仿者。

　　芦笋上的叶甲在幼虫期，因为没有像百合花上的同胞那样的粪衣，受到双翅目昆虫的侵袭和蹂躏。同样，在牧草上，在长出嫩叶的树上，有各种各样的沫蝉，它们同样也暴露在为幼鸟觅食的黄莺的威胁之下。它们虽然为数众多，却没有一只想到利用被喙刺戳的小伤口渗出的汁液制造泡沫。

　　这些沫蝉也都有水泵，并且以同样的方式运转，但它们却不懂得把肠子末端制成鼓风机。为什么？因为本能是不能从他处获取的。本能是一种初始的才能，这些才能在这里被给予，在那里却不被给予。时间不能在昆虫缓慢的孵化期启发它们，类似的生理结构组织也不能把这些本能强加于他人。

第十七章 🪲 锯角叶甲

百合花叶甲幼虫穿着衣服，它用自己的粪便制作莫列顿绒呢。它的粪衣很不雅观，但能有效地抵抗寄生虫的侵扰和太阳的照射。然而，这个织造粪便埃尔伯夫呢①的昆虫工匠没有学徒。寄居蟹根据身体大小，在软件动物的旧衣服中，选择一只被波浪弄得有缺口的空壳。它没有让腹部变硬的本领，便将可怜的腹部钻进空壳里，让两个粗大不匀的拳头，戴着铁甲的拳击武器，留在外面。这又是一种很少被模仿的昆虫。

除了几个由于稀少因而惹人注目的例外，昆虫已经摆脱了穿衣的需求。动物不花力气就具有一件必不可少的天然外套，因此它不知道添制防御性的补充物的技艺。

鸟不必关心它的羽毛，皮毛野兽不必关心它的皮毛，爬行动物不必关心它的鳞甲，蜗牛不必关心它的甲壳，螃蟹不必关心它的齐膝紧身外衣。在保护自身不受酷烈的气候侵害方面，它们没有创造性。碎毛、绒毛、鳞甲、螺钿质和其他野兽衣帽间里的衣物，所有这些都在一台自动运转的织机上生产出来。

人则是赤身裸体的，严酷的气候使他不得不有张保护自身的人造皮。人类就是从这种苦难中诞生了我们最卓越的技艺之一。因为冷得浑身发抖，第一个想到剥下熊皮盖住自己肩膀的人，就是衣服的发明者。经过漫长的岁月，我们的手工艺制造的布料，逐渐替代

---

① 埃尔伯夫呢：法国埃尔伯夫产的花呢，是一种粗毛织品。——校注

了原始的外套。但是，天气温暖时，无花果树叶这种遮羞布便足够人们长期使用。虽然这种树叶衣已远离文明的人，但直到今天，它以及其他装饰品还是有人使用，比如，横穿鼻孔的鱼骨、插在头发里的红色羽毛、环绕腰部的细绳等。我们千万别忘记黄色的哈喇油，它保护人们不受蚊虫袭扰，并且把我们重新引向蠕虫用来提防寄生蝇袭扰的膏剂这个问题上。

在没有使用某种技艺，就能受到保护避免气候危害的动物中，位居首位的是不花任何费用就穿着毛皮的动物。在这些天然的外套中，有的品质相当优良，比我们最好的呢绒还柔软。

人们尽管在纺织技术方面取得了进步，但仍然十分嫉妒动物。今天人们同过去在岩石下穴居时一样，在寒冷的冬天尤其珍爱毛皮。人们高度重视毛皮，把毛皮看成是高级装饰物，并以穿上从可怜的动物身上剥下的皮缝制的衣服为荣。国王和司法官的白鼬皮、大学教师在庄严的日子用来装饰左肩的白兔尾巴，使人回想起人类的穴居时代。毛茸茸的动物以更简便的形式继续让我们穿戴整齐。呢绒是一堆毛纺织出来的，人们从来就不期待找到比这更好的衣料，不惜伤害有毛的动物来穿衣戴帽。

鸟儿随身携带效率高但保养费力的暖气设备，它用整齐层叠的羽毛把自己包裹起来，在身体周围为自己制作一块用绒毛和鸭绒盖脚支撑的气垫。它在臀部有个发蜡罐似的器官油脂腺，好像盥洗用的细颈瓶，鸟喙就从这个油脂腺汲取脂肪，把羽毛一片片弄得溜光，防止受潮。鸟飞行需要耗费大量体能，所以它特别畏寒怕冷，因此，它保存热量的能力比其他能力更强。对动作缓慢的爬行动物来说，有鳞甲就已经足够。鳞甲能够防止碰触造成创伤，但在抵御气温变化方面，它的作用几乎等于零。鱼生活在水中，水比空气更稳定，因此，它不需要更多的东西。它游泳时不必用什么劲，没有过多的动力消耗，只凭借水的压力保持身体平衡，而且恒温的沐浴同样也使它不知道什么是雾凇，什么是炎热。软体动物，大部分是海洋的主人，也在它们的壳里过着优哉游哉的恬静生活。它们的壳主要是堡垒，而不是衣服。总之，甲壳动物只会把它们矿化的皮制作成甲胄。

四点锯角叶甲

在动物中，从身上覆盖着毛到长着硬皮的，还不存在真正的衣服，用一种特别技艺制作的衣服。毛、羽毛、鳞甲、皮壳、石质护胸甲等，都并不需要穿戴者参与制作。

它们都是天然产物，不是动物自己动手缝制的。要找到真正擅长把大自然拒绝给予它们的衣服穿在自己身上的裁缝，还得屈尊去某些昆虫中寻找。

我们为用幼虫的涎沫或者一头傻绵羊的毛缝制了一件衣服感到骄傲，是多大的嘲讽啊！昆虫服装发明者首推穿着粪便外套的叶甲，它的穿衣技艺强过因纽特人（爱斯基摩人）。因纽特人刮取海豹的肠衣，用来为自己剪裁衣服。叶甲还超过了我们的祖先穴居人，穴居人从与他们同代的洞穴熊那里获得皮袄。当人类还处于穿无花果树叶的阶段，叶甲已经既是原料的收集者，也是原料的提供者，已经在制作莫列顿呢的技艺方面出类拔萃。

由于节约和简单易学，叶甲简陋的方法经过雅致的修改，适合锯角叶甲和隐头叶甲。它们是体态优雅的鞘翅目昆虫，色泽漂亮极了。它们的幼虫赤身裸体，为自己制作一种长坛子，并躲在坛子里生活，就像蜗牛生活在壳里一样。怯生生的锯角叶甲幼虫把一只坛子当成衣服和住宅，更妙的是，它的坛子是一只漂亮的双耳尖底瓮，是它自己制作的工艺品。

幼虫永远不会从坛子里出来，如果发生什么事令它忐忑不安，它就突然后退，把整个身子缩回坛子里，用扁平脑袋把坛口封闭。平静恢复后，它只让头和长着足的三个体节在外面冒风险，但竭力避免伸出身体的其余部分。这部分更娇弱，藏匿在坛子底部。

锯角叶甲幼虫迈着小步行走，身体的重负，使它迈起步来十分沉重。它行走时，身体后部斜抬着它的陶器，让人想起狄奥简内[1]，这位哲人走到哪里就把他的住宅——一只大陶桶拖到那里。由于陶桶很重，行走时拖带它十分吃力，它重心太高，很容易翻倒。幼虫一边前进，一边摆来摆去，就像斜戴着一顶优雅的帽子。牛头螺，一种陆生软体动物，身上的甲壳拉长成小塔，差不多也是这样一再栽着跟斗闲逛散步。

锯角叶甲幼虫的坛子形状优美，为昆虫的陶瓷制品增添了光彩。坛子经得住手指按压，外表呈土灰色，内部像磨光面那样光滑。它那细腻、倾斜、对称的脉络，是坛子连续增长的痕迹。锯角叶甲幼虫的身体后部略微膨胀，于是坛子底部变圆，并饰上细小的双重凸纹。双重凸纹、中央沟槽、左右对称的脉络等，显示坛子是遵循对称规律制造的。锯角叶甲身体前部变细，像被斜着砍削过一样，当它移动时坛子才得以抬高，支撑在背上。坛口呈圆形，边缘有点磨损。

第一次在碎石堆中，在橡树下找到一只这样的坛子，并寻思其来源的人会感到非常困惑。这是一颗不知名的果核吗？它已被田鼠耐着性子用牙齿掏空了果仁。这是一只种子掉落了的植物果壳吗？

---

[1] 狄奥简内：公元前4—前3世纪希腊犬儒学派哲学家。——校注

这个坛子具有植物产品的整齐和优美。

这个人如果知道了坛子的来源，就会对材料的性质，仍然同样困惑不解。水不会使坛子变软和解体，本来就应该这样嘛，否则一遇倾盆大雨，锯角叶甲幼虫的衣服就会像泥糊那样掉落。火也奈何不了这只坛子壳，用烛火烧烤，它毫不变形，但会失去褐色，转而呈含铁的泥土焙烧后的色泽。因此，制坛的材料是矿物性的。我还需要了解的是，使土质成分变为褐色，使它黏合，使它坚固的胶黏剂是什么？

锯角叶甲幼虫生性多疑，一有风吹草动就把身子缩回坛子里，长时间一动不动。如果我们像它一样有耐性，总有一天我会突然看见它在干活。我也的确突然看见过它干活。它突然缩回到坛子里，整个身子都消失在里面。过一会儿，它再度露出身子，大颚叼着一只褐色线球。它揉捏线球，并掺进在家门口收集到的一点泥土。它把线球和泥土揉匀后，熟练地在坛子的边缘上把它压平成薄片。

它的足不参加劳动，只动用大颚和触角。它们既是小桶，又是泥刀，又是揉合器，又是碾压机。接着，幼虫再次后退，带着第二个土块再次返回，再次搅匀土块和线球。它反复干了五六次，直到整个出口周围有了一个增大的圆边。

看得出来，土块和线球的成分是不同的。土块是在作坊的门槛上收集到的泥土，很可能是黏土。线球则是从坛子底部取来的，因为每当幼虫再次上升时，我都看见它的大颚上有褐色线球。在坛子的储藏库里有什么呢？如果说直接观察无法了解到，但至少可以猜测到。

陶器的后部关闭得严严实实，连小小的幼虫在那里一泻千里的阀门都没有。这只关在坛子里足不出户的虫子，它把粪便排到哪里呢？好啦，排泄物疏散到了坛子底部，通过臀部轻轻地涂抹在坛子内壁上，既加固幼虫的堡垒，又为它铺上天鹅绒衬里。

还有比衬里更好的呢，这里也是宝贵的胶黏剂仓库。当锯角叶甲幼虫想修复坛子，并根据日渐长大的身体扩大外套时，它便将小室清扫干净，然后转过身子，用大颚在坛子底部把褐色线球一个个收集起来。要把粪便制成优质陶瓷黏土，只须在里面拌和一点泥土。

锯角叶甲幼虫的工艺品类似我们的陀螺，后部圆凸，中部直径比开口直径大。中部宽阔的好处很明显，当需要把垃圾场的废物制成衬里时，它可以让小家伙蜷曲翻转身体。

衣服既不应该太短，也不应该过窄。在衣服上添块补丁，使衣服随着身体增长而延长，这样做是不够的，还必须增大衣服的宽度。衣宽不应当妨碍穿衣者，而应让穿衣者能够自由活动。

蜗牛和所有具有螺旋外壳的软体动物，都逐渐增加螺旋斜面的直径，使螺塔始终能适合它们逐渐长大的身体。不错，下面的几个螺圈，是幼年时代的衣服，现在已变得过于狭窄，却并没有被抛弃，变成了杂物间。那些对活跃的生命来说属于次要的附器，则在杂物间里受到庇护；而身体的主要部分则安置在空间日益扩大的上层螺圈里。

粗胖的、身体被截去一段的牛头螺，危墙和阳光下的石灰岩的朋友，为了实用而舍弃优雅。当下面的螺圈变得不够宽时，它就完全抛弃它，在前面重新添加一个宽阔的螺圈，并用坚固的隔膜关闭现正居住的部分，然后用碎石子撞击，把多余的烂房子砸碎。被截除一部分的螺壳不再美观，却因此变得轻巧灵便。

锯角叶甲幼虫瞧不起牛头螺，对我们的女裁缝也嗤之以鼻。女裁缝把过于狭窄的衣服剪开，然后缝上一块宽度合适的布。砸碎不够敞的坛子，是对物质的野蛮的浪费；纵向劈开坛子，插入一根宽带子，又是冒失鲁莽之举；而且，当它慢慢吞吞补衣时，还会有危险。坛子里的隐居者锯角叶甲幼虫有更好的办法，它善于加长加宽它的长袍，却又不剪破旧衣服。

锯角叶甲幼虫的方法有悖常理，它把衬里当作材料，把坛里的衣料移到坛外。当幼虫感到需要时，便随着一步步搔刮内壁，刮掉内壁的表层，用肠子生产的黏胶将这种炭渣调和为有弹性的稀糊，然后敷涂在外壳表面。它的背部灵活柔软，不必花太多力气，不必迁移，就可以达到外壳的末端。

蜗居的扩建工程是有计划地进行的，并且为装饰性绲边对称地预留了位置。通过材料从内到外的逐步转移，蜗居的容积增加了。这种扩大居室的办法非常周密，没有任何东西报废，也没有东西变得无用，甚至幼虫的破衣服也要派上用场，它总是作为拱心石嵌进大厦的穹顶。

如果不提供新材料，很显然，扩大坛子就会减损厚度。为了扩大空间，坛子经常翻新，会变得过分单薄，迟早会丧失应有的牢固。锯角叶甲幼虫对此很清楚。它的面前有足够的泥土，后仓库里备有黏胶。制作黏胶的工厂永不停工，什么也不会妨碍它随心所欲加厚它的坛子，把适当的材料添加到从内壁刮下的碎屑中。

锯角叶甲幼虫的衣服始终很合身，不太宽松，也不太紧窄。当严寒来临时，幼虫用同样的材料即泥土和含粪的稀糊制成盖子，关闭陶器的开口。身体变态的时刻即将来临，这时它翻转身子，头在坛子底部，尾部朝着进口，以后坛口将不再打开。4月和5月，它羽化为成虫后，当圣栎树长满柔嫩的细枝杈时，它打破陶器后端走出来，在树叶上，在早晨和煦的阳光下，度过狂欢的大喜日子。

锯角叶甲的坛子制作得相当精巧细致，幼虫怎样把它加长和扩大，我了如指掌。我想象不出它用什么方式开始，如果没有塑模和粗坯，它怎样才能把稀糊塑制成漂亮的杯盘呢？

昆虫陶瓷工有切割器、转轴、塑模等工具。可是它，特殊的昆虫陶瓷工，将在没有塑模、没有指导的情况下干活儿吗？在我看来，这是无法克服的困难。我知道昆虫的技艺很了不起，然而，在承认坛子是以微不足道的东西为基础制成的之前，我们应该先看看刚刚出生的匠人是怎样干活的。或许它有母亲遗传给它的本领，也许卵里就有谜底。我决定饲养锯角叶甲，收集它的卵，当幼虫开始制陶时，将会告诉我们它的秘密。

长脚锯角叶甲

我在金属钟形网罩下饲养了三种锯角叶甲：长脚锯角叶甲、四点锯角叶甲、塔克西锯角叶甲。它们经常出现在绿色的橡树上。钟形罩下有沙土层和盛满水的小瓶，瓶子里浸泡着圣栎的嫩枝，嫩枝一枯萎就马上更换。

我还用酷似锯角叶甲的隐头叶甲建立第二个昆虫园，园里收养的实验对象是圣栎隐头叶甲、两点隐头叶甲，还有衣着华丽的金色隐头叶甲。前两种我用圣栎的细枝杈喂养，后一种我用矢车菊的头状花序喂养，矢车菊深受这种活首饰似的虫子喜爱。

这些囚犯的习性没有什么特别之处。它们早上十分安静。前五种吃橡树叶，第六种吃矢车菊。阳光强烈后，它们从树丛下到金属网上，再从金属网飞到树丛上，非常躁动不安，在钟形罩的高处游逛。它们总是成双成对，彼此撩逗调情，但不打算交欢，然后分离，毫无依依不舍之情。分开后去到别处一切再重新开始，生活是甜蜜的。一些雄虫坚持留下没有离开，它们爬上爱人的背，爱人低下头，似乎对丈夫情欲的爆发无动于衷。求爱者断断续续地用猛烈而粗暴的动作摇撼意中人，它就这样点燃热恋者的欲火，得到爱人的芳心。

一对锯角叶甲的姿势，能够让我了解锯角叶甲所特有的器官的用途。很多种锯角叶甲雄虫的前足长得异乎寻常。这些稀奇古怪的臂膀，这些与身体不相称的怪钩，有什么好处呢？蝈蝈儿和蝗虫延长它们的后足，把后足当成有利于跳跃的杠杆。可是锯角叶甲却远不是这样，它增长的是前足。这些过长的前足在身体移动时毫无助益，在休息或者行进时，这些奇怪的高跷甚至显得碍手碍脚，它笨拙地把前足弯成肘形，折拢，一副无所适从的样子。

我耐心地等待它们交配。荒谬怪诞将变得合情合理。一对锯角叶甲把自己摆成T字形。雄虫垂直竖立，像根笔直的树枝，雌虫则横放在"树枝"梢。为了让这个姿势保持稳定，雄虫向前伸出它的长钩。这是抓住雌虫的肩膀、前胸，甚至头部的支撑锚。

在这个时刻，锯角叶甲成虫一生中唯一欢乐的时刻，有长臂、长手的确是愉快的。塔克西锯角叶甲、六斑锯角叶甲等昆虫的名称，不像长手锯角叶甲、长脚锯角叶甲那样形象，没有泄露秘密，但它们都使用同样的平衡方法，也让前足过分增长。横向交配比较困难，是把长钩伸到一段距离之外的原因吗？我们不要过分肯定，因为四点锯角叶甲正式否定。雄性四点锯角叶甲的前足不长，不像同类那样加长尺寸。但是它也一样歪斜着摆放自己，它只须改换一下搂抱动作，也仍然同样毫无困难就能达到目的。隐头叶甲全都脚爪短小，它们也应该如此。任何事情都会出现特殊的解决办法。这些办法为一些昆虫所熟知，其他昆虫则不了解。

第十八章 🐜 锯角叶甲的卵

让锯角叶甲们爱意浓浓，尽情地打情骂俏吧，我来观察它们的卵。这才是我饲养它们的主要目的。塔克西锯角叶甲最早熟，它在 5 月末开始产卵。啊，奇怪的卵，真会把人给难住。这是一堆卵吗？这难道不是一束隐花植物的胚芽吗？在我突然看见塔克西锯角叶甲母亲，借助后足把奇怪的卵从产卵管取出之前，我对此都左思右想，犹豫不决。这种奇怪的卵生长缓慢，也许还很辛苦。

塔克西锯角叶甲的卵，每组少则有一打，多则有三打，成组地聚在一起。每枚卵都用一根长度略微超过自身的细丝固定，形成翻转的伞房花序。这朵伞形花儿时而在钟形罩的网纱上晃动，时而在小枝杈的树叶上摇摆，稍有风吹，有卵的枝束就微微颤抖。

普通草蛉的产卵情况，人们已经知道，它曾在没有受过专业训练的人的眼里引起很多误解。这种金眼小脉翅昆虫在一张树叶上立起一套长长的小柱子，柱子纤细灵巧得像蛛丝一样，每根柱子都有一只卵作为柱头，酷似发霉的带长柄的缨子。我们回想一下在阿美德黑胡蜂窝里的卵，它在一条细绳的绳头摇摆，而这条细绳是幼虫在危险的猎物堆里，吃最初几口食物时的安全救生绳。塔克西锯角叶甲向我们提供了第三个有悬吊绳的卵的例子。然而，到目前为止，我还没有猜想到这根细绳的用途。我虽然不了解产卵母亲的意图，但我至少能够详细地描述它的卵。

它的卵呈咖啡色，光滑，形状像缝衣用的顶针①。由于卵透明，可以看见在卵壳的深层有五个颜色更深、差不多呈小桶箍状的环形带。卵在悬吊绳上，一端略呈锥形，另一端被突然截去一段，截面凹陷为环形口子。用性能良好的放大镜观看，可以在略远于开口处看见一张白色薄膜，像鼓皮那样绷紧。

　　此外，开孔边缘耸立着一个宽大的白色指箍，十分精巧。它会被当成是可以略微抬起的卵盖，然而，产卵后卵盖并没有略微抬起。我看见卵从产卵管里出来时和后来的状态一样，只不过色泽浅淡一些。这并不要紧。我无法想象，一个这样复杂的航船能够扬起船帆，在母亲的产卵管中前进。因此，我相信充作盖子的附器一直处于关闭状态，直到幼虫破壳而出那时它才略微抬升起来。

　　其他锯角叶甲和隐头叶甲的卵，结构比较简单。我想摘除一个奇怪的卵，好歹总算达到了目的。在一个有五道桶箍的咖啡色小桶里有一块白色薄膜，从开口可以看见这层薄膜，我把它比拟为鼓皮。我在那里辨认出了正常的膜，所有的昆虫卵都具有的卵膜。褐色小桶的一端下陷，有只略微抬起的盖子，它可能是附属的外皮，一种特殊的壳。我还不知道这种壳的其他例样。

　　长脚锯角叶甲和四点锯角叶甲没有花梗束般集结的卵群。6月，它们在进食的枝叶上漫不经心地闲逛，随心所欲地把卵产在枝叶上，毫不关心卵落到何处，似乎这是些不值得关心、可以随便乱扔的小粪粒。卵的作坊就像粪便作坊一样，满不在乎地抛撒它们的产品。

　　我把放大镜移到备受歧视的小家伙上，这是一个雅致的奇迹。

---

① 顶针：缝衣时套在手指上的金属环，环上满布小凹点，用来推针穿过布面，避免针扎到手。——校注

两种卵都呈被截断的椭圆球形，将近一毫米长。长脚锯角叶甲的卵呈深褐色，卵上密布四角形的小孔，非常精确地交叉排列成螺旋形，让人想起顶针，这个比喻十分贴切。

四点锯角叶甲的卵颜色苍白，身上覆盖着凸状鳞片，倾斜排列成叠瓦状，略似啤酒花状的锥体。卵的下端很尖，是空的，或多或少分岔。这的确是奇怪的卵，不大适于在狭窄的产卵管里轻轻滑动。当它们从产卵管里产出时，肯定没有这样布满尖桩，它们是在产卵管的末端才覆盖上鳞片的。

我饲养的三种隐头叶甲产卵更迟，时间约在6月和7月。和锯角叶甲一样，这些卵也缺乏母亲的关怀，随意撒布在矢车菊的头状花序和圣栎的枝杈上。这些卵通常呈被截断的椭圆形，装饰多种多样，各不相同，但基本构件是层叠的八根凸纹。对金色隐头叶甲和圣栎隐头叶甲的卵来说，这八根凸纹变为螺丝起子；对两点隐头叶甲来说，则变为有小孔的螺丝。

这个漂亮雅致得惹人注目的卵膜会是什么呢？卵膜上有呈螺旋形的薄片，有顶针似的小孔，有啤酒花的锥形鳞片。几个偶然发现的细微现象启发了我。首先，我坚信卵从产卵管里出来时，不是我在地上收集到它时的那个模样。它的打扮不适合轻柔地滑行，我现在掌握了明确无误的证据。

我找到了另一些卵，形态与我们通常看见的昆虫卵毫无区别。卵非常光滑，卵膜柔软，淡黄色。它们或者同隐头叶甲的，或者长脚锯角叶甲的卵混杂在一起。除了研究的对象锯角叶甲和另一个钟形罩下的隐头叶甲之外，我没有别的昆虫，因此，我不会弄错这些卵的来源。

此外，即使有疑点，这些资料也会使它们烟消云散。除了黄色的和裸露的卵之外，我还发现了一些卵。这些卵嵌在有小窝的褐色小桶中。在钟形罩里，这只小桶显然是两点隐头叶甲的，或者是长脚隐头叶甲的产品，只不过，还是半成品。小桶只覆盖了半截，卵从卵巢进入产卵管时就是这个样子。以后，由于缺乏包装材料，或者由于工具运转不佳，它让卵像栗壳里的橡栗那样越过末端的阈。

没有什么像这只工艺蛋杯支撑的卵那样雅致。如果我想了解这件首饰的加工情况，也没有什么比这只卵更能提供细节。它告诉我们，是在泄殖腔，在产卵管和肠子交会的十字路口，鸟用石灰壳包裹它的卵，而且还染上绚丽的色彩，夜莺用橄榄绿，鹏用天蓝，鸫用嫩玫瑰色。也是在这个泄殖腔里，锯角叶甲和隐头叶甲为卵制作漂亮的甲胄。

剩下的问题是确定材料的来源。根据角状外貌，可以认定，塔克西锯角叶甲的小桶和四点锯角叶甲的鳞片，源于一种特殊的分泌物。我忽略了在泄殖腔周围仔细寻找这种分泌物的器官，现在为时已晚，我感到非常遗憾。至于长脚锯角叶甲和隐头叶甲那个漂亮的工艺品，我承认而且没有难为情：它的材料是粪便。

一些卵为此提供了证明。这些卵在金色隐头叶甲的卵堆中并不罕见，它先呈标志植物果肉的纯绿色，随着时间的推移，绿色变为褐色，形状也变得与其他的卵一样。毫无疑问，这些变化是由于消化物发生了氧化。卵到达泄殖腔时，柔软、裸露，便在肠子的糟粕里梳妆打扮，正如鸡蛋穿上钙质蛋壳一样。奥维德①在描绘太阳宫的诗中这样写道：

巧夺天工之技巧更胜金银珠宝的价值，因为火与锻炼之神在

① 奥维德（前43—约17）：古罗马诗人，代表作为长诗《变形记》。——译注

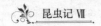

此镌刻环绕凡间的海洋。

这位诗人拥有铸造想象的神奇贵金属，锯角叶甲幼虫拥有什么来制作首饰呢？它拥有的材料不光彩，它的名称被排除在体面语言之外。但谁是火与锻炼之神呢？谁是伍尔坎①这个在蛋壳上雅致地造形的艺术家呢？是锯角叶甲幼虫身体末端的阴沟。泄殖腔压延，轧制凹凸花纹，拧绞螺旋，雕刻有小窝的网眼，装配有鳞片的甲胄。大自然对我们的卑俗评价大加嘲讽，它善于化脏为雅。

对鸟来说，蛋壳是暂时的防御性巢室，它在孵卵时破碎，被抛弃，从此成为废物。相反，锯角叶甲或者隐头叶甲的卵壳是用角质材料或者粪糊做成的，是永久性的掩蔽所。只要昆虫还处于幼虫阶段，就决不离开。锯角叶甲幼虫诞生时，穿着已经缝制好的衣服。衣服异常漂亮，十分合身。随着身体长大，它只须根据老方法逐渐加宽加长这件衣服。卵壳的前部制成小桶形或者顶针形，大大敞开。因此，严格说来，只要不是鸟的卵壳，孵化时就没有什么要砸碎、要抛掉的。这层薄膜一旦破裂，小昆虫就出生了，穿着一件精心制作的漂亮外套。这是母亲留给它的遗产。

我做了一个荒诞的梦，想象一些小鸟，除了鸟头通过的洞口外，它们让蛋壳保持原样，它们只要按照自身发育的比例把蛋壳增大，就会终身穿着衣服。锯角叶甲幼虫实现了这个荒诞的梦想，身上穿着它的卵壳，这只卵壳随着幼虫自身长大而逐渐加大。

7月，我收集的卵全都孵化了。每只都隔离在一只大杯子里，杯子上盖着一块玻璃，水分适度地蒸发。我有个多么有趣的家啊，寄

① 伍尔坎：罗马神话中的火与煅冶之神。——译注

居在我家的虫子在我用来布置房间的各种植物残屑中乱蹿乱动。这些家伙小步行走，拖着斜抬的卵壳，从壳里伸出一半身子，突然又缩回。它们只要一攀爬有泡沫的树叶，就全都跌倒，然后再站立起来，再上路，盲目地游荡。

毫无疑问，饥饿是它们烦躁的原因。喂些什么给我这些饥肠辘辘的虫子呢？它们是素食主义者，这是毋庸置疑的，但安排菜单也不会因此容易些。在自然条件下会发生什么呢？饲养在网罩里的叶甲，将卵胡乱撒在地上。锯角叶甲母亲漫不经心，让这些卵从小枝杈上掉到地上，落得满地都是。这个母亲就在这些小枝杈上，有节制地把细嫩的树叶咬成凹形，通过进食来恢复元气。塔克西锯角叶甲把它的卵产在一枝花梗上，并成束地固定在树叶上。我缺乏直接观察，不能确定是新生幼虫弄断了悬吊绳，还是绳子由于干燥而断裂，或早或迟这些卵都会像其他的卵一样掉到地上。在钟形罩外面，也必然出现相同的情况。锯角叶甲和隐头叶甲的卵落在地上，散布在树下或者在喂养成虫的植物下。

然而，人们在橡树的绿荫下找到了什么呢？细草，腐烂的枯叶，包裹着地衣的干燥细枝，有苔藓小垫子的石块，还有含有机物的腐殖土，天长日久而变质的植物残渣。在金色隐头叶甲进食的矢车菊簇丛下，有各种各样的植物残渣形成的黑色床垫。

我什么都试试，但都不符合要求。然而，虫子不屑吃的食物随处可见，我足以了解到锯角叶甲幼虫加大婴儿室的情况。除了塔克西锯角叶甲，它的卵有悬吊梗，似乎表明它有些特殊的习性，像其他叶甲一样，我的这些寄宿者也用一种褐色稀糊来加长它们的蜗居。不合胃口的食物使小昆虫陶瓷工十分扫兴，也许极度干燥的季节也使它们痛苦不堪，于是它们很快放弃手边的工作，只在坛子上装了一个薄薄的边饰。

只有长脚锯角叶甲繁衍兴旺，大大补偿了我这位喂养者的烦恼。我用老树皮的鳞片喂养它，鳞片采自我随便碰到的一棵树，比如橡树、橄榄树、无花果树。还用另一些鳞片喂养它，我把这些鳞片放在水里泡软了。然而，木栓质小面包皮不是虫子爱好的食物。真正的食物是麦面包，它的黄油浮在水面上了。

有一些约一法寸高的玫瑰花形苔藓，在无情的烈日照射下，半睡半醒，非常干燥。但是，它们一旦在玻璃杯里接受沐浴就立即苏醒，闪光的绿色小叶铺展成一个圆圈，小叶在几小时内恢复了勃勃生机。一些白色或者黄色面粉似的风化物，一些细小的地衣，像灰色的细长带子那样向四面散开，覆盖着带白色环圈的青绿色盾片。从树叶的背光面看，这些盾片好似大大圆圆的眼睛。在这些叶片里，休眠的植物复活了。有一些胶质地衣属植物，一阵骤雨后就鼓胀得浮肿，变得深暗，像明胶那样微微发抖。一些蘑菇的脓疮鼓凸成乌木乳突，包藏着数不胜数的小袋子，每个袋子里都有八粒漂亮的种子。用显微镜观察这些乳突，我看见了一个令人惊讶的世界：一粒原子里无限的生殖财富。啊，生命多么美丽啊，即使在一片不及指甲大的烂树皮碎片上也是如此。多么富饶的地区啊！多么丰富的宝藏啊！

我选择其中一个牧场做实验。当一些地点被发现牧草更加丰茂时，锯角叶甲就成群结队去那里进食，正如在金鱼草上那样。这堆虫子会被当成是几撮被雕刻过的褐色种子，但是，这些种子会震动和摇摆，只要其中一粒稍微摇动一下，种子壳就互相碰撞。其他种子则到处漫游，寻找好地方。它们在外套的重压下摇摇晃晃，时常跌倒。它们在杯子底部这个如此之大、如此广阔的世界上，漫无目的地漂泊。

两个星期还没有过去，就有一个绲边竖在坛口边缘上，把长脚锯角叶甲幼虫的壳增加了一倍，陶罐的容量因而可以容纳幼虫一天天长大的身体。幼虫添加的补丁与母亲制作的坛子迥然不同，补丁很光滑，不像旧坛子装饰着螺旋排列的小孔。

坛子内部由于变狭窄而被刮削，现在坛子加大，增长了。刮出的粉尘再次被揉合成灰浆带到外面，在坛子表面涂上灰泥层。在泥层下面，坛子原有的优雅久而久之消失了，布满小窝的杰作就这样淹没在一层石灰浆里。用放大镜仔细在底部的两条凸纹之间反复查看，常常可以看见卵壳的残余嵌在土堆上，这是锯角叶甲母亲留下的遗迹。螺旋状的薄片、小孔的数目和形式等，上面烙着制陶工的名字：锯角叶甲或者隐头叶甲。

我刚开始无法想象陶土糨糊的使用者锯角叶甲是如何建立自己的陶器厂，把陶土糨糊精巧地塑成产品的雏形。我怀疑得很对。锯角叶甲和隐头叶甲母亲留给孩子们一件加大就可以再穿的衣服，这些幼虫天生就有丰足的婴儿服。母亲留下的衣装太狭小，它们将它加大，却没有学到母亲精雕细琢的技艺。它们年长后，便舍弃母亲为新生婴儿精心绣制的花边。

第十九章 🪲 水塘

水 塘是我童年最早的欢乐源泉，现在，在年老的岁月里，我对它的景色仍然丝毫不感到厌倦。在这个绿油油的刚毛藻世界里，多么生气蓬勃啊。癞蛤蟆的小蝌蚪成群结队，黑压压一片，在水塘边的泥沙上休憩或者跳跃；腹部橙黄色的北螈，用柔软的尾巴宽桨从容不迫地划船航游；在灯芯草丛中停泊着石蛾的小船队，石蛾的半个身体伸出它们的舰艇，时而显现出小巧玲珑的木篓篱，时而显现出贝壳小塔。

仰泳蝽

龙虱携带着储备的空气，下潜到水塘深处。它的鞘翅末端有个气泡，胸腹面则是像银铠甲那样闪光的气层。黄足豉甲像闪光的珍珠，在水面上旋转身子，跳着芭蕾舞。聚集成群的尺蝽滑着水，像鞋匠飞针走线似的挥动手臂横向击水，在水面上滑行。

仰泳蝽在仰泳，双桨展开成十字形。身体扁平的蝎蝽体形像蝎子。大蜻蜓的稚虫身体覆盖着污泥，肮脏不堪，它的前进方式非常奇怪，它让身体后部那巨大的漏斗充满水后，再把水排出，通过水力器官的倒退向前推进。

软体动物是温和的族类，种类繁多。在水底，大腹便便的田螺小心翼翼，稍稍掀起它们的壳盖，微微打开住宅的遮板。瓶螺、椎实螺和扁卷螺在水上花园的林中空地里，平静地吸气，黑蚂蟥在它猎获的一截蚯蚓的身上扭曲肢体。成千上万只淡红色小虫旋转着，像漂亮的海豚般弯曲着身体。这些小虫以后将羽化成蚊子。

是的，一泓几步宽的死水，在太阳热情的关切下，是个大千世界。对勤奋钻研的人来说，这是个取之不尽、用之不竭的观察宝地。对自己的纸船感到厌腻的孩子来说，也是个迷人的景象。我来谈谈第一个水塘给我留下的回忆，那时想象正开始在我这个七岁孩子的脑袋里萌生。

在气候酷烈、土地贫瘠的故乡，村民们怎样糊口谋生呢？拥有几阿尔邦①草地的地主饲养绵羊，也在他最好的土地上用犁耕耙，把土地平整成梯田，用石墙围起来。驴子把牲畜棚里的粪肥一篮一篮运去，于是种在那里的马铃薯生机旺盛，长势喜人。马铃薯煮熟了，热腾腾地盛在用麦秸编成的小篮里端上来。这是冬天的主食。

如果收成丰足，人吃不完的粮食，就用来养一头猪。猪是提供猪油和火腿的宝库，这可是珍贵的牲口呀！牛群则提供黄油和炼乳，园子里种着甘蓝和萝卜，在树林隐蔽的角落甚至还有几只蜂箱。有了这样一笔财富，就可以任凭世界变化，安安心心过日子了。

但是，我们除了母亲分得的一栋小屋和小花园以外，什么都没有。家庭微薄的生活来源枯竭了，现在是关注这件大事的时候，而且要尽快着手处理呀。该怎样办呢？这可是个让父母亲晚上焦虑不安的难题！

童话中的小普塞②躲藏在樵夫的矮凳子下面，侧耳倾听被苦难压垮的父母亲讲话。我也在倾听呢，看起来我在睡觉，两肘支在桌子

① 阿尔邦：法国旧时的土地面积单位，相当于20～50公亩。——译注
② 小普塞：法国作家夏尔·佩罗的著名童话中的主人公。他身材矮小，挫败了吃人妖魔的一切阴谋。——译注

上，不，我正在倾听呢，不是在倾听令人伤心的事，而是倾听一个令人心花怒放的美好计划。

在村子的低处，在教堂附近，大股泉水从地下涌出来汇入山谷的小溪中，一个作战归来的巧匠新近在那里建了一个小油脂厂。他贱价出售有蜡烛臭味的残渣，他说他的货物催肥鸭子的效果好极了。

母亲说："我们养鸭子怎么样？这东西在城里销路可好呢。让亨利看鸭子，赶鸭子去小溪。"

父亲回答说："行啦，就养鸭子吧。养起来会有困难的，但我们还是试试看吧。"

那天晚上，我做了一个上天堂的美梦。我同我的小鸭在一起，小鸭穿着黄色的丝绒袍子，我把它们带到水塘里，看着它们在塘里洗澡。领它们回家时，我把几只疲累不堪的小鸭放在篮子里。两个月后，我终于拥有了梦寐以求的鸟儿，我的小鸭。我一共有24只雏鸭，是由两只母鸡孵出来的。其中一只母鸡黑而肥大，是家里的主人；另一只是邻居大娘借给我们的。

抚养这些小鸭有一只母鸡就够了，它对养子的关怀十分细心周到。起初，事事如愿以偿，一只小木桶就是小鸭的水塘，风和日丽、阳光朗照的日子，小鸭在母鸡慈爱关切的目光注视下，在小桶里沐浴。

又过了半个月，木桶不够大了。桶里既没有住满小贝壳的水田芥，也没有蠕虫和蝌蚪，这些东西可是小鸭的美味佳肴呀。对小鸭来说，跳水和在水草丛中搜寻的时刻来到了。对我们来说，困难重重的时刻也来到了。

小溪边的磨坊主也有些漂亮的鸭子。这些家禽容易饲养，价格也不贵。吹嘘他的残渣的油脂工厂主，也有些漂亮的鸭子。他居住在村子下面，受惠于泉水溪流。而我家位置很高，在村子上面。该如何让我们的这群鸭子去水里嬉戏呢？要知道，夏天我们还几乎没有水喝呢。

在我家附近，在一堆石头中间有一个小坑，小坑底部渗出一股潺潺细流。我们有四五户人家用铜桶在那里汲水，学校老师的母驴也在那里饮过水。当邻居们储备好水后，水坑就干涸了，要等上一天一夜才会重新盛满。不，我的鸭子不是在这个水坑里找到戏水乐趣的，这里不能容忍有鸭子。

能去的只有那条小溪，可是带小鸭下到溪中很危险，途中穿过村子时会遇到猫，猫是胆大妄为的小家禽劫持者。此外，一条小恶狗也会惊散鸭群，要把惊散的鸭子再全部集合起来，可是件很难办的麻烦事呀。我尽力避免把事情搞得乱糟糟的，宁愿在宁静而偏僻的地方躲藏起来。

在山岗上，一条通过城堡后方的小路在不远处拐了个急弯。那里有一块小小的平地，铺满了小草。小路沿着一座满布岩石的小山逶迤，从小山里淌出一股涓涓流水，汇流成一个宽阔的水塘。那里整天静寂无声，小鸭去到那里一定会十分惬意的。它们走在人迹罕至的羊肠小道上，可以顺利地到达水塘。

小孩，该由你来把鸭子带去这个洞天福地了。啊，我作为放鸭娃，开始的那些日子是多么美好啊！可是，为什么欢乐要蒙上阴影呢？我细嫩的皮肤不断接触粗糙的土地，脚后跟长出了一个大水疱，十分疼痛。即使我想穿藏在衣橱里，只有节假日和礼拜天才能穿的鞋子，我现在也无法穿上。我光着脚丫子在石子堆里行走，不得不拖着腿，抬起受伤的脚后跟。

　　我拿着竹竿，一瘸一拐地跟在鸭子后面。这些可怜的鸭子穿着柔软的凉鞋，跛脚走在石子地上，吱吱喳喳地欢唱。如果不隔一段距离就在一棵树的树荫下停歇一会儿，它们也会拒绝继续前进。

　　这个地方对我的鸭子来说实在美妙，水浅而暖，塘中一块盖满泥浆的土块，好似碧绿的小岛。沐浴的嬉戏很快开始，小鸭嘴里发出咯咯声，到处翻寻，筛滤一口口食物，吐出清亮的水泡，留住佳肴美味。在深水洼里，它们把尾巴高高地翘在空中，身体下部在水里移动。它们多么开心啊！看它们嬉戏多有福分啊！随它们去吧，现在轮到我来享受这个水塘了。

　　这是什么？在污泥上软绵绵地搁着一些有节的炭黑色细带子。它是从一只破袜子上抽出的线吗？编织黑色短袜的牧羊女发现织得不好时，想再从头织起，便用不耐烦的手把卷曲的线扔掉吗？老实说，会这样的。

　　我把一段细带子放在手掌心里。带子有黏性，很软，在指头间滑动，很难抓住。我捏破几个结节，从里面露出一个黑色小球，有大头钉的头那么大，后面跟随一根压扁的尾巴。我认出这是个我熟悉的东西，一只很小很小的蝌蚪，属于癞蛤蟆。我感到厌腻了，让这些细带子安宁吧。

　　现在这些带子比较令我喜欢，它们在水面上转圈，黑色脊梁在太阳下闪光。我如果举起手去抓，它们就立刻消失得无影无踪，不知道到哪里去了，多可惜啊！我很想逼近看看它们，想让它们在我为它们准备的小盆子里旋转。

　　撇开这些绿色的麻纤维，瞧瞧水底吧，那下面什么都有。我看见美丽的贝壳，它密密的螺圈，垒压得高高的，好似扁豆；我看见一些戴着羽饰和缨子的小虫，其中有些背上有不断活动的鳍。这些小家伙在那里干什么呢？它们叫什么？我不知道。我注视良久，水中无法理解的秘密使我感到震撼。

　　水塘的水漫溢在附近的草地上，水漫之处长着一些赤杨。我在树上找到了绝妙的金龟子，它不大，甚至比樱桃核还小呢，却蓝得令人心醉。天使在天堂里大概就穿着这种颜色的袍子吧?!将蜗牛壳擦干净，然后把这只美丽的小昆虫放在一只死蜗牛壳里。回到家后，空闲时我便欣赏这个活生生的精巧饰物。

　　然而，还有娱乐在呼唤我呢。供给水塘的泉水从岩石缝里流淌出来，纯净，冰凉。泉水积存在像一双手心那样大的石盆里，然后泄出，成为涓涓细流。这股下落的泉水正在寻求等待运转的水磨。我将两截麦秸精巧地交叉在一根轴上，就做成了一部水磨，边上竖两块扁平的石头，水磨便有了支撑。这是一个非常巨大的成功，水磨转动得好极了。我如果能够与人共享成功，该是多么圆满啊！我没有其他同伴，就邀请小鸭。

　　在这个可怜的世界里，时间一久后，什么都令人感到厌倦，甚至有两截麦秸的水磨也令人生厌，我于是又去寻找别的乐趣。我想修筑一个阻拦水流和蓄水的水坝。要建砖石工程，石头倒是不缺的。我选择合适的石块，砸碎过分粗大的石头。在收集砾石时，修建水坝的事一下子就被抛到了脑后。

　　在一大块砸碎的石头上，在我的拳头可以放进去的一个洞穴的底部，有个东西像玻璃那样闪闪发光。洞穴被六个聚在一起的复眼盖满，这些复眼放射着光辉，在阳光下闪烁。节庆日子里，当教堂的枝形吊灯照亮它上面的星星时，在宝石坠子里，在大蜡烛的光照下，我看见过类似的光芒。

　　夏天，在打谷场的麦秸上，孩子们在一起谈论龙保存在地下的珍宝。这时，这些珍宝从我的脑子浮现出来，宝石这个名称在我的记忆里响起来。这个名称的意义含糊不清，但十分辉煌。我想到国王的王冠，想到公主的项链。我砸碎卵石时发现过比在我母亲的戒指上微微发光还贵重得多的东西吗？不，我需要别的东西。

保存地下珍宝的龙对我慷慨大度，它提供的金刚石的数量之大，使我成了富翁，拥有一大堆宝石。宝石堆闪烁着华美的光芒，这条龙还把金子交给了我。

从岩石缝里淌出的涓涓细流落在细沙床上，在沙里冲积成小漩涡。我如果俯下身子，就会看见落水点像一粒金子锉屑那样旋转。这就是用来铸造金路易①的贵金属吗？是我家非常稀罕的贵金属吗？它似乎太光亮了。

我把一撮沙放在掌心里，沙里有大量闪闪发光的小粒，细小得必须用被唾沫弄湿的麦秸尖去蘸集。搁下这些吧，它们太细小，蘸集起来太令人厌烦，粗大的、有价值的东西大概还在前面，在岩石深处。我以后还会谈到这个问题的，我还将爆破山岳呢。

我又砸碎一些石头，露出一块完整的东西。这东西多么奇怪啊，它像雨天从旧墙缝里钻出来的扁平的蜗牛般呈螺旋形，多节瘤的边缘很像公羊的小角。它像贝壳也好，像绵羊角也好，都显得很奇怪，石头里怎么会有这些东西呢？

收藏的兴趣、丰足的收藏资源，使我的荷包装满卵石，鼓胀起来。夜幕下垂，暮色苍茫，时间已晚，小鸭子已经吃饱肚子，我的小东西，我们走吧，回家去吧。我在欢乐中忘掉了脚后跟的水疱。

回家是件乐事，一个声音安慰我，它无法形容，但比话语更甜

---

① 金路易：Louis，有路易十二等人头像的法国旧金币；第一次世界大战前法国使用的20法郎金币。——校注

蜜，像幻梦般模糊。它第一次对我谈到水塘的秘密，它赞扬天堂的昆虫。我听见这只昆虫在死蜗牛壳里乱蹿乱动，我听见那个声音低声讲述岩石的秘密、黄金的锉屑、多面的珠宝和变成石头的公羊角。

啊，可怜而单纯的人，压抑住你的欢乐吧，我到家了。我的裤口袋里石头塞得太多，鼓胀起来，在这个负荷的重压和粗糙尖利的宝贝下面，裤口袋破裂了。父亲看见我的裤口袋破了，对我说："坏小子，我让你去看鸭，你却去捡石头玩，就好像我家房子周围没有石头似的。快，把你捡来的那些石头扔远些。"我很伤心，但还是服从了。钻石、金粉、变成石头的角、天堂里的金龟子，全都被扔到了门前的垃圾堆里。

母亲很难过，她说："抚养孩子到头来却看见他们变得这样糟糕，你会让我难过死的。拔拔草，这还说得过去，这对兔子有好处嘛。可是，捡石头呢，会弄破口袋的，虫子也会用它的毒素弄痛你的手啊。无辜的孩子，你拿这些东西来干什么呢？真没有办法，有人向你施魔法，让你走霉运啊！"

可怜的母亲，你是那样单纯。你说得对，我被施了魔法。我今天知道这个魔法啦，当人们千辛万苦挣钱糊口的时候，精炼自己的智慧难道不是让自己更吃苦受罪吗？对生命航船上的遇难者来说，折磨自己去学习又有什么好处呢？

在这个迟晚的时刻，我却超前行进，苦难在前方等待着我。我知道在小鸭游泳的水塘里的钻石是岩石水晶，金粉是云母，石羊角是菊石，蔚蓝色的金龟子是单爪丽金龟。我们这些可怜人，提防知识带来的欢乐，去平凡的田野里挖掘犁沟，避开水塘的诱惑，看管好我们的鸭子，把解释世界的烦恼留给别的受到命运青睐的人吧，

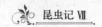

如果他们愿意。

唉，不！在生物中只有人有求知的欲望，只有人去探察事物的奥秘。从微不足道的脑子里涌出"为什么"来，这是虫子所不了解的崇高的痛苦。如果这些"为什么"在我们的思想上，以更强烈的口气、更独断的权威讲述，如果这些"为什么"使我们从利益上转移开，怨天尤人是适当的吗？在大多数人的眼里，利益是生命的唯一目的。我们别这样做，否则会摒弃我们最好的天赋。

我们应该在才能和天赋所能及的范围内，努力使未知事物放射出光辉来。我们应该努力探索，寻找真理的蛛丝马迹。我们可能无法忍受辛苦劳累，在这个糟糕的社会里，或许我们会一病不起。然而，我仍将勇往直前。用一粒原子来增加未知事物的总量，令我欣慰这个总量可是人类无与伦比的宝藏啊。

既然这微薄的一份属于我，我就回到水塘那里，尽管它曾经让我受到合情合理的训斥，让我流出苦涩辛酸的眼泪。我回到了水塘那里，但不是那个盛开幻想之花的水塘。这样的水塘，人的一生中不会遇见两次，要有这样的好运，必须穿上生命中的第一条套裤①，必须有生命中的第一个想法。

自古以来，很多水塘都曾经被人拜访过。它们蕴藏着更多的财富，而且被经验丰富而成熟的目光探测过。我热切地用网搜索它们，我搅动淤泥，把刚毛藻弄得乱七八糟。在我的记忆里，没有一个水塘比得上第一个水塘，这个水塘在欢乐和失望时，都受到岁月最美妙的前景的颂扬。

也没有一个水塘适合我今天的计划，计划中的天地过于广阔，

---

① 套裤：套在裤子外面的无腰裤，用来防水。——校注

我将迷失在它们的广阔无垠中。在这广阔无垠中，生物在阳光下自由地大量繁殖。既然我必须在这个世界的公路上探索，所有毫不懈怠的、不受路人干扰的观察都会变得难以实施。因此，我需要一个小小的水塘，它可以按照我的意愿让动物居住，它可以在我的小桌上经常得到维护。

一枚面值20法郎的钱币遗忘在抽屉的角落里，我能够花掉这枚钱币，而不会过分破坏家庭的收支平衡。对科学慷慨大度些吧，我非常担心科学会很少受到我的恩泽。奢侈的器械适合实验室里的操作，在实验室里，考察死者的细胞和纤维要花费巨资。但在必须研究生命的活动时，奢侈昂贵的器械，其用途是可疑的。生命的秘密适合用简单、低廉、临时制作的器械去探索。

我对本能的研究获得的最佳成果，使我付出了什么代价呢？除了时间，除了耐心之外，什么都没有付出。20法郎，对于我而言，可是一笔巨款啊！如果我为了获得一台供研究用的器械而花掉它，就是拿这笔钱去冒险。这20法郎不会为我带来任何新颖的观点，我有预感，然而，我还是要试试。

铁匠为我收集了几个铁三角作为水槽的框架，木匠给这个框架装了一个木底座，用一块活动板做了个盖子，再在架子的四个侧面镶上厚玻璃。最后，装上涂了柏油的铁皮底和排水的水龙头，水槽就大功告成了。

工匠对他们的作品显得非常满意，这可是他们的作坊里制作出来的新鲜玩意啊。作坊里很多好奇的人都在寻思，这个小玻璃槽能派什么用场，他们议论纷纷，有人说是用来储存我的橄榄油，替换那只挖在一块石头里的旧罐子。这些功利主义者，如果知道我这个价值昂贵的器械，将只供我用来观察水里可怜的虫子，他们会对我

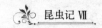

的精神失常做何感想呢？

铁匠和玻璃工对他们的作品很满意，我自己也很满意。这个水槽不乏优雅，它安放在小桌子上，在大半天都有阳光照射的窗户前非常之好。它的容积有五十来升。我将怎样称呼它呢？养鱼缸？不，这个叫法太矫揉造作，会令人错误地想到假山、小瀑布和金鱼。严肃性应该留给严肃的事物，别把我做研究用的水槽当成沙龙里毫无意义的东西，我给它"玻璃水塘"这个名称吧。

我放了一大堆钙质甲壳在小水塘里，甲壳上粘着一些杂物，里面包裹着枯萎的灯芯草。这个甲壳堆很轻，中空如管，看上去好似珊瑚礁。甲壳上还缠着牡蛎的绿色短足丝，看上去十分光滑柔和。这种短足丝是细小的刚毛，一丛丛，一簇簇，仿佛绿色的草地，我不用更换水，而是依靠这种微小的植物，让水保持适当的卫生。频繁地换水会扰乱这块移民地居民的生活，卫生和宁静是成功的首要因素。

然而，居住着动物的水塘很快就会充满不适于呼吸的气体、臭味和动物的残渣，水塘将会变成谋杀生命的罪恶渊薮。残渣一旦形成，应该随即被烧毁、净化，然后消失，从被氧化的废屑中重新产生使人充满生气的气体，以便水中可呼吸的成分永恒不变，植物的绿色细胞作坊实现了这种净化的神话。

当阳光照射玻璃水塘的时候，藻类的工作景象值得细细观赏。铺着绿色地毯的礁石，闪烁着无数发光的小点，好像美妙的天鹅绒球，球上插着成千上万颗钻石大头钉，珠子不断地从精美的绒球里蹦出来，像发光的小球，缓缓升起，星光四射。这是在水里连续不断地发射的焰火。

化学理论告诉我们，水由于动物居民的呼吸和有机残渣的腐烂充满二氧化碳，海藻则利用叶绿素和阳光的刺激分解二氧化碳。海藻吸收二氧化碳，然后把氧气散发成细气泡，气泡部分在水中溶解，部分上升到水面。水泡上升到水面，把极其丰富的气体还给大气；水泡溶解在水中则供水塘里的动物居民生存。玻璃水塘里不卫生的残渣氧化后消失了。

　　一包刚毛藻使死水永远保持卫生，我经常光顾这个水槽，对这个普通而又奇怪的现象始终兴趣盎然。我用心醉神迷的目光注视无止境地放射出来的球状烟火，仿佛依稀看到了古代的岁月。那时，海藻——植物的长子，为生物初步制备了一种可以呼吸的空气，而陆上的污泥这时正开始浮现。在我眼前这个玻璃水塘里的植物，正向我诉说充满着纯净空气的行星的历史。

第二十章  石蛾

在借助海藻保持卫生的玻璃水塘里，我将留宿谁呢？我将把善于打扮的石蛾放到里面。在穿衣的昆虫中，在着装的巧妙与稀奇古怪方面，超过石蛾的真是凤毛麟角。我家附近的大片水域生活着五六种石蛾，每种都有自己特别的技艺，但只有一种将获得历史荣誉。

石蛾

这种石蛾来自一大片死水，水底全是污泥，壅塞着细小的芦竹。仅凭这一点，专家们说，人们在力所能及的范围内，可以判定这是沼石蛾。这种昆虫的作品为它的整个行会，赢得了石蛾这个有趣的名称。这个希腊词的意思是木片、小木块。普罗旺斯的农民同样生动地称它为"搬运夫""背猎袋者"。

这是一种在大片死水中，载负着细小的茎秆和芦竹残屑的小虫。它的篓子，它流动的家，是座拼拼凑凑、粗陋不堪的建筑，一个大杂物堆，建筑艺术的精美巧妙让步给了粗陋结实。建筑材料五花八门，各种各样，如果不了解真实情况，人们会被频繁转变的建筑风貌迷惑，误以为摆在自己眼前的是不同建筑师的作品呢。

幼小的新手的建筑物，最初是一种粗糙的藤柳编制的深篓。藤柳几乎总是相同的，都是长期浸渍在水下、不能弯曲、去掉了皮的侧根。石蛾幼虫发现了这样的侧根，便用大颚将侧根锯成细小的直棍，然后，一根根固定在篓子的边缘上。这些棍子始终水平摆放，与篓子的中心线垂直。

我们想象一个周围竖着刀剑的圆圈，或者每个侧边都延伸的多边形，在这个多条直线的集合体上，另外叠起一些多层物体，而不关注共同的方向，这样，我们就将得到一个乱蓬蓬的柴捆，柴捆的藤柳横七竖八地露出来。这就是石蛾在幼虫时期的堡垒，最佳的防御系统。这个系统有连成一张插满矛戟的毛被，在穿越杂乱缠结的水草时，移动起来十分困难。

石蛾幼虫迟早会抛弃这种到处钩挂的陷阱。它曾经是藤柳编制工，现在则成了木匠。它用小梁和木质圆材建屋。这些材料在水下浸染成褐色，往往像粗麦秸那样粗，像指头那样长，其中有的长些，有的短些，主要取决于机遇。

此外，在这堆烂物中什么都有：茎秆、碎片、灯芯草管、枝杈碎屑、小枝截段、木头碎片、小块树皮、大粒种子，特别是沼泽鸢尾的种子，它从被膜里落下时呈淡红色，现在却黑得像煤炭一样。这些五花八门的东西汇集成堆，胡乱叠放起来，一些直着放，一些横着放，还有一些斜着放；一些角凹进，一些角凸出，起起伏伏，坑坑洼洼；粗大的和细小的混在一起，整齐的和难看的相邻。这不是个建筑，而是个荒诞的堆积物。有时，美的无秩序却具有艺术的效果。石蛾的作品是一种莫名其妙的大杂烩。

这堆疯疯傻傻地堆积起来的东西，不经过过渡阶段就接替了开始时井然有序的藤柳篓。石蛾幼虫有条不紊地横着堆放藤柳，它的那个柴捆不乏某种优美雅致。现在，建筑者已经长大，经验丰富，更加能干灵巧，于是放弃协调的工程设计，另起炉灶，采用不正规的工程设计。

在这两种建筑之间，没有任何过渡，在最初的柳条深篓上突然立起一堆稀奇古怪的柴捆，如果不是因为往常能找到这两种作品叠放在一起，人们不敢认定它们有共同的根源。不管它们之间怎样不协调，只要它们合起来，就能合为一体。

然而，我的这个人造水塘并非无限期地存在。石蛾幼虫开始长大，随心所欲，住在一个柴捆堆里，放弃了幼年时代的柳条篓。柳条篓现在已经变得过分狭窄，成了拖累它的沉重负担。石蛾幼虫截去一段篓子。它拆开并抛弃篓子的后部，这原是最初的建筑物。它在向更高、更宽的地方搬迁时，懂得用折裂的方式来减轻它的活动房屋。现在只剩下最上一层，同样一种杂乱无章的小梁建筑技术，随着需要将把这一层延长到水塘的槽口。

同这些篓子和讨厌的柴捆在一起的，还有其他一些东西，它们经常出现，都非常漂亮，全部由细小的贝壳组成。它们产自同一个作坊吗？要使人相信，必须得有确凿的证据。这里是秩序和美丽，那里是混乱和丑陋；一方是精巧美观的贝壳镶嵌工艺品，另一方是一堆粗糙难看的园林。然而，这一切却都出自同一个石蛾工人之手。

证据俯拾即是，不胜枚举。在某个因木质物件混乱而难看的篓子上，有时显露出一些整齐地嵌着贝壳的镶面。同样，某件贝壳杰作连接着乱七八糟地纠缠在一起的藤柳的现象也不鲜见。人们看见一只美丽的篓子被野蛮地剥掉了饰物，不由得怒火中烧。

这些大杂烩告诉我们，这个土里土气的梁柱堆积者，在有机会时擅长雅致的贝壳铺砌技艺，它毫无区别地制作粗糙的屋架和精致的镶嵌工艺品。

工艺品的模子是用扁卷螺做成的。最细小的和最扁平的石蛾幼虫选择的都是螺壳。这件作品虽然并非匀称整齐，却是成功之作，颇不乏优长。优美的螺旋圈、紧凑围绕的装饰物，在同一水平面上一个镶贴一个，构成一个外观极好的整体。从圣地亚哥①归来的朝圣客肩上的网眼坎肩，也不比它编织得更好。

　　然而，石蛾毫不关心物体的匀称协调，狂热的创作欲经常重现。庞大的和细小的混在一起，毫无分寸地突然竖起，大大损害了建筑的井然有序。在微小的扁卷螺旁边，固定着另外一些扁卷螺；最大的像扁豆，有指甲那样宽，不可能镶嵌得整整齐齐。它们漫越出整齐的部分，破坏了作品的完美。

　　更糟的是，石蛾不加区别，把所有废弃的贝壳都添进螺旋圈中，找到什么就添进什么，只要这些东西体积不过分庞大。在石蛾收集的旧货中，我记下有瓶螺、田螺、椎实螺、黄葵等等。陆上的贝壳在居住者死后被雨水卷带到沟渠中，石蛾也同样满意地接收。在用软体动物的破衣服制作的作品里，我发现了镶饰着灯管螺的纺锤体、橱窗半开的涡形饰物、牛头螺的小塔，牛头螺是草地的主人。

　　总之，石蛾建造小屋什么材料都会用一点。这些材料取自植物或者死去的软体动物。在水塘里五花八门的残渣中，石蛾拒不采用的只有砾石。石头和卵石被谨慎小心、极少错漏地排除在建筑材料之外。这是个流体力学的问题，稍后将会描述。现在，我们来观察篓子的建造过程。

　　我谨慎小心地将三四只石蛾从它们的篓子里取出来，放进一个容量不大的杯子里，以便更容易更准确地进行观察。多次尝试终于教会了我正确的方法，我把两种性质截然相反的材料交给这些石蛾使用。这些材料有的柔软，有的坚硬。柔软材料主要是生机勃勃的

①　圣地亚哥：西班牙城市，中世纪为仅次于耶路撒冷和罗马的基督教圣地。——校注

水生植物，例如水田芹或者伞形体的水母。水母上有一束浓密的白色侧根，像马鬃那样粗。在这绺柔软的发须里，素食的石蛾既会找到建筑材料，也会找到所需的食物。坚硬材料主要是木质细枝，十分干燥、整齐，像一根粗大头钉那样粗。我将细丝和小棍这两种原材料并排放在一起，石蛾可以根据它们的方便选择。

几小时以后，迁移和暴露引起的慌乱和骚动过去了，石蛾着手为自己重新制作一个篓子。它用足乱七八糟地收集起一束植物侧根，然后横躺在上面定居下来。它的臀部像波浪那样起伏摆动，隐隐约约地对这束侧根进行调整，织成了一根不结实的悬吊腰带。石蛾幼虫不吃木质细枝。这些细枝沿着悬吊带逐渐延伸，它就这样轻轻松松地编成了一张小吊床，小床有多个拴分点，几根丝线四散开去，略微加固摇摇晃晃的小吊床。

现在石蛾幼虫开始修建小屋，它在悬吊带的支撑下，拉长身子，向前伸出中足。中足比其他足长，是用于捕捉远处物体的抓斗。石蛾幼虫遇到一截植物侧根，便紧紧挽住，爬上高处，似乎在测量需要剪切的尺寸。然后，它用大颚这把上等剪刀咬一下，把侧根剪断。

接着，它稍稍后退回到吊床的高度，用前足抓住剪下的这段侧根，放在胸前，前足反复转动、挥舞、放下，再举起这段侧根，似乎在了解安放它的最佳位置。石蛾幼虫的前足在三对足中最短，是异常灵巧的手臂，足以与大颚和吐丝器迅速协调地配合，它们的迅速敏捷使它们在劳动中起着主要作用。前足精细的跗节像活动的钩形指头，类似我们的手。第二对足很长，功能是抓取远距离的材料，也很灵巧。当这个工人测量侧根并用剪刀把它剪断时，这对足紧紧地抓住侧根。石蛾幼虫的后足，长度适中，当其他足工作时，由它们支撑身体。

石蛾幼虫把刚才剪断的侧根横贴在胸上，在悬挂着的吊床上略微后退，直到吐丝器同乱七八糟靠在一起的植物侧根平齐为止。突然，它开始摆弄胸前那段侧根，寻找侧根的中部，好让侧根两端以它为中心左右等齐。它选定场地后，吐丝器立即运作。这时，前足抓紧侧根让它保持在水平位置一动不动。石蛾幼虫在头左右能够弯曲的最大范围内，开始吐丝黏结侧根的中部。

其他材料也被这样隔着一段距离抓住、丈量、剪切、定位，毫不延迟。随着附近的树木光秃起来，石蛾幼虫便到更远处收集材料，它尽量伸长身子，只有最后几个体节留在小吊床上。这只柔软的小石子悬挂着摆动的体操动作真是奇特。这时石蛾幼虫的抓斗正在附近搜索，寻觅一根侧根。

经过千辛万苦，石蛾幼虫终于用白色细短绳结成了一个篓子，篓子质地脆弱，外表也不匀称。然而，根据建筑者的操作情况，我隐约地看到，如果材料适合，这小篓子定会非常漂亮。石蛾幼虫在剪切那些侧根时，尺寸大小估算得相当好，所有侧根差不多同样长，并始终垂直地朝向篓口。

事情到此还没有完结，石蛾的工作方式常常有助于总体的协作。当泥水匠用砖头修筑工匠的狭窄烟囱时，他置身塔架中心，逐渐自转砌上新的砖石层，石蛾也如法炮制。石蛾在它的篓子里无拘无束，随心所欲地旋转身体，让吐丝器正好面对着即将加固的部位。它的头既不斜着朝左边扭，也不歪着朝右边弯，更不会为了达到身体后部而朝后仰，将固定的那根侧根总是在它前面，在它的工具所能及的准确距离内。

这根侧根黏结完后，石蛾幼虫稍稍向旁边转身，距离与黏结长度相等。它在几乎固定的范围内，黏结下一根侧根这个范围的大小取决于脑袋能够摆动的最大限度。

从石蛾幼虫的建筑方式看，它应该编织一个精致的篓子，开口是整齐匀称的多边形。可是，它用小段植物侧根编的这个篓子怎么会这样杂乱无章，这样笨拙呢？这个篓子就是这个模样。

工人是能工巧匠，但材料却不适合这项正规工程。植物侧根提供的材料外形和直径千差万别，有的粗，有的细；有的笔直，有的弯曲；有的单一，有的分权。把这些错落不齐的侧根整齐地编织起来是不可能的，何况石蛾幼虫似乎对它的篓子并不十分重视。对它来说，这是一项临时工程，为了迅速地遮蔽身体，它才仓促地编一个篓子。用大颚切断柔软的侧根，收集起来比细枝更快，编起来更容易，而造木屋就需要用锯子耐心地锯断木条。

这个不规范的篓子，靠无数根缆绳支撑，很快，一座牢固的永久性的大厦，就会以它为基础建起来。小篓子在短时期内必然塌陷，消失殆尽，取而代之的是一座经久的宏伟建筑，将保持到它的主人离去为止。

通过杯子里饲养的石蛾，我看到了另一种初始的定居方式。石蛾收集了几枝长满叶子的眼子菜梗和一捆干燥的细枝权。它暂时住在一片眼子菜叶上，用大颚剪刀把这片叶子横向一剪为二，留下的叶梗上的叶片将成为安全带并为它编篓子提供不可或缺的支撑平台。

在毗邻的叶子上，它剪下一块叶片，这块叶片多角而且宽大。材料俯拾即是，节约大可不必，石蛾用丝把叶片黏结固定在平台上。通过三四次反复操作，石蛾就被一个圆锥形囊袋包裹起来，袋口像一个错落有致的多边形的垂花饰。大剪刀继续工作，新剪下的叶片一层层固定口子内部，靠近边沿，袋口逐渐收缩，最后一种飘动的轻帷幔把这只石蛾紧紧地覆盖起来。

石蛾暂时穿上眼子菜的优质丝绸，或者穿上水田芹的侧根呢绒之后，就开始考虑造一个更加牢固的木屋。现有的篓子为它建造牢固的木屋打下了基础，但是，必不可少的材料在狭窄的邻近地区短缺稀有，必须外出寻找，必须到处走动。到目前为止，它还没有这样做过。因此，石蛾弄断缆绳，或者弄断固定篓子的植物侧根，或者弄断眼子菜叶的叶梗，圆锥形囊袋就立在这张叶子上。

石蛾现在自由自在了。石蛾的水塘是一只水杯，十分狭小，它很快就找到了建筑材料：一小捆干燥的细枝。这是我特地为它选择的，十分整齐，直径很小。这个木匠比利用侧根时更细心地在细枝上丈量长度，它的身体向将剪断的部位伸展，伸展度向它提供相当准确的度量资料。

石蛾用大颚耐心地锯断一段细枝，用前足抓住，把它横放在前胸。它退回篓子，细枝也被带到了篓子边沿。于是，它用编篓子的方法开始建木屋，只黏结细枝的中部，把细枝一层层叠起来。

这个木匠用优质材料修建了一座漂亮的小木屋。细枝全部水平排列，因为这个方向对运输和垒木最方便。当吐丝器吐丝时，两只控制细枝的前足抓握住细枝，细枝中部用丝牢牢固定。每次黏结的长度都稳定不变，这个长度等于石蛾吐丝时头的弯曲度。木屋的外观呈多边形，接近五边形，因为从一根细枝到另一根细枝，转身的弧形与每次黏结的长度相等。工作方法的规律性使建筑也匀称整齐，很有规律。但是，前提条件是材料必须是整齐统一的。

在天然的水塘里，石蛾并不是经常都能找到水杯里那样优质的藤柳。它什么都可能遇到，它就按原样使用身边的材料，比如木头片块、粗大的种子、空贝壳、茎秆、小碎片，不管好坏，是怎样就怎样使用，不进行锯削修改，就用于建筑。这样一种大杂烩，建出的就是一座七拼八凑的丑八怪建筑。

石蛾这个工匠没有忘记自己的才能，只是缺少优质材料。它如果发现一处合适的建筑工地，就会立刻建出合乎规范的建筑物。它身上带着建筑工程的设计图，它用同样大小的扁卷螺壳装饰出华丽的篓子，它用一束细根制作漂亮的柴捆。我们的藤柳制品完全可以从中寻找样品。

我想看看当石蛾无法用它喜爱的藤柳造屋时的情况。如果不向它提供粗糙的碎石，我们就只能看到土里土气的篓子。石蛾也喜欢使用被淹的种子，例如鸢尾的种子，这种癖好使我产生了实验种子的想法。我选择了稻米，稻米由于坚硬，等同木材，由于美丽的白色、球形的外观，适合修筑艺术性的建筑物。

赤身裸体的石蛾不能用这些稻米修建基础工程，它们会把地基打在哪里呢？显然，一个建造迅速、耗费不大的基础工程，对它们来说，是不可或缺的。它先用水田芹的侧根编了一个篓子，然后才筑稻米小屋；稻米或直或斜，层层叠上去，形成了一座优美雅致的小象牙塔。继扁卷螺小篓子之后，这是灵巧的石蛾送给我的最漂亮的工艺品。因为材料是同质的，而且匀称，有助于石蛾工人运用正确规范的建筑方法，建筑物就美观整齐，井然有序。

稻谷和细枝都证实，石蛾并不是个愚蠢荒谬的家伙，不像水塘里那些荒唐可笑的建筑物所表现的那样。这些建筑师修建的各款小屋，这些用不同的材料拼凑而成的荒诞的艺术品，是因为建筑材料是随处偶然发现的，无可避免会带来这样的结果。石蛾凑凑合合使用这些原材料，不能进行选择。水栖木匠有它自己的技艺和美学原则，它交上好运时，就能够加工成一些漂亮的工艺品；运气不佳时，就像别的动物那样，造出一些丑陋不堪的东西。穷困导致丑陋嘛。

石蛾的另一个特点也值得人们注意。它虽多次经受艰难困苦的磨炼，但仍然坚忍不拔。当我让它裸露的时候，它以坚忍不拔的精神，又为自己编了一个篓子。这与大多数昆虫的习性恰好形成鲜明的对比，大多数昆虫不重复做过的事，只根据习惯把正在做的事继续下去，而不考虑小窝已经受到破坏或者已经消失。石蛾却重新开始干起。这个例外给我留下了深刻的印象。它是从哪里得到这种才能的呢？

我首先了解到，紧急警报一响，石蛾便很快逃离它的篓子。在捕鱼的塘边，我把捕获到的石蛾放在几只马口铁盒子里。除了石蛾身子浸湿外，盒子一点不潮湿。我把它们略微压实，既能避免盒子里乱成一团糟，又可有效地利用空间。在我捕鱼到回家的两三个小时内，让石蛾保持良好的状态，就没有什么需要我操心。

我到家时，发现许多石蛾已经离开它们的木屋，它们赤身裸体，在空篓子和还有留居者的篓子之间乱蹿乱动。看见这些被撵出篓子的小家伙在竖着的细枝上，拖着裸露的肚子和娇嫩的皮肤，恻隐之心油然而生。不过，困难并不很大，我将它们全都倒进了玻璃水塘里。

没有一只石蛾去寻找空篓子，也许要找到一个合适的篓子，需要的时间太长。舍弃破衣服，为自己制作一个崭新的篓子，或许更加可取。朝夕之间，这些一丝不挂的虫子便用玻璃水塘里的材料——细枝叶束和水田芥束，为自己修建了临时住的植物侧根小屋。

水塘里缺水而且嘈杂骚乱，使石蛾囚徒极其惊惶不安。在巨大的危险迫在眉睫的时刻，它们急急忙忙抛掉碍手碍脚的艳丽绸上衣，逃之夭夭。它们剥脱外衣，是为了更好地逃跑。这种突如其来的惊慌失措并不是我引起的，那些对池塘里的事物感兴趣且头脑简单者，为数并不多，石蛾不用提防他们阴险奸诈的行为。石蛾突然放弃高堂明屋，肯定有人的骚扰之外的其他原因。

这个原因，真正的原因，我隐约地知晓了。最初，玻璃水塘里居住着一打龙虱。这些潜水者的活动方式非常奇怪。有一天，由于缺少石蛾的藏身之所，我毫无恶意地把两只石蛾放进这些龙虱中间。唉，我这个冒失鬼干了件什么好事呀！这些龙虱海盗，刚开始退到遍布石头的坑洼中，立刻便得知有了从天而降的玛瑙。

它们奋力划桨，迅猛奔去，扑向石蛾木匠的队伍。每个匪徒抓住一个篓子，从中部动手剖开，同时拔掉贝壳和细枝。当这场夺取篓子里的美味的活动正激烈进行时，石蛾被紧紧夹住，出现在篓口。它滑到外面，在龙虱的眼皮下迅速逃走，而龙虱似乎并没有觉察到。

我曾经说过：杀人者的职业不需要智力。这个凶残的恶棍没有看见从它的爪子之间，在它的獠牙之下溜掉狂逃的小香肠，它继续抓拔屋顶，撕碎丝质衬里。缺口打开了，但它期待的美味却不见踪影，真是尴尬万分。

可怜的傻瓜！弱者石蛾从你的鼻子底下逃走了，你却没有看见。它沉下水底，躲藏在不可胜数的神秘的岩石中间。如果事情发生在宽阔的池塘里，大部分被追捕者用这种迅速逃离的妙法就会摆脱困境。它们逃往远处，从极度惊慌失措中恢复过来后，重新为自己制作篓子。直到新的进攻发动以前，一切都已结束，而新的进攻将被同样的计谋挫败。

在狭窄的玻璃水塘里，事情变得很糟。当篓子遭到破坏，逃得太慢的石蛾被咬碎后，龙虱回到遍布石头的水底，那里迟早会发生惨案的。一丝不挂的逃亡者聚在一起，立刻被撕得粉碎，成了被吞下肚子的美味佳肴。一天一夜后，我的石蛾，一只活着的也没有了。为了继续研究，我不得不把龙虱安顿到别处。

在天然环境中，石蛾有它的天敌，最可怕的似乎是龙虱。如果说为了挫败强盗的进攻，石蛾想到赶快放弃它的篓子，这个策略当然是适当的。但是，这就要求石蛾必须具备重新建造房屋的才能。石蛾在这方面有很高的天赋，我很自然地在龙虱和其他海盗的迫害活动中，看到了这种才能的根源，需要是技艺之母。

某些毛石蛾属和长角石蛾属的石蛾身上盖满砂粒，从不离开小河底。它们在被水流冲刷清扫得干干净净的河底东游西逛，从一块礁石游到另一块礁石，不想去水面上漂浮，不想在阳光下欢快地航游。这些木柴和贝壳装配工更有才能，它们能够在除了自己的一叶扁舟，没有其他支撑物的情况下，无限期地把自己停留在水面上，能够结成不沉的小船队在水面上休息，甚至能够在水面上划桨移动。

它们这种特长来自何处呢？小篓子是一种密度比液体密度还小的木筏吗？能够在壳里藏几个气泡的空贝壳是浮筒吗？粗大的藤柳破坏了作品的整齐匀称，是为了减轻篓子的重量吗？懂得平衡规律的石蛾是根据具体情况，时而选用较轻的材料，时而选用较重的材料，使篓子能够漂浮吗？种种情况都否认，这个虫子能够做出流体力学方面的精确计算。

我把一些石蛾从它们的篓子里取出，让篓子像原来那样接受水的考验。这篓子，有的是用木质碎片做成的，有的各种材料都有，但没有一个能够漂浮。贝壳篓子像砂砾那样迅速下沉，其他的则缓缓沉入水中。

我一样样地测试各种材料，即使似乎被多圈螺塔减轻的扁卷螺，也没有一个贝壳能够停留在水面上。木质碎片分为两种：一种因天长日久变成褐色、浸饱水分，下降到水底，这种碎片俯拾即是；另一种较新，吸水较少，能够漂浮，但寥寥无几。正如篓子所显示的那样，各种材料凑在一起的结果是下沉。我再补充一点：从篓子里取出来的石蛾，也没有漂浮的能力。

石蛾在没有水草的支撑，而它本身和篓子又比水重的情况下，要停留在水面上该怎样办呢？它的秘诀很快就会揭晓。我从水中取出几只石蛾，放在吸水纸上。一只石蛾离开了它的天然居留地，顽强地慢慢前进，显出惴惴不安的样子。它一半身子脱离木篓子后，便用足紧紧抓住篓子的表面。这时，它收缩身子，把篓子再拉向自己。篓子半立着，有时甚至垂直竖立。牛头螺就是这样慢慢地前进，每次爬行时都把甲壳稍稍抬起。

石蛾在露天停留两分钟后，我重新把它放到水中。现在它漂浮起来了，但像个压载物装得较差的圆柱体一样。篓子垂直竖立，后孔与水面平齐，从这个孔里很快逸出一个气泡。这艘小船没有了空气装载物，就立刻下沉。

用有贝壳的石蛾做实验，得到的结果也一样。首先，它们在水面上漂浮，垂直竖立，然后从后天窗排出气泡后浸入水中，比第一批石蛾下沉得更快。

秘密已经揭晓，石蛾用木头或者用贝壳包裹身体，这些材料始终比水重。但它能够借助临时气球让自己停留在水面上，气球能减轻篓子的密度。这种器械的运转非常简易。

　　我仔细察看篓子后部，这个部分被截去一段，大大张开，有个横隔膜。横隔膜是纺丝器用丝织出来的，帷幕的中心有一个圆形洞口，篓子下沉的推力就来自那里。不管篓子的外部多么粗糙难看，内壁却十分光滑，铺着绸缎子。石蛾在后部用两只钻入丝质衬里的钩子武装起来，能够随心所欲地在管状篓子内部前进或者倒退，把它的挂钩固定在任何部位。这样，当六只足和身体前部在外面活动时，它就可以借此控制篓子。

　　石蛾的身子静止不动时，完全收缩，占据整个管状空间。但是，不管身子向前收缩得多么少，或者身子部分离开，紧接这种水泵活塞之后，就形成了一个空隙。这个空隙利用后天窗，这个没有活门的阀门，立刻充注了水。这样，通气的含有气体水在"鳃"①的周围就能进行交换。

　　这一下活塞的推动只牵连呼吸活动，它不能改变密度，几乎丝毫不能改变比水更重的篓子的密度。要减轻密度，首先必须上升到水面。为了达到这个目的，石蛾越过草丛，从一个支撑物到另一个支撑物。尽管它在乱糟糟的一堆柴捆中困难重重，它仍然坚忍不拔，顽强地往上走。它到达目的地后，稍稍让身体后端露出水面，推动一下活塞，活塞推动形成的空隙便充满了空气。这就够了，小船和船夫都有办法漂浮。草丛的支撑物从此以后不再有什么用，于是被抛弃。现在，是石蛾在水面上，在阳光朗照之下，欢乐地展示各种动作的时刻。

　　石蛾作为航行者并不具有什么显著特长，打转、掉头、做后退动作移动，这就是它能够做到的一切，而且做得都相当笨拙。它的身体前部离开篓子后，发挥船桨的功能。这个部分突然升上水面

①　这里的"鳃"是指石蛾分布在背部和腹部柔软的浓密纤毛。——校注

三四次，弯曲起来，再次落下搅水，不时重复的击水动作，把这个笨手笨脚的船夫带到附近新的地区。如果要渡越一拃长的距离，对这个船夫来说就是一次长途旅行。

此外，石蛾没有在水面上抢风航行的癖好，它宁愿在原地乱动乱扭，结成船队在水面上停留。当返回安静的水底，返回布满泥沙的河床的时刻到来时，这个小家伙晒足了太阳，完全缩回篓子里，推动一下活塞，排掉后部的空气。正常的密度恢复了，它慢慢完成潜水动作。

石蛾在制作篓子时，不需要关心流体力学；尽管它的作品不协调，但它并不需要把轻的和重的按照比例组合起来。在这个作品中，体积庞大密度较小的材料，似乎与浓缩的和沉重的材料相互抵消了，所以，它是使用别的妙法升上水面、漂浮、再潜入水中的。它利用水草阶梯升上水面。只要拖带的重量不超过石蛾的力气，篓子的平均密度就无关紧要。此外，篓子在水中移动时重量会大大减轻。

进入石蛾不再利用的后室的气泡，使石蛾能够不用做什么就可以在水面上无限期地停留。石蛾要再潜入水中，只须完全缩回篓子就行了。空气已经排掉，这艘独木舟恢复了大于水密度的平均密度，马上沉浸，自动下沉。

因此，除小石子外，石蛾建筑师并不挑剔材料，也不计算平衡。粗大的也好，细小的也好，藤柳也好，贝壳也好，种子也好，圆材也好，全都合适。篓子虽然是随便拼凑起来的，却是一个无法攻克的堡垒。

石蛾在建屋时，只有一点必须严格遵守：篓子的总重量必须略微超过排水重量，否则在水塘底，如果没有抵挡水的浮力的永久性锚地，篓子就不可能稳定。同样，当心惊胆战的石蛾想离开变得险象环生的水面时，立刻下沉也是办不到的。

比水重这个主要条件也不需要石蛾操心，因为整个篓子都是在水塘底制作的，所有材料也是在水塘里随便收集的，并且沉降在水底，篓子上能够漂浮的材料很少。石蛾为了排解无聊，在水面上嬉戏时，会将篓子固定在水草上，所以也不用专门考虑篓子的轻巧。

我们有我们的潜水艇，在潜水艇里，精巧的水力学施展它高超的本领。石蛾也有它自己的潜水艇，潜艇露出水面，与水面平齐航行，再潜入水中，甚至用逐渐消耗空气装载物中的空气的方式在水中停留。这种器械非常平衡，非常灵巧，不需要制作者有什么学问，这是自然而然做成的，符合事物普遍和谐的设计原理。

第二十一章  蓑蛾的产卵

春天，古旧破败的城墙和尘土飞扬的羊肠小道，使善于观察事物的人大吃一惊。一些小小的柴捆无缘无故地摇动，像突然惊跳那样前进。死气沉沉的活跃起来，静止不动的运动起来。这是怎么回事呀？我们去仔细瞧瞧吧！

这个移动柴捆的马车夫马上就露脸了。在移动的柴捆里，有条相当粗壮的幼虫，身上黑白两色相间，非常好看。这只幼虫或许是在寻找食物，或许是在寻找身体变态的地点，匆匆忙忙，惶恐不安，身体裹着细枝形成的奇装异服。从这件衣服里伸出的只有脑袋和半截身子，前半身有六只脚。一有风吹草动，幼虫就缩进整个身子，不再动弹。这就是这个游动的荆棘丛生的小柴捆的全部秘密。

背负着小柴捆的幼虫属于蓑蛾科。蓑蛾这个名称暗指古代的普赛克[①]是灵魂的象征。但愿这个名称不要把它所蕴含的意义提高到不适当的程度。昆虫分类者目光短浅、眼界狭窄，在给蓑蛾这个名称时并不关心灵魂，他们只希望为这种昆虫取个优雅的名字。当然，他们无法找到更合适的名字。

蓑蛾

畏寒怕冷、皮肤裸露的蓑蛾幼虫，为了遮护自己的身体，为自己修建了一个携带方便的简陋住宅，一座活动茅屋，茅屋的主人在还没有羽化为蛾子之前，就永远不会抛弃它。这

---

① 蓑蛾的法文为psychés，音译为普赛克，亦译为普绪客。在希腊神话和罗马神话中，普赛克是人类灵魂的化身，以长着蝴蝶翅膀的少女形象出现，与爱神相恋。——译注

个茅屋胜过普通的茅屋，也强过流浪者的麦秸顶篷马车。这只虫子穿着隐士服装，这套服装是用罕用的棕色粗呢制作的。多瑙河农民穿着山羊毛宽袖外套，系着海生灯芯草腰带。蓑蛾幼虫的服装更加朴野，它用小树枝为自己织一套衣服。不错，这堆七拼八凑起来的柴衣，对它那细嫩的皮肤来说，可真是件苦行者衣服，于是它为柴衣添加了厚厚的丝绸衬里。锯角叶甲幼虫穿着陶瓷，蓑蛾幼虫则穿着柴捆。

4月，我沿着主要观察场所的墙，找到了会向我提供最详尽情况的单色蓑蛾幼虫。它就悬吊在墙上。我的观察场所是几阿尔邦卵石地，那里虫子满谷满坑。这时，蓑蛾幼虫正处于变态前的昏沉麻木状态，我暂时不能了解到别的情况，就去了解柴屋的结构和材料。

这座柴屋相当规整，呈纺锤形，差不多四厘米长，前部固定，后部宽松地散开，可以自由活动。如果蓑蛾隐居者除了麦秸屋顶之外没有其他防护物，这就是一个不太有效的抵御日晒雨淋的隐藏所。

我粗略地查看了一下隐蔽所的外表，并受到启发，于是采用了"麦秸"这个词。其实，这个词并不准确，柴屋上禾本科植物的茎秆很少，然而，这对它的后代却助益良多，我们以后会了解到，它的孩子在中空如管的小栅条内，什么适合的东西都找不到。柴屋外表主要有些富于髓质的残渣，细小，轻薄，软嫩，正如各种不同的菊花那样；还有山柳菊和尼姆的有翼蒴果的花葶；还有禾本科植物的叶子、柏树有鳞片的细枝、小块木柴。后者是蓑蛾幼虫退而求其次而采用的粗糙材料。然而，如果偏爱的材料短缺，柴屋的外墙有时就用有宽荷叶边的叶子，用随便来自哪里的干枯树叶把衣服补全。

　　这张清单不管多么不完整，我还是可以看到，蓑蛾幼虫除了特别喜爱富于髓质的材料以外，并不会强烈排斥使用其他材料。它不加区别地利用它遇到的任何东西，只要是轻的、干燥的、在空气中长期浸渍的、面积符合工程预算的都行。材料只要差不多适合，它就按照原样加以利用，不做改动，不用锯子锯成标准的长度。蓑蛾幼虫不切削房顶上的搁板，它照原样把板条前端固定好，像叠瓦一样把一根排列在另一根后面。

　　为了方便蓑蛾幼虫行进，特别是在置放新材料时，使足易于活动，柴屋的前部需要特殊的结构，不能有小梁架成的屋檐。长而僵硬的屋檐，会妨碍蓑蛾幼虫工人干活，甚至使它不可能干活。因此，柴屋的前部必须是十分灵活、有利于向四面八方弯曲的圆筒。

　　的确，小柴捆突然前部收束成瓶颈状，瓶颈呈丝质网状结构，上面布满了极其细小的木块。这些木块可以有效地加固结构而无损于它的韧性。这个瓶颈主宰活动的自由，非常重要，所有的蓑蛾幼虫都利用它。不管其他部分多么不同，所有小柴捆的前部都有一个易于弯曲、触摸起来十分柔软的细瓶颈。瓶颈内部铺着纯丝衬里，外部则覆盖着纤细、带有绒毛的残渣。残渣是蓑蛾幼虫用大颚磨碎的干麦秸。丝绒衬里因为陈旧、褪色，失去了光泽。柴屋的尾部是个附属物，相当长，裸露，顶端半开。

　　我把这个热带茅屋一个个揭掉，栅条数量各不相同，甚至有80根以上。拆除了栅条的破屋是个空心圆柱，从一端到另一端，结构都相同。圆柱的前后两部分是自然裸露的，是用一种牢固的丝织成的，很结实，用手指拉也拉不断。丝质组织很光滑，内部很白，外部灰暗粗糙，镶嵌着小木片。

　　探查蓑蛾幼虫如何为自己缝这件织工精细的外衣，时机即将来临。这件外衣的里层直接同皮肤接触，因此井然有序地叠放着非常柔软的绸缎和混合材料。混合材料是一种覆盖着一层灰粉的木质棕色粗呢，它能节省丝，使外套坚实牢固，衬里中还有按叠瓦状排列的板条形成的瓷器。

　　在保持这种普遍的三重布局的同时，不同的外套在结构的细节方面，呈现出明显的多样性。例如黑蓑蛾，它是我最近发现的三种蓑蛾中生长最慢、成熟最晚的一种。6月末，我匆忙穿过住宅附近一条满是尘土的小路时，碰见了这种虫子。在尺寸和整齐程度上，它的外套都超过了单色蓑蛾。外套很厚密，覆盖着许多小碎片，我在那上面有时找出一些不同质地的中空小段，有时找出一些纤细的麦秸片，有时还找出一些禾本科植物的长叶子。我在前部没有找到枯叶形成的头巾，头巾虽然十分笨重，却是单色蓑蛾的服装上很平常的饰物。外衣后部没有裸露的门厅，除了必不可少的细颈外，其余部分覆盖着小栅条。这套外衣变化很少，但总的来说，在严肃、正规、整齐之中也不乏优雅。

　　身体最小、衣着最简朴的是小蓑蛾。从冬末起，小蓑蛾就满谷满坑，它们靠在墙上，藏在橄榄树、圣栎、榆树和其他树木坑坑洼洼的枯树皮里。小蓑蛾的外套是个不大的简陋圆筒，长度不超过一厘米。随便拾到的一打烂麦秸，平行叠放起来，连同丝质衣衬里，就做成了一件衣服。穿得比这还更加经济节省，真是谈何容易。

　　小蓑蛾，这种吝啬的虫子，虽然外表并不惹人注目，却将向我们提供关于蓑蛾幼虫最原始的历史资料。4月，我找到许多小蓑蛾，把它们安顿在金属钟形网罩下面。我不知道它们吃些什么。在其他情况下一无所知是件憾事，但现在却使我不必关心粮食问题。大部分小蓑蛾为了变态，原先悬挂在墙上和树皮上，现在它们被拔下后，处于蛹状。有几只仍然十分活跃，匆匆忙忙攀爬到金属网罩顶部，用小丝垫垂直地把自己固定，然后一切回归平静。

6月末，小蓑蛾的雄蛾羽化了，留下的茧壳一半插在外套里。外套固定在黏附点上，一直留在那里，直到恶劣的气候把它摧毁。小蓑蛾只能从小柴捆后端，而不能从别处外出。小蓑蛾的幼虫把开在前部的大门，永远固定在支撑物上后，翻转身体，头朝后门，以颠倒的姿态变态。这样，小蓑蛾成虫只能通过后门去到外面，这时只有这个出口是畅通无阻的。

各种蓑蛾都采用这种方法出茧。柴屋有两个出口。前部出口更加整齐，结构更加细致，在幼虫期提供服务。蛹期来到时，前门关闭起来并且牢牢地固定在悬挂点上。后部出口不大整齐，甚至被下陷的内壁遮盖起来，是为蛾服务的，它在蓑蛾的蛹或者成虫的推动下微微打开。

小蓑蛾穿着简朴的灰白色衣服，小小的翅膀展开时几乎不超过普通的苍蝇，但仍然不乏优雅。它们的触角是漂亮的羽毛饰，翅膀边缘镶着丝状流苏穗子。它们在钟形罩下旋转飞舞，忙得不亦乐乎。它们拍着翅膀，掠过地面，兴致勃勃地围绕柴屋飞来飞去。这些屋子没有什么与众不同之处。小蓑蛾稳稳地立在茅屋上，用羽毛饰探测。从这股狂热的激情中，我可以辨认出寻求雌小蓑蛾的情郎。它们一些从这里，一些从那里，每只都能找到配偶。但是，胆小的雌小蓑蛾却足不出户，婚礼只能通过开在茅屋后端的小口，悄无声息地进行。雄蛾在后天窗停留一些时间，大功告成，婚礼结束了。关于这次婚礼不必谈得更多，夫妻俩互不相识，互不相见。

我赶紧把刚才发生了神秘事件的几只柴捆放在玻璃试管里，几天以后，小蓑蛾隐居者走出茅屋，样子十分凄惨。这只小蓑蛾，小小的丑八怪！人们很难想象它这样寒碜，初生的幼虫也不像它这样陋俗。这只小蓑蛾没有翅膀，也没有丝质鳞毛，腹尖有个厚实的环形软垫，还有个肮脏的白色天鹅绒环圈，在每个体节的背部中央，有个黑色长方形大斑点，它的装饰就是这些。小蓑蛾母亲抛弃了它的名称所赋予它的优雅。

在小蓑蛾身上毛茸茸的环圈中央，竖着一根长产卵管。产卵管由两个部件构成：一个部件僵硬，构成这个器官的基础；另一个部件柔软、易弯，像插入刀鞘那样插入第一个部件，如同望远镜装回到镜盒一样。产卵时，小蓑蛾蜷曲成钩状，用六只足紧紧抓住茅屋下端，把它的探测器插入后天窗。这扇天窗有多种功能，它使秘密婚礼得以进行，使受孕者能够外出，使卵能够安置，使年幼的子女能够成群迁移。

小蓑蛾母亲停留很久，始终一动不动，蹲在柴屋的后端，像个钩子。它这样敛神屏气是在干什么呢？它把卵产在它刚刚离开的柴屋里，它把自己的茅屋作为遗产传给子女。三十来个小时过去了，产卵管终于抽出，卵产下了。小蓑蛾尾部的环圈提供一点碎毛屑把门关闭，预防敌人入侵。温柔的小蓑蛾母亲用它极端贫困时唯一的服饰，为它的一窝孩子筑起一道路障。更妙的是，它用自己的身体修建了一座堡垒，它一阵痉挛后，便将身体固定在门槛上。它就在那里死去，变干，到死还对家庭忠心耿耿。除非发生了意外事故，刮起一阵大风，才能使它跌下岗位。

我打开这间茅屋，里面有茧壳，茧壳除了前端有裂口外，完整无缺，小蓑蛾就是通过这个缺口外出。雄小蓑蛾由于有翅膀和羽毛饰，在穿越狭窄的通道时十分碍事，于是利用蛹状向后门前进，露出半个身子。幼嫩的雄蛾弄破它的琥珀色衣衫，立刻就会找到自由空间，自由腾飞。小蓑蛾母亲没有翅膀和羽毛饰，就不必这样小心翼翼。它身体裸露，呈圆柱形，酷似小蓑蛾幼虫；因此，它能够爬行，能够进入狭窄的通道，能够毫无阻碍地外出。它的茧壳留在屋子底部，妥善地藏在茅草顶下面。

这是细致而温情的审慎。卵的确挤塞在茧壳这个小桶里，挤塞在这个脱落的茧壳形成的羊皮纸袋里。产卵时，小蓑蛾把它那像望远镜的产卵管插到这个接收器的底部，有条不紊地用它的卵一层层地把接收器填满。它不满足于只是把它的茅屋和天鹅绒环圈传给它的子女，而且还做出最大的牺牲，把它的茧壳也传给它的孩子们。

我想方便地跟踪观察即将发生的事，于是把一只盛满卵的茧壳从柴捆里抽出，把它单独放在一根玻璃试管里，放在茅屋旁边。我等待的时间不长，在7月的第一个星期，我突然有了一个小蓑蛾大家庭。孵化太迅速，我的监视遭到了挫折。小蓑蛾幼虫有四十来只，都已经穿好了衣服。

它们戴着波斯人的帽子，帽子是用上等白色棉絮制作的，好像拜火教[①]僧侣的圆锥形冠冕；它们或者戴着没有帽蒂的棉帽。不过，这顶帽子不是戴在头上，而是遮住后半身。试管里热闹非凡，对寄宿在我家的虫子来说，这根试管是个宽敞的逗留处。它们东游西逛，帽子翻起，几乎与支撑面垂直。拥有这顶圆锥形帽子和粮食，生活想必是甜美的。

但是，粮食是什么呢？长在裸露的石头上和老树皮上的东西我全都试试，小蓑蛾幼虫什么都不接受。比起吃来，这些虫子更急于穿，根本不理睬我给它们端去的美食。但是，只要我能够看到帽子

---

① 拜火教：起源于古波斯的宗教，认为世界有光明和黑暗（善与恶）两种神，把火当作光明的象征来崇拜。公元6世纪传入中国，称祆教。——校注

的框架是用什么材料和用什么方式制作的，我这位无知饲养者在以后饲养它们就不会有什么不便了。

我可以怀抱这个愿望，因为茧壳里的卵许多都未孵化。我在那里找到了剩余的家庭成员，像孵出的蜜蜂一样数量众多，在弄皱的卵膜里乱蹿乱动。小蓑蛾一次产卵的总数是五六打。我把已经穿上衣服的小蓑蛾早熟虫群移到别处，只把完全裸露的晚生幼虫留在试管里。它们头部呈淡红色，身子约一毫米长。

我的耐性没有受到长时间的考验，第二天这些晚生的小蓑蛾幼虫就逐渐单独或者成群地离开茧壳。它们通过由于小蓑蛾母亲出茧而破裂的前部裂口出来，没有破坏这只脆弱的袋子。这只袋子虽然像葱皮那样纤细，有龙涎香的香味，却没有谁利用它作为材料，也没有谁利用茧壳里为卵铺设小床的细棉絮。这种棉絮绒毛似乎对畏寒怕冷、急于覆盖自己身体的虫子来说，非常之好。衣服的材料到底来自何处，我很快就会找到。没有谁利用这种绒毛，对整整一窝虫子来说，这些绒毛显然不够。

所有的小蓑蛾幼虫都径直前往粗糙的柴捆，柴捆就放在茧旁。事情十分急迫。在进入外部世界和前往牧场之前，必须首先穿上衣服。因此，所有的小蓑蛾幼虫都同样劲头十足，攻夺旧的柴屋，匆匆忙忙穿上母亲的旧衣。一些小蓑蛾幼虫把柴屋内偶然开辟为沟槽的松软的白色内层刮得干干净净；一些小蓑蛾幼虫勇往直前，深入一根中空的小树枝隧道，在黑暗中收集棉布。材料都是优选的，编织的外套都白得耀眼，一些小蓑蛾幼虫则啃咬柴捆，为自己缝制五颜六色的衣服，褐色的细粒使衣服不那么雪白。

小蓑蛾幼虫的收割工具是大颚，大颚这把大剪刀，每边都有五颗强有力的牙齿。切削器的齿轮咬合起来，适于抓拔一切不管多细的纤维。用显微镜观察，这个机械的精确度和力度都令人赞叹不已。绵羊如果按照身体的比例这样配备工具，就不会贴着地面剪草吃，而是从树根开始啃啮树叶。

干劲十足地缝棉帽的小蓑蛾幼虫的作坊，真是令人大开眼界。从产品的完美无缺中，从使用的方法的奇妙精巧中，可以观察到多少事物啊。

为了避免重复，我不再啰唆，言归正传，简述黑蓑蛾的才能。黑蓑蛾身体更大，观察更容易。它和小蓑蛾纺织工采用相同的方法工作。

我们仍然先来看看蛋杯的底部，这是个总工地。随着柴捆里出现了矮小的黑蓑蛾幼虫，我就在工地上安置它们。这些矮小的虫子有好几百只，再加上它们出生的卵膜以及各种截成几段的胚茎，多么热闹的场面啊！多么震耳欲聋的喧闹景象啊！

米克罗墨加斯为了观察人类，用颈圈上的钻石为自己磨削一只透镜。它屏住呼吸，担心把弱不禁风的东西卷带到鼻孔的风暴中。现在，轮到我自己了，我是来自天狼星的巨人。我把放大镜放在肉眼下面，屏住呼吸，让那些穿着棉衣的蓑蛾小虫工人不致跌倒，不致被秋风扫除。如果需要把一只小虫放在更高倍的放大镜下，我就用一根涂胶的小树枝去粘取，或者用嘴唇舔过的细针尖去抓捕。这只小虫被从工地上移开后，在针尖上竭力挣扎、收缩、变小，它本来就够小了。它尽可能缩回它那套还不齐全的衣服，那套简陋的法兰绒背心里。这个背心狭窄的肩带甚至只能覆盖小虫的肩膀上部。让它把衣服缝制完整吧，我一呼吸，虫子就落在蛋杯的火山口里了。

这只小斑点似的虫子生气勃勃，充满活力，它勤劳、灵巧，精通制作莫列顿绒呢的技艺。它出生时孤孤单单，但善于利用亡母的旧衣物为自己剪裁出一身新衣服。很快它就会成为木匠和小栅条收集工，以便掩蔽自己脆嫩的身体。那么，本能是什么？它竟然能够在一颗微粒中引发如此的技艺。

也是将近6月末，我得到了黑蓑蛾的成虫。它的柴屋由裸露的长门厅向下面延伸，大部分用丝质小垫子固定在钟形罩的金属网纱上，垂直地悬吊着，就像钟乳石一样。有几只没有离开土地，它们半截身子扎进沙土，垂直竖立，身体后部在空中，前部埋在地里，利用变稠的丝牢牢地扎下深根，靠着瓦钵内壁。

倒立状态排除了幼虫在为成虫出壳做准备时的重力作用。能够在茅屋里翻转身体的黑蓑蛾幼虫，在茧壳里静止不动之前，注意把头时而向上转，时而向下转，使头朝向出口，以便活动不如它自由的成虫能够毫无阻碍地到达外面。

此外，蛹本身，是这个身体僵硬、不能翻转、只能整个身子移动的蛹本身，顽强地爬行，把雄蛾运送到柴屋的门槛。蛹在丝质的门厅口没有遮蔽，露出身子。它在门口将蜕下的皮折断塞住孔口。

黑蓑蛾雄蛾羽化后在茅屋停留一些时间，在屋顶上等待湿气蒸发，让翅膀展开、坚硬。最后，它振翅高飞，寻找雌蛾。这时殷勤的雄蛾已经为雌蛾把自己打扮得漂漂亮亮。它穿着深黑色衣服，这件衣服除了翅缘外，没有鳞片，始终半透明。雄蛾的触角也呈黑色，是宽大而优雅的羽毛饰，如果将它们放大就会使秃鹳和鸵鸟漂亮的羽毛相形见绌，黯然失色。这只用羽毛装饰起来的美丽蛾子，迂回曲折地飞翔，从一个柴屋飞向另一个柴屋，探查幽会场所的秘密。如果事情使它称心如意，它就迅速地轻抖翅膀，停在裸露的后门口，秘密举行婚礼，一点不惹人注目。还有一只雄蛾，它没有看见，或者隐约看过一眼雌蛾，它也为了雌蛾戴上秃鹙的羽饰，穿上黑色天鹅绒外套。

雌蛾隐居者也同样心急火燎。蓑蛾丈夫生命短促，三四天内就死在钟形罩下面，很长一段时间，直到晚生者羽化以前，这只雌蛾都没有意中人前来娶亲。到那时，当早晨灼热的阳光照射钟形罩的时候，在我的眼前将多次出现一种奇特有趣的景象。

前厅的口子不知不觉膨胀，敞开，涌出一大堆纤细的絮团，就连蜘蛛网经过梳理变成絮团之后，也没有这样纤细。这是一种雾状水汽。然后，在这个无可比拟的鸭绒被的外面，露出一只脑袋和半截身子，与最初的麦秸收集工截然不同。这就是柴屋的女主人，正值婚龄的虫子。它感觉大喜的日子已经来到，却没有意中人前来娶亲，于是自己采取主动，尽力前去迎接用羽毛装饰起来的情郎。后者没有主动赶来求爱，事出有因。

柴屋里不再有求爱的来客，可怜的怨妇在天窗上俯着身子，一动不动。最后，它等得厌烦，缓缓后退，回到自己的小屋里。第二天、第三天以及更晚些时候，这只雌蛾在力量允许时再度出现在阳台上，时间总是上午，在温暖柔和的阳光下，地方总是这张铺着柔软的鸭绒被的小床。我稍微用手一扇，这床被子就消散，雾化了。不会有人再来了，沮丧的雌蛾回到小客厅，以后再也没有出来。它在那里死去，干枯，成了废物。我认为我的钟形罩是害死这个母亲的罪魁祸首。毫无疑问，在自由的田野中，四面八方的求婚者或早或迟总会到来的。

我的钟形罩还应该对另一个更悲惨的结局负责。雌蛾在窗子上深深俯下身子，对露出的身体前部和藏在屋里的身体后部之间的平衡估算错误，有时掉到了地上。这只猛然掉落的虫子完蛋了，它的子孙也完蛋了。然而，塞翁失马，焉知非福。意外事故并没有损坏柴屋的围墙，却让我看见了无遮无盖的蓑蛾母亲。

这只蛾子多么悲惨啊，它比蓑蛾幼虫更难看、粗陋。变态就是变丑，前进就是倒退。在人的眼睛里，这是只起皱的口袋，是个土黄色的小香肠。这个丑陋无比的小东西，比做钓饵的蛆更丑，是只正值妙龄的蛾，是只真正的蓑蛾成虫，是用秃鹫的毛装饰起来的优雅的黑色蓑蛾的未婚妻。然而，对它们来说，这就是美的最高表现。一句谚语说："美并不美，受到喜爱才真美。"蓑蛾为我们明白无误地证实了这深邃的思想。

我来描述一下这只小香肠似的虫子，这个丑姑娘。它的头很小，是个平平常常的小球，几乎消隐在第一个体节里。对一个装着卵的袋子来说，要头和脑来干什么？因此，它几乎省去了头，把头缩减成最简单的形式。然而，它却有两个黑色的眼点。这些残存的眼睛看得见东西吗？肯定看不清。光线带来的欢乐对这只足不出户的蛾子来说，肯定少而又少。当雄蛾翘首期盼情人的时候，它才在窗子上难得露几次面。

这只蛾子的足形状很好，但短小、软弱，不能用来移动身体。它身体呈淡黄色，前半部半透明，后半部不透明，装满了卵。在前几个体节的腹面有个黑斑，好像教士身穿长袍时佩戴的领巾。这个斑点因为透明，我认出它是嗉囊中的残渣。装着卵的身体后部，像个短短的环形软垫，挤塞着浓密的细丝绒。雌蛾在狭窄的柴屋里前进和后退时，脱去纤细的丝绒，堆成一个絮团。举行婚礼时，絮团把天窗弄成白色，柴屋内部就这样用鸭绒被装饰起来。简而言之，雌蛾的大部分身体只不过是用卵鼓胀起来的袋囊。我不知道有什么比这个卑微的蛾子更加低下。

盛装着卵的袋囊当然不是用足移动，这些足太短小、太软弱，无法支撑身体。这只囊袋靠身体后仰、前俯、侧转的方式移动。袋囊后端有一道深深的条痕，把蛾子的身体一分为二。它向前扩张，像一道波浪那样扩散，缓慢地到达头部。这一下波动就是迈出的一步，当波动结束时，这只蛾虫前进了大约一毫米。一个长五厘米、装着细沙的盒子，从一端到另一端，这条小香肠似的蛾子要花一小时。它去到门厅口会情郎和返回时，就这样在柴屋里移动。

黑鬃蛾的雌蛾，这个带卵的袋囊，三四天在荒野里毫无遮盖，过着悲惨的生活。它盲目爬行，常常在途中停顿。没有一只雄鬃蛾注意它，含情脉脉的爱恋者经过时无动于衷，十分冷漠。这只不幸的雌蛾一旦离开家就失去魅力了。冷漠有它自身的逻辑。如果家庭必然会遭到抛弃，在大路上遭到冷酷无情的折磨，为什么还要做母亲呢？漂泊流浪的雌鬃蛾因为意外事故从屋里落下，在短短几天之内就会因体力衰竭、无法生育而死亡。因此，生殖能力最强的黑鬃蛾的雌蛾谨慎小心，有节制地出现在柴屋的天窗上，因而能够预防跌落，安全地回到家里。一旦雄鬃蛾在家门口的求爱结束，雌鬃蛾就不再露面。

我等待了半个月后，用剪刀纵向剪开柴屋。在柴屋的底部，在最宽的部位，在门厅对面，是蛹蜕下的茧壳。这是一只长长的袋子，琥珀色，易脆，头部尖端大大敞开，面对出口通道。现在鬃蛾母亲在这只袋子里，把这只袋子像模子那样填得满满的。这时它像只有卵的小香肠，不再有生命的迹象。

黑鬃蛾的雌蛾以丑陋的、未成形的蛾的容貌，以蛆虫的形态走出这只琥珀色的茧壳。在这只壳里，我了解到了蛹的特点。现在，雌蛾缩回茧壳中，用茧壳把自己紧紧裹住。要把包裹和包裹物分离开十分困难，看上去，它们好像是不可分割的整体。

当蓑蛾倦于在门厅口等待，回到底部的房间时，茧壳很可能占据着柴屋最好的位置，便成了这只蛾子的避难所。它多次外出然后返回，这样来来去去，一再同狭窄的、宽度刚刚够通行的通道内壁摩擦，终于使它脱掉了毛。它最初长着浓密的鳞毛，穿着蝴蝶的花衣服，慢慢地，绒毛变得稀稀落落，最后只残余下光秃秃的衣服。它失去了绒毛，它用这些绒毛制作了什么呢？

鸭子脱去身上的鸭绒，为自己的一窝雏鸭造一张柔软的床。兔妈妈从腹部和颈子上，从门牙剪刀够得着的部位剪下柔软的兔毛，为兔宝宝铺一张床垫。黑蓑蛾也有这种柔情，读者们，你们来瞧瞧吧。

在茧壳的前部有一大堆纤细的絮团，很像有少量絮凝粒渗出的丝絮状物。这些絮凝粒渗出时，隐居的蓑蛾正走到窗前。这是丝吗？这是纱厂细薄柔软的平纹织物吗？不是，它无比纤细，用显微镜可以辨识出鳞片状粉末，这是所有蛾子身上都覆盖有的鳞毛。为了给很快就将在茧壳里乱蹿乱动的幼虫提供温暖的掩蔽所，这些小家伙能够在那里玩乐，在进入广阔世界之前，能够在那里使身体长得更壮实，蓑蛾母亲像兔妈妈那样脱去身上的鳞毛。

没有任何证据显示脱毛是简单的机械作用的结果，或者仅仅是蛾子同低矮的内壁不断摩擦的结果。母性，直至最卑微的母性，都有它的预见性。因此，我设想有个毛茸茸的袋子，它自身扭曲，在狭窄的地道里来去往返，以便让浓密的鳞毛脱落，为它的子孙准备衣物；或许它甚至从嘴唇上连根拔除不易脱落的绒毛。

剪剃方法无关紧要，一堆鳞片和绒毛填满了茧壳的前部。目前这是一道阻止进入小丝屋的路障，小丝屋后端大大敞开。蛹壳前部很快就成了柔软的歇息地，蓑蛾小幼虫从卵里孵出后，将在那里停留一些时间，在非常暖和而柔软的莫列顿绒呢中休息。这是为出走和为紧接着要进行的工作做好充分的准备。

丝并不短缺，相反十分丰裕。黑蓑蛾的幼虫在作为纺纱工和茅草收集工期间，用起丝来大手大脚。柴屋的内壁都铺着一层厚厚的白色绸缎，但是，幼虫织的那美妙的鸭绒被，比起内壁过于密实的毯子来，更受幼虫喜爱。我们了解了黑蓑蛾为家庭所做的准备工作。那么，它的卵在哪里呢？安放在什么地点呢？

小蓑蛾的雌蛾，个子最小，比另外两种更不像蛾，行动更自由，它完全走出了柴屋。它有一个长长的产卵管。它让这根管子穿过出口一直钻入茧壳底部。以袋子的形式遗留在柴屋里，它是一个接收器，接纳蓑蛾母亲一次所产下的卵。产卵结束了，袋子盛满了卵。小蓑蛾母亲钩挂在它的茅屋上，死在外面。

另外两种蓑蛾没有望远镜似的产卵管，要移动身子只能茫然无知地爬行。正是它们，让我了解到了蓑蛾奇特的习性。关于它们，我可以重复人们对古罗马模范母亲的评价：让她待在家里纺羊毛吧。不错，纺羊毛。雌蓑蛾虽然不纺织绒毛茎秆，但至少使它变为丝絮传给子女。不错，让它待在家里。它从来足不出户，甚至结婚和产卵也不离开。

我看到雄蓑蛾求爱造访受到接待后，其貌不扬的小香肠怎样后退到茅屋底部，缩回茧壳中。它把茧壳填塞得满满的，仿佛它一直都待在那里似的。

卵从那时起就已经到位，占据着合乎规格的袋子。这种袋子，各种各样的蓑蛾都喜爱。产卵还有什么好处呢？严格讲来，并没有产卵这回事，卵没有离开蓑蛾母亲的腹部，这只产卵的活袋囊把卵保存在自己身上。

　　由于蒸发很快，这只活袋囊的体液很快干涸。它干涸时也始终与坚硬的茧壳连在一起。我打开一只茧壳，从放大镜下看到了什么呢？几根气管的细线，一些瘦肌肉束，一些神经小支，一些减缩到最简单形式的生命纪念物。总之，几乎什么都没有，里面只有一堆卵，将近300枚卵形成的煤砖。一句话，这只蛾子是个巨大的卵巢。

第二十二章　蓑蛾的保护层

蓑蛾的卵在 6 月上旬孵化。刚孵出的小虫身长略多于两毫米，有头和体节。第一个体节黑得发亮，随后两个体节灰色，其余体节呈淡琥珀色。它们精神抖擞，灵活敏捷，在海绵状的绒毛中小步快走，乱蹿乱动。这些绒毛产生于蜕去的卵壳。

书本告诉我们，蓑蛾幼虫初生时吞食它的母亲。我认为书本应该对这种令人发指的说法负责，我从来没有见过类似的情况，我甚至不了解这种说法是从何而来的。蓑蛾母亲把它的茅屋传给子女，从茅屋的茎秆中抽取的丝絮，是缝第一件衣服的原料。蓑蛾母亲用它的茧壳和它的身体为子女修建带双重围墙的孵化室，它还用它的绒毛为子女修建防御性路障和外出之前的临时栖息所。为了子女的前途，它什么都奉献，什么都耗用了。它全身只剩下一块连放大镜都难以辨识的纤细而干燥的破布，没有其他任何东西可以为这个人丁兴旺的大家庭摆上同类相残的筵席。

不，小蓑蛾幼虫，你们不吃母亲。我监视你们，但白费力气。没有一只小幼虫为了吃或穿，把大颚搁在亡母的遗物上。母亲的皮完整无缺，毫无破损，纤细肌肉层和气管网清晰可见，茧壳也同样完整无缺。

放弃出生的襁褓的时刻来临了。出口在很早以前就已经开凿，幼虫不必使用强力，对抗曾经是它们的母亲的襁褓，也不需要用剪刀渎圣地剪开一个缺口，门会自然而然地打开。当母亲还活着时，身体的前几个体节是半透明的，与其他部分形成鲜明的对比。这些透明的部分很可能是密度较小、抵抗力较弱的标志。

事实的确如此，蓑蛾母亲的身体在茧壳里减缩，干燥的颈部半透明，变得极不牢固，非常容易损坏。颈部会自己脱落吗？小虫子迫不及待地离开时，它会被推脱吗？这些我并不大知晓，然而，我看到，要使它落下，只须吹一口气。

为了孩子们能走出襁褓，蓑蛾母亲生前就已经准备好最容易甚至也许是最自发的断头术。为自己制作一个纤细的脖子，以便在适当的时候轻而易举地切去脑袋，让幼虫有条畅通无阻的通道，这是多么崇高的献身精神啊！在这种献身行为中，不自觉的母性温情完全彻底地、崇高地表现出来。这只可怜的像蛆一样的蛾子，这只小香肠似的蛾子，还几乎不会爬行，却对未来高瞻远瞩，远胜于善于深思熟虑的人。

蓑蛾母亲的头脱落，天窗因而打开，一窝幼虫通过这扇刚刚打开的窗户走出它们出生的襁褓。茧壳是第二层保护层，也没有构成任何障碍。自蓑蛾成虫破壳而出之后，它就一直大大敞开。第三层是鸭绒被，它是蓑蛾母亲用身上的绒毛织成的。蓑蛾小幼虫在那里停下，那里比出生的襁褓宽敞得多，于是它们舒舒服服地暂时住下来，一些静静休息，另一些乱蹿乱动，练习行走。个个都鼓足了劲，准备在大白天流散迁居。

在莫大的乐趣中停歇的时间并不长，这些虫子随着体力逐渐充沛，一小群一小群地钻出来，在茅屋的表面上散开，马上开始干活，因为缝制衣服的活十分紧迫。衣服一旦穿好，它们便开始吃头几口食物。

蒙田穿上父亲的旧衣，脸上露出动人的表情。他说："我穿着我的父亲。"蓑蛾幼虫同样也穿着它们的母亲，它们用亡母的旧衣覆盖自己的身体，还在旧衣中仔细搜寻缝制棉衣的布料。幼虫选择的材料是胚茎的髓，特别是那些纵向劈开、容易采集的碎块。蓑蛾小虫首先选择一个合适的部位，然后就动手收集，用大颚刨削，从栅条里抽出一种很白的棉絮来。

衣服的最初形状引起了我的注意。这只小小的昆虫有它自己的方法，我们的工业技术还比不上它呢。幼虫将棉絮一小团一小团地收集起来，用大颚剪刀剪裁好。它们将怎样缝制一件衣服呢？裁缝裁衣必须有张桌子放置布料，而幼虫不可能在自己的身体上寻找支撑，因为任何紧贴的东西都非常碍事，妨碍活动的自由。然而，幼虫用一种灵巧的方法克服了这个困难。

幼虫先收集一些绒毛碎屑，用丝把它们一片片连接起来，形成一个笔直的花饰。在花饰上，小绒毛在一根绳索上悬空晃动。当小家伙认为准备工作已经就绪时，就把这个花饰缠在胸部的第三个环节，方便六只足自由活动。然后，它用一点丝把花饰两端系在一起，形成一条腰带。这根腰带刚开始并不完整，但小虫很快就会再将一些绒毛屑固定在腰带上。

这根腰带就是衣服的模子，然后幼虫再将它加长、加宽，直到完全缝好。蓑蛾幼虫的纺丝器时而在上面，时而在下面，或者在侧面，但始终在腰带的边缘，把大颚不断切削出的髓质碎屑固定起来。这个环绕腰间的环形花饰，再没有比它想象和设计得更好的。

基础打好后，纺织机就开始运转。幼虫先织一根环绕腰部的细绳，然后，始终在前部边缘添加新线团，织出肩带、背心、短上衣，最后还织出袋子。袋子不是自身变长向后延伸，而是通过蓑蛾纺织工的编织逐渐向后扩大，这个纺织工在已经制作好的外套部分逐渐向前移动。几个小时后衣服缝好了！啊，它多像顶圆锥形风帽、一顶完美的白色风帽啊！

我由此知道了，蓑蛾幼虫走出母亲的小茅屋时，不到处寻找，不进行对这个年龄来说十分危险的远征，它就在房顶柔软的小栅条中，寻找缝衣所必需的材料，赤身裸体到处漂泊的危险，就这样得以避免了。以后当它离家时，由于母亲的关爱，它将有一套暖和的服装。母亲审慎地把家小安置在柴屋里，让孩子们可以自由选择材料缝制衣服。

如果蓑蛾幼虫掉在破房子里，如果一阵风吹来把它刮到远处，这个可怜的小东西往往就完蛋了。木质的麦秸髓质丰富、干燥、浸渍充分，但并不是唾手可得。这只小虫不再有衣服穿，在这种苦难中，死神很快就会降临。但是，如果遇到适宜的材料，这只流亡的蓑蛾幼虫为什么不加以利用呢？我来考察一下吧。

我把几只蓑蛾幼虫隔离在玻璃试管里，并放上几根剖开的细枝，细枝是从一种类似蒲公英的植物茎中选出来的。这些小虫失去了母亲的庄园，对我提供的细枝似乎非常满意。它们毫不犹豫，在细枝中仔细搜寻质量最好的白色髓质，用来织它们的风帽。这顶风帽比它用母亲的破茅屋织的风帽更漂亮。它们出生的小屋或多或少已经发黄，而且因长时间留在空气中而变质。枯萎的尼姆蒲公英，茎洁白无瑕，用它织的棉帽也白得完美无缺。我选用高粱的髓质小圆秸，收获更大。这些圆秸是从厨房的扫帚上取来的。这个风帽上有水晶般的闪光点，好像点缀着晶莹糖粒子，它是我的蓑蛾工人的杰作。

这两次成功使我有理由进一步使原料多样化。我缺乏刚出生的蓑蛾幼虫，不得不剥去老熟幼虫的外衣，用它们来做实验。我给这些赤身裸体的虫子一条没有涂胶水的纸带，这是它们唯一的制衣材料。我还给它们一根吸墨纸条。

虫子没有迟疑不决，而是劲头十足，欢天喜地，仔细搜索这个对它们来说崭新的东西，为自己缝制一件纸衣服。死后才扬名的小卢塞尔[1]，也有一件用纸缝制的衣服，但不及蓑蛾幼虫的纸衣服纤细和光亮。我的那些穿着纸衣的虫子，对它们的纺织原料十分满意，甚至它们鄙视出生的茅屋，选择继续在这件工业产品上刮擦旧纱团。

试管里另一些蓑蛾幼虫，我没有给它们提供制衣料，它们就刮削分隔玻璃隔间的软木塞。这些被脱掉衣服的虫子急急忙忙地仔细搜查软木塞，把它锯成细片，用它织了一顶细粒状的风帽。这顶帽子戴起来合适、雅观、漂亮，就好像它原本就惯用这样的材料。这种材料或许是第一次使用，但材料的新颖性丝毫没有改变衣服的裁剪。

总之，所有干燥的、轻的和易于处理的植物性材料，蓑蛾幼虫都接受。动物性材料，特别是矿物性材料，如果足够纤细，它们会接受吗？我在大孔雀蛾的翅膀上剪下一根细带子，放在一根试管底部，再在这根带子上，放置两条赤身裸体的蓑蛾幼虫。没有别的材料供这两条被监禁的虫子使用，这个鳞片工场是唯一的呢绒来源。

在这片奇特的草坪前面，它们长时间左思右想，犹豫不决。20分钟后，一根蓑蛾幼虫没有任何行动，似乎下定决心光着身子死去。另一根胆大一些，或者因为在突然被剥光身子时受到的惊吓小些，它探查了这根带子一会儿，终于决定加以利用。这一天还没有过去，它就用大孔雀蛾的鳞片让自己穿上了一身灰色的天鹅绒衣

---

[1] 小卢塞尔：法国大革命时期的民歌所嘲笑的典型傻瓜。——译注

服。由于材料精致纤细，这件衣服真是精巧极了。

　　我迎着困难继续向前迈进，用粗硬的石头来替换植物棉絮和蛾翅软绒毛。蓑蛾的外套往往伴有沙粒和泥块，但这些只是不小心掺入的碎屑，它们被纺丝器不小心沾到，无意中掺进了蓑蛾的小茅屋。挑剔的虫子对小石子的缺陷了若指掌，不会去寻找石头，它们厌恶矿物。但是，现在它们要像呢绒那样加工的，正是这种矿物。

　　我从收集来的石块中选择的碎石非常小，与弱小的幼虫很相称。我有块鳞状结晶赤铁矿的样品，用画笔一刷它就风化成几乎同蛾翅留在指头上的鳞粉一样纤细的碎屑。在一层像钢锉屑般闪光的矿物碎上，我安放了四条从柴屋里取出的蓑蛾幼虫。我预见到了失败，因此，我增加实验对象的数量。

　　我的预见是正确的。这一天过去了，四条蓑蛾幼虫始终赤身裸体。然而，第二天，有一条，唯一的一条幼虫决定穿上衣服，它织了一顶像有多个金属小平面的风帽，好像教皇的三重冠，彩虹的光泽在帽子上闪耀，非常富丽堂皇、豪华奢侈，但也呆笨沉重，碍手碍脚。负载着这堆金属行走，真是步履维艰。当拜占庭皇帝披上那件饰有金片的华丽长袍，出席庄严盛大的仪式时，肯定也是这样行走的。

　　可怜的虫子，你比人更明白事理。你按照自己的意愿是不会选择这些可笑的财宝的，是我把这些东西强加给你的。这里有个细薄的髓质小圆片，是对你的补偿，向后压退吧，扔掉你那顶漂亮的教皇三重冠，去织一顶舒适的棉帽吧。大后天蓑蛾幼虫真的这样做了。

　　蓑蛾幼虫在开始施展技艺时，有自己偏爱的材料，它偏爱从露天浸渍过的木质残屑中收集到的植物性碎片，它们通常由蓑蛾母亲的小茅屋的旧屋顶提供。在缺乏常规的纺织原料的情况下，蓑蛾善于用动物的绒毛，特别是用蝶翅的鳞片碎屑。但必要时，它什么怪诞的办法都不惜采用，因此，它也纺织矿物性材料，因为穿衣的需求对它来说非常迫切。

穿衣的需求压倒了吃饭的需求。我把一条蓑蛾幼虫从山柳菊毛茸茸的叶子上取走，经过多次实验，我了解到这种植物的绿叶可作为食物，它的白色绒毛可作为呢绒，很合蓑蛾幼虫的心意。我把这条幼虫从它的饭厅里取走，让它饿两天肚子，让它光着身子，然后再把它放到那片叶子上。现在，它尽管长时间肚子空空如也，却仍然并不关心进食，而是尽力收集山柳菊的绒毛被，为自己缝制衣服。口腹之乐被摆到了后面。

这条幼虫畏寒怕冷吗？现在可是正值伏天酷暑啊，烈日的火焰倾盆大雨似的降到大地，蝉发狂似的大合唱。实验室里闷热像火烤，我不得不摘掉帽子和领带，脱去外衣。在这座大火炉里，蓑蛾幼虫首先索要的竟是暖和的被盖。唉，怕冷的家伙，我来满足你吧。

我把这条幼虫放在窗子边，让它暴露在阳光的直接照射下。我做得太过分，被太阳照射的虫子身体歪扭起来，晃动腹部，十分难受的样子。但是，缝制山柳菊毛外套的活并没有因此而搁置，相反，它继续工作，比平时更加紧迫。这是由于光线太强吗？棉絮袋子难道不是蓑蛾幼虫的隐蔽所吗？它可以在那里与世隔离，不受白天亮光的袭扰，慢慢消化食物和打瞌睡。我一边保持高温，一边挡开强烈光线。

幼小的蓑蛾幼虫事先被脱去衣服，现在住在一只硬纸盒里。我把盒子安放在窗子的角落，那里的温度接近40摄氏度。不要紧，在几个小时内，一件莫列顿绒呢外衣缝好了。酷热、黑暗和宁静都没有丝毫改变蓑蛾幼虫的习性。

热度和照明度都无法解释蓑蛾幼虫为什么迫切需要穿上衣服。应该到哪里去寻找它匆忙穿衣的原因呢？除了对未来的预感之外，我看不出有别的原因。

蓑蛾幼虫必须度过冬天，但它对丝囊里的掩蔽所、树叶间的小屋、地下的巢室、老树皮下的退隐地、绒毛的屋顶、茧等别的幼虫用来保护自己不受恶劣天气侵袭的设施和方法，全都一无所知。它不得不经受风吹雨打、冰霜肆虐，度过寒冬。是危险造就了它的才能。

它为自己修筑了一个茅屋。当茅屋垂直地固定和悬吊起来时，屋顶上按叠瓦状排列成辐射状的茎秆，就将把冰凉的露水和融化的雪水隔离在一段距离之外滴淌。它在这样的掩护下编织厚厚的丝质夹里，这个夹里将成为柔软的床垫和防御严寒侵袭的堡垒。采取这些预防措施后，冬季来临，朔风劲吹，蓑蛾待在它的茅屋里，睡得安安稳稳。

但是，茅屋不能在寒冬即将来临之际，临时仓促修建。它是个精巧细致的建筑，需要慢工细作，不断完善、增厚、加固。蓑蛾为了把更高超灵巧的技艺学到手，一旦走出卵就开始像学徒那样学习技艺。它还穿着轻薄的棉外套时，就开始为身强力壮的中年时代做准备。同样，松树上成串爬行的毛虫一孵出，就首先编织精巧细致的帐篷，然后编织薄纱圆形屋顶。这个屋顶以后将织成牢固的袋囊，松毛虫们将关闭在这只袋囊里。松毛虫在出生的当天就预感到了未来的烦恼，于是它们以学习未来的防身技能作为一生的开始。[①]

① 见卷六第十九章。——校注

不，蓑蛾幼虫并不怕冷畏寒，它在很多长着短毛的幼虫中与众不同，它高瞻远瞩，目光远大。冬天它找不到其他昆虫那样的隐藏处，因此，它一呱呱坠地，就准备修建一个茅屋，自己拯救自己。它在与它弱小的身躯相称的廉价的棉絮中学习建屋子。在炎夏酷暑火一般的烈日照射下，它已经预感到了冬天的严寒。

现在我的蓑蛾幼虫差不多有1000条，全都穿戴整齐。它们在宽敞的玻璃容器里东游西逛，惴惴不安。啊，我的小家伙，你们一边走，一边摆动你们雅致的白风帽，是在寻找什么呢？不用说，是在寻找食物。拼死拼活、劳累不堪之后，必须休息以恢复体力。你们尽管为数很多，对我来说却并不是个过分沉重的家庭负担。你们靠微量的进食维持体力，但是，你们要求什么呢？当然，你们并不指望我。在自由的田野里，你们会找到比我细心提供的饭菜更合口味的食物。我既然出于学习的愿望养育你们，对我来说，喂养你们的责任就义不容辞。你们还需要什么呢？

昆虫保护人的角色，是个十分困难的角色。作为这些虫子的食物供应者，我必须考虑到明天的需求。我坚持不懈地履行最值得称赞的但也最困难的职责，总是让大木箱装得满满的，这些小虫子满怀信心地等待，深信面包最终都会有的。但是供应者却忧心忡忡，殚精竭虑，寻思想要的碎屑是否找得到。啊，个中的酸甜苦辣我多么熟悉，这个举足轻重的角色我已经扮演很久了。

今天，我是1000条蓑蛾幼虫的保护人，这些虫子是我进行研究必不可少的。我什么都试试，榆树的嫩叶看来不错，第一天晚上就用它来喂这些虫子。第二天我发现叶面一小片一小片地被吃掉，到处散布的黑色粉末细得连摸都摸不出来，这表明幼虫的肠子发挥了作用。我一时感到心满意足。饲养一个进食习惯还不为人所了解的虫群的人，肯定都会理解我这种满意的心情。成功的希望露出了曙光，我现在知道怎样饲养我的这些虫子了，我会马到成功吗？我不敢确信。

我继续提供多种多样的饭菜，但事与愿违。母绵羊似的虫子拒绝食用我备办的绿色拼盘，最后甚至对榆树叶也厌腻起来。正当我以为什么都统统完蛋的时候，我幸运地受到了启发。我在茅屋的细枝中，认出了几个山柳菊碎片，可见，蓑蛾经常光顾这种植物。但为什么蓑蛾幼虫却可能不吃这种植物呢？我们来试试吧。

山柳菊在遍布石子的田野里，在我的寓所旁，甚至在悬空的茅屋的墙脚下，繁花满树，露出一个个花结。我采摘了一大把，分配给我圈养在不同地方的虫子。粮食问题解决了，蓑蛾幼虫立即麇集成群，待在毛茸茸的叶丛中，贪婪地、小片小片地吃树叶。但树叶的背光面仍然完好无缺。我让这些虫子留在这片草场上，看来它们对这片草场十分满意。

这时，我想到清洁问题。蓑蛾幼虫怎样清除消化道的食物残渣呢？它自己可是封闭在一只袋囊里呀。我不敢想象垃圾会扔投、堆积在耀眼的白色长毛绒帽子底部，污物不应该藏在这样漂亮的东西里。

袋囊的尾部尽管呈圆锥尖头形，后端却没有封闭。这一点从袋囊的制作方式便可以充分了解。蓑蛾幼虫先织一条腰带，腰带随着上边缘不断增高向下推压而形成一个圆筒，圆筒下部自动收缩变成尖形，尖端没有封闭，留有一个裂瓣保持关闭状态的永久性孔洞。如果蓑蛾幼虫后退，带子就松弛，微微打开孔洞，通路就会畅通无阻，污物就会掉到地上。反之，如果蓑蛾幼虫在茅屋里前进一步，排难解忧的方便之门就自动关闭。这真是一部十分简单、十分精巧的机器。我们的女装裁缝在弥补第一条西裤的缺陷时，也没想出更好的点子。

蓑蛾幼虫一天天长大，但它的衣服始终合身。这是怎么回事呢？根据书本，我设想会看见蓑蛾幼虫从纵向把变得狭窄的外套劈开，然后在裂缝中，织一块补丁把它扩大，我们的裁缝就是这样做的。然而，这压根就不是蓑蛾使用的方法，它们比我们更为能干，它们连续不断地缝制它们的衣服。这件衣服下部旧，上部新，永远适合它那长而粗的身体。

跟踪观察蓑蛾幼虫身体每天逐渐长大，十分容易。几条蓑蛾幼虫最近用高粱髓质为自己制作了风帽，制作品棒极了，很像用雪白的水晶编织出来的。我剥去那些衣着雅致的蓑蛾幼虫的外衣，给它们一些褐色鳞片作为编织材料，这些材料选自柔软的老树皮。朝夕之间风帽就面目一新，锥体尖仍然洁白无瑕，但前部却是粗呢，色泽与长毛绒迥然不同。第二天高粱毡子全部消失，整个锥体换上了树皮的棕色粗呢。

我于是收回褐色材料，代之以高粱髓质。这次暗色的粗糙材料逐渐退向风帽顶，同时白色髓质材料从孔口处开始逐渐宽大。一天还没有结束，雅致的主教帽就已经全部重新制作完毕。我可以随心所欲地变换编织材料，甚至可以用两种材料让幼虫织出明暗相间的双色小风帽。

我发现，蓑蛾幼虫不用我们在裂缝插入补丁块的裁缝的方法。它为了有件永远合身的衣服，不停地干活。它总是将收集到的材料缝在袋囊边上，随着身体的发育而逐渐增加新衣褶。同时，旧带子消退，被推向圆锥顶，并利用自身的弹性缩小体积，关闭茅屋。剩余的分散解体，像破布片那样掉下，在漂泊的雌蓑蛾的碰撞下，消失在一堆乱七八糟的东西里。茅屋上部新，下部旧，永远不会过于狭窄，因为它在不断自我更新。

当炎夏酷暑结束时，宽边女帽也变得不合时宜。秋日霏霏的淫雨，威胁着蓑蛾幼虫。随之而来的是冬天的霜冻。用茎秆排列成多层防水雨篷，为自己织一件粗厚的宽袖长外套的时候到了。幼虫开始缝衣时，采用的方式不合乎习惯、很不规范，长短不一的麦秸、干枯的碎叶片，杂乱无章地固定在衣领后面。衣领始终保持弹性，幼虫能够朝各个方向自由弯曲。

屋顶的第一批小栅条很少、相当短，乱七八糟地横竖排列，胡乱堆在一起，却没有破坏建筑物最终的匀称和谐。这些栅条被向后推，最终会因茅屋的加大而被排除。然后，幼虫精心挑选较长的小栅条，以惊人的速度和灵巧，将茎秆全都纵向排列起来。如果遇到的栅条适合，幼虫就用足收集起来，转动，再转动，突然它用大颚咬住栅条，立即将它固定在茅屋的前部。蓑蛾幼虫剥光栅条新鲜、粗糙、粘得更牢的表面，可能是为了得到更加牢固的绳带。铅管工也是这样用锉刀将焊接的部位锉开裸露。

蓑蛾幼虫用大颚的力量撬起梁架，在空中挥舞，然后臀部突然一动把它搁在背上，纺丝器立即吐丝将它固定。成功了，没有经过反复摸索，没有经过修正，这个构件就被放到墙上并固定起来。在晴美的秋天当嗉囊装满时，蓑蛾幼虫就这样从容不迫地消磨着日子。当严寒降临时，蓑蛾的柴屋已经竣工，它待在里面酣睡。当酷暑再来时，蓑蛾又恢复活动，它在小路边游荡，在草坪上长途旅行，吃几口食物，然后，时候一到，便悬吊在墙上准备变态。

茅屋制作完毕后很久，这些在春天漂泊流浪的幼虫，激起了我的欲望，我想了解蓑蛾幼虫是否能够重新开始制作茅屋。我把它从茅屋里取出，安放在一张细而干燥的沙床上，让它一丝不挂。我给它一些尼姆蒲公英的茎秆作为原料，茎秆已被锯成与茅屋的栅条同样长的小段。

这只被剥夺得一无所有的虫子，在一大堆木质麦秸下面消失了。它在那下面急急忙忙纺织，用嘴唇在下面的沙床和上面的小枝丛之间，寻找细绳的拴系点，纺丝器随便碰到什么东西，长的或者短的、轻的或者重的，便将它们乱七八糟地捆扎起来，然后在这个错综复杂的脚手架的中心，编织修建与茅舍截然不同的丝囊。这时，蓑蛾幼虫只从事编织，别的什么都不干，甚至不去试着把它拥有的材料拼装成整齐的屋顶。

蓑蛾拥有完美的茅屋。当它的才能随着晴美的季节到来恢复时，它不屑于过去那种小栅条收集者的工作。去年夏天它曾经拼命苦干，但在这个季节，胃一旦得到满足，丝管一旦膨胀鼓凸，它就只把闲暇用于精益求精地为茅屋加厚床垫。内部的丝质毡子很合它的意，不很厚，也不很软。它为了身体变态，家庭为了安全无虞，大家都会对加厚的床垫感到满意的。

然而，我刚刚用狡计掠夺了它的财富，它觉察到了这个灾难吗？如果可以使用的丝和小栅条等资源允许，它会想到重新造一间柴屋吗？对它那怕冷而娇弱的背部，对它的家庭来说，柴屋是不可或缺的避难所呀。绝对不会，它钻到细枝堆的下面，像平常一样动手干起活来。

乱七八糟放着的蒲公英茎秆和干燥的沙土，现在对蓑蛾幼虫来说都一样是柴屋的围墙。它就像在莫列顿绒呢上织毡子一样，干劲十足地用丝铺盖它够得着的表面，根本不考虑物体的高低不平。现在，布料没有覆盖在原来的围墙上，而是贴在粗糙的沙土和乱七八糟纠结在一起的茎秆上。这个昆虫纺纱女根本不关心柴屋的状况。

　　它现在的居室比坍塌还更糟，柴屋根本就不存在。蓑蛾幼虫把现实忘得干干净净，继续按部就班地编织想象的小床。然而，一切都会提醒它屋顶已经没有了。它终于能够用来覆盖身体的袋囊，又松软又蹩脚，臀部一动，丝袋就下陷，就起皱。再说，丝袋因为有沙，变得沉重，而且逆向布满矛戟，矛戟会钻入路上的尘土，阻碍前进。蓑蛾幼虫把身子固定后，又把身子挪来挪去，弄得筋疲力尽。它需要一些时间来滑动，把它那碍手碍脚的丝屋移动几法分。

　　蓑蛾幼虫的茅屋上，小栅条像叠瓦那样排列得非常精确。它能够背着茅屋灵巧地前进。可是这只幼虫的丝屋前面固定，后面松动，像个船形雪橇。它穿越障碍，钻进、滑动毫无困难。前进虽然容易，但后退却不可能，因为构架的每个部件由于后端松动从而引起止动。

　　而且，袋囊上横七竖八地布满尖板条，被纺丝器吐出的丝松松垮垮地连接起来。前面的尖条好似钻入沙土的马刺，使前进的努力化为乌有，旁侧的边刺则是无法拔除的耕耙。在这样的条件下，幼虫必然会失败，就地死亡。

　　我劝告蓑蛾幼虫："放下架子重操你精通的技艺吧，把妨碍你的小栅条井井有条地摆好，给你的袋囊上涂一点胶水，找几根裙撑加固你的茅屋。现在，你很不幸，你受苦受难。你就重操旧业，做你从前驾轻就熟的事吧。唤醒你木工的本能吧，你将会得救。"

　　然而，我的劝告是白费口舌。干木工活的时期已经结束，编织丝袋的时刻，蓑蛾幼虫锲而不舍地编织，填满不复存在的茅屋。被蚂蚁开膛剖腹，这个悲惨的结局将是这种本能坚韧不拔的后果。这一点，很多别的例子曾经告诉过我。昆虫可以比拟为不可攀爬的斜坡、不可回溯到源头的河流，它不改变自己当下的行为，过去的就已经过去，不可能重新开始。这个不久以前还很能干灵巧的木工，即将死亡，不会再安放它的小栅条了。

第二十三章 🪲 大孔雀蛾

这是个令人难以忘怀的晚会，我称它为大孔雀蛾晚会。有谁不知道这种欧洲最大的蛾子呢？它十分美丽，穿着栗色天鹅绒外衣，系着白色皮毛领带，翅膀上布满灰色和褐色斑点，中间横穿一条浅白色之字曲线，边缘呈烟熏白色，中央有个圆圆的斑点，好像一只黑亮的大眼睛；大眼睛里闪耀着虹色光环，白色、栗色、鸡冠花红，色彩千变万化。

体色模糊发黄的大孔雀蛾幼虫，同样惹人注目。这条幼虫在它那稀疏地环绕着黑色纤毛的体节末端，镶嵌着绿蓝色的珍珠。它粗大的褐色茧好似渔夫的捕鱼篓，形状稀奇古怪，通常紧贴在老杏树根部的树皮上。这棵树的树叶是幼虫的美味佳肴。

5月6日上午，一只雌大孔雀蛾当着我的面，就在实验室的桌子上从茧里羽化，我立刻把它关在金属钟形网罩下。这时它因为羽化时的潮湿，浑身湿透。由于其他情况，我没有处理它的特殊计划，出于观察者的习惯，把它监禁起来，时刻注意可能发生的情况。

将近晚上9点，全家正在睡觉，隔壁房间响起一阵乱哄哄的声响，好似在挪动东西。保尔半裸着身子蹦蹦跳跳，连连顿足，像发了疯似的推翻椅子。我听见他叫我，他喊道："快来呀，来看这些像鸟一样大的蛾子呀，房间都装满啦！"

我连忙跑去，孩子兴奋激动，夸张叫喊是有道理的。一种大蛾子这样侵入我的居室，过去还没有发生过呢。其中有四只已经被抓住，关在鸟笼里。其余的数不胜数，向着天花板飞去。

我目睹这个景象，便回想起早上被监禁的那只蛾子。我对儿子说："孩子，把衣服穿上，把鸟笼留在那里。我们一道去看看发生了什么稀奇事。"

我们再往下走，走到我的实验室。这个房间位于我的卧室的右侧。在厨房里我碰见了保姆，正在发生的事也把她弄得目瞪口呆，她用围裙驱赶大蛾子，她起初还把这些蛾子当成蝙蝠呢。

看来，这些大孔雀蛾已经差不多把我的寓所整个占领了。正是那只囚犯蛾子招引来这么一大群蛾子。在它附近，在那上面，会是什么呀？幸好有一扇窗一直大大敞开，道路畅通无阻。

我们拿着蜡烛走进早上囚禁那只大孔雀蛾的房间，看见的景象真是令人难以忘怀。飞来的大孔雀蛾围绕着钟形罩飞翔、停下、离去、返回、飞上天花板、降落，发出轻柔的噼噼啪啪的声响。它们扑向蜡烛，用翅膀拍打，把它弄灭。它们还扑打我们的肩膀，钩住我们的衣服，碰擦我们的脸。这个房间真是招魂者的危险洞穴，洞里的蝙蝠正在盘旋飞舞。这时小保尔比平时更用劲地紧紧握住我的手，为自己壮胆。

这些蛾子一共多少只？将近20只，再加上迷失在厨房里的和陆陆续续飞来的，总共将近40只。大孔雀蛾的这个晚会，真是令人难以忘怀啊。40只含情脉脉的大孔雀蛾不知道怎样得到信息，急急忙忙飞来，殷勤地向早上出生的那个妙龄女子雌大孔雀蛾表达爱意。

今天，我们别再打扰这一大群求爱者了。蜡烛的火焰烧坏了来客，它们冒冒失失向火焰扑去，弄得身子有些焦黄。明天，我将用预先拟好的问卷恢复实验。

现在，我先清扫干净场地，再来谈谈在我观察的八天内，都重复发生了些什么。每次都是在沉沉黑夜，在晚上8点和10点之间，大孔雀蛾一只只飞来。雷雨即将来临，乌云蔽天，一片漆黑。在露天，在荒石园里，远离树木的掩蔽，几乎伸手不辨五指。

对到达这里的大孔雀蛾来说，除了黑暗之外，还要加上进入屋内要遇到的重重困难。房屋隐没在高大挺拔的法国梧桐丛中，一条路边长满茂密的丁香和蔷薇的路，好像是这座房屋的前厅。这座房屋受到松树群和杉柏幕帷的保护，不受法国南部干寒而强烈的北风的侵袭。离家门几步远，一些小灌木丛又形成了一道壁垒。大孔雀蛾必须通过这些杂乱的树枝和沉沉的黑暗，迂回前进，才能到达朝圣的目的地。

在这样的黑夜，猫头鹰也不敢贸然离开橄榄树上的洞穴。然而大孔雀蛾却拥有具有很多小面的光学仪器，比长着大眼睛的夜鸟装备得更加精良。它毫不迟疑，勇往直前，在飞行途中什么也没有碰撞到。它蜿蜒曲折地飞翔，准确地掌握方向，飞越重重障碍后到达时，仍然精神抖擞、生气勃勃，翅膀完好无损，没有丁点擦伤的痕迹。对它来说，黑暗就是足够的光亮。

不过，即使大孔雀蛾有种异乎寻常的视觉，能够感受到普通视网膜无法感受到的光线，这种视觉也不可能可以在一段距离以外告知大孔雀蛾，引导它飞来。距离和中间放置的挡板，不容置疑地让这种视觉无用武之地。此外，除非有具有迷惑性的光的折射，否则，大孔雀蛾应该会直接前往它要寻找的目标，因为光线的指引非常准确。然而，大孔雀蛾却有时会弄错，弄错的不是方向，而是发生引诱它的事件的确切地点。孩子的房间在实验室的对面，这时实验室才是大孔雀蛾来客的目的地。我们拿着灯进去以前，它已经被大孔雀蛾占领。这些蛾子肯定信息不灵，厨房里同样有一大群迟疑不决的大孔雀蛾。一盏灯的光亮，对夜间昆虫来说，是一种无法抗拒的诱惑，可能使远道而来的大孔雀蛾迷失了方向。

我先只考察黑暗的地方。迷路的大孔雀蛾不是稀稀落落几只，在目的地附近，到处都看得到。那么，当那只雌蛾被囚禁在实验室里时，到来的大孔雀蛾并不都是从敞开的窗户飞进来的。这扇窗户是条直接的、可靠的通道，离关在钟形罩下的囚徒三四步远。然而，许多大孔雀蛾从下面进入，在前厅里游荡，至多到达楼梯，而楼梯是条死路，被上面一扇关得严严实实的门挡住。

这些情况告诉我们，应邀前来参加婚庆的大孔雀蛾客人，并不像普通的光辐射向它们提供信息那样，直接奔向目的地，而有另一个东西从远处向它们发出信息，把它们引到目的地附近，然后让诱饵处于有待探索的模糊状态中。听觉和嗅觉的作用差不多就是这样。当需要准确地决定声音或者气味的始源地时，听觉和嗅觉的引导很不准确。

发情的大孔雀蛾在夜里出发朝圣，它们接收情报信息的器官是什么呢？人们猜测是触角。雄大孔雀蛾头上有宽宽的触角，它似乎具有探测器的作用。这些华美的羽毛饰仅仅是简单的服饰，或者既是服饰又能在感受引导热恋者的气味上发挥作用呢？一项能获得结论的实验看来是容易进行的，那我就来做个实验吧。

在大批大孔雀蛾侵入我的寓所的第二天，我在实验室里找到了上个夜晚的八个来客。它们在第二扇窗的窗棂上安营扎寨，一动不动。这扇窗是关闭的。其他的大孔雀蛾在晚上将近10点结束芭蕾舞后，通过进入的道路，即通过第一扇窗离去，这扇窗白天和黑夜都大大敞开。这几个坚持不离去的正是我的计划需要的。

我用小剪刀连根剪去这些大孔雀蛾的触角，但没有碰触它们身体的其他部分。被截肢的大孔雀蛾对这次手术并不怎么不安，几乎谁也没有拍打一下翅膀，情况非常之好。伤口似乎也不严重，这些被剪去触角的大孔雀蛾没有因为痛苦而发狂，令我非常满意。这一天结束了，窗棂上整天静悄悄的，没有任何动静。

接下来我又做了另外几项部署。当大孔雀蛾夜间飞翔时，改换地点，不让雌蛾在被截肢的雄蛾眼前出现，以便保存研究工作的成果。因此，我得把钟形罩和里面的囚徒迁移到别处，放在居室的另一边的门廊下，离实验室50来米。

黑夜来临，我最后一次去看望被动过手术的八只大孔雀蛾。其中六只已经从敞开的窗子离开，剩下的两只都掉在地板上。如果我让它们身子翻转朝天，它们就没有力气转回身子来，它们已精疲力尽，气息奄奄。别埋怨我的外科手术，我如果不使用剪刀，这种迅速衰老的现象也照样会出现。

六只大孔雀蛾精力比较充沛，已经离开。它们会回到昨天吸引它们的诱饵那里去吗？它们失去了触角还能找到钟形罩吗？罩子现在已经移到别处，离老地方相当远。

钟形罩安放在黑暗中，差不多在露天。我时不时提着灯笼，拿着网去到那里。大孔雀蛾来客被抓住、辨认、分类，马上又在我关上了门的隔壁房间里放掉。这样的逐渐排除，能够让我准确地计数而不必担心同一只蛾子被数几次。此外，这个临时囚室十分宽敞、空空荡荡，没有装饰，丝毫不会损伤被囚禁的蛾子，它们会在那里找到安静的退隐地和广阔的空间。在后续的研究中，我将采取同样的预防措施。

到了10点30分，再也没有什么情况发生。这次实验结束了，我一共收集到25只雄大孔雀蛾，其中一只失去了触角。昨天被动了手术但仍然健壮地离开实验室的6只大孔雀蛾，只有一只回到钟形罩附近。这是个很小的成果。如果我必须肯定或者否定触角的引导作用，我还不敢相信这个成果呢。我必须进一步进行更大规模的实验。

第二天早上，我探视昨夜的大孔雀蛾囚徒，见到的情景令人感到鼓舞。很多囚徒在地上几乎毫无生气，但被抓在指间后，又会露出生命的迹象。从这些瘫痪的蛾子身上能够期待什么呢？我还是来试试吧。它们或许在跳爱情轮舞的时刻又会生气勃勃、劲头十足呢。

24只新大孔雀蛾接受了切除触角手术。以前被切除触角的那一只已被排除，它已经濒临死亡，或者差不多濒临死亡。最后，在这天剩余的时间里，监狱的门大大敞开，谁愿意出去随时可以走，谁想参加联欢晚会都会受到欢迎。为了让出走的大孔雀蛾接受实验，我又将钟形罩挪动了地方，放在底楼的一个厢房里。不用说，进入这个房间当然畅通无阻，这些外出者不可避免地会在门槛上遇见这个罩子。

在24只被切除触角的大孔雀蛾中，只有16只到了外面，8只衰弱不堪，不久就会死去。在离去的16只中，有多少会回到钟形罩周围呢？一只也没有。第二晚我只抓到了7只大孔雀蛾，全都是新来的，触角装饰着羽毛。这个结果似乎表明，被切除触角是有些严重的影响。然而，我们别急着下结论，还存在着一个意义重大的疑点。

刚刚被人残酷地割去耳朵的小狗穆弗拉尔说："我的状态多么好啊，我敢在别的狗的面前出现。"我的大孔雀蛾有穆弗拉尔的主人那样的担心吗？这些蛾子一旦失去装饰就不再敢在竞争者中间露面求爱吗？是因为羞愧吗？是缺乏向导吗？大孔雀蛾求爱的欲望强烈而短暂，这难道不更是超时限等待之后的筋疲力尽吗？实验结果会告诉我们答案的。

　　第四个晚上，我捕捉到了14只大孔雀蛾，全都是新来者。它们被囚禁在一个房间里，将在那里过夜。第二天我趁它们静止不动，把它们前胸的毛拔掉一些。这个简单的剃度礼没有烦扰这些虫子，当再度发现钟形罩时，剃度礼并没有使它们失去任何必不可少的器官。但对我来说，这将是那些来访的大孔雀蛾的真正标记。

　　这一次没有身体衰弱、不能腾飞的大孔雀蛾。夜里，14只被剃毛的大孔雀蛾又开始活动起来。不用说，钟形罩又变更了位置。我在两小时内抓到了20只大孔雀蛾，其中两只被剃掉了毛发。至于前天晚上被截肢的那几只大孔雀蛾，再没有出现。它们的婚期结束了，彻底结束了。

　　有剃毛标志的14只大孔雀蛾，只有两只飞了回来，其他12只为什么虽然具有人们推测的触角导向器，却没有飞回来呢？另一方面，经过一个非法囚禁之夜后，为什么我总是看到那么多虚弱衰竭的大孔雀蛾呢？对此，我只看到一个答案：这些大孔雀蛾被交配的强烈情欲弄得精力衰竭了。

　　为了结婚，大孔雀蛾生命的唯一目的，这些蛾子具有奇妙的天赋。它知道飞越很长的距离、黑暗和障碍，寻找意中人。两三个晚上，它花费几个小时寻找爱侣和调情嬉戏。如果它不能抓住良机，善加利用，就一切都完啦，因为非常精确的指南针出了毛病，非常明亮的信号灯熄灭了，以后再活下去还有什么意义呢？于是它清心寡欲，退隐到某个角落躲藏起来长眠不起。幻想和苦难全都结束了。

　　大孔雀蛾只是为了代代延续才以蛾子的形态出现。进食对它来说是未知事物，如果说别的蛾子快乐地同桌就餐，它们从一朵花飞到另一朵花，展开吻管，插进甜蜜的花冠；大孔雀蛾却是无与伦比的禁食者，彻底摆脱了胃的奴役，不需要进食恢复体力。它的口器只是个半成品，是个空幻的假象，并不是真正适合运转的工具，没有一口食物进入它的胃里。如果不是生命短暂，这真是个非常了不起的特长。灯除非熄灭，否则就需要油滴。大孔雀蛾放弃了"油滴"，那么它就必须放弃长寿。两三个夜晚，对一对配偶的结合来说是最起码的必需时间，这就是一切。大孔雀蛾寿终正寝了。

被切除触角的大孔雀蛾一去不复返，意味着什么呢？失去触角会使它们无法再找到雌大孔雀蛾囚徒等待它们的钟形罩吗？绝对不是这样。被剪去毛发的蛾子，它们虽然接受了可能具有危害性的手术后并没有受到损伤，却也宣告它们的日子已经终结。遭到截角也好，身体完整无损也好，它们都因年事已高，一去不复返。它们的缺席无关紧要。由于缺乏对实验来说不可或缺的时间限制，我没有了解到触角的作用。这种作用以前令人怀疑，今后仍然令人怀疑。

被我监禁在钟形罩下的雌大孔雀蛾坚持了八天，它每天晚上时而在寓所的这个地方，时而在另一个地方，按照我的意愿为我招引一大群数量不定的来客。我用网抓捕这些来客，把它们流放到一个关闭的房间里。它们在那里过夜，第二天它们头部的毛发被我剪掉。

这八天晚上，飞来的大孔雀蛾的总数高达150只。如果我想获得继续这项研究必不可少的资料，我就必须投入随后的两年时间进行研究，想再找到150只大孔雀蛾，对我来说，这个数字真会令人目瞪口呆。大孔雀蛾的茧虽然在附近地区并非无法找到，但至少是凤毛麟角，因为大孔雀蛾幼虫的栖息地老杏树，在我们地区寥寥无几。

这些衰老的树，我在两个冬天全都检查过。我搜寻树根，一堆杂乱的禾本科植物丛生在树根周围，为老杏树穿上鞋子。多少次我归来时两手空空，因此，我拥有的150只大孔雀蛾是来自远方的客人，或许来自周围两公里之外，甚至更远。那么它们怎样知道我的实验室里发生的事呢？

三个远距离的信息因子为易感性服务，它们是：光线、声音和嗅觉。谈论视觉有必要吗？远道而来的大孔雀蛾一旦穿过敞开的窗户就受视觉引导，是毋庸置疑的。但是，在对外部一无所知的情况下，承认大孔雀蛾具有神话中能透过厚墙看见东西的猞猁的眼睛是不够的，还必须承认它具有能在几公里之外完成这个奇迹的敏锐视觉。唉，我们不要再争论这样荒谬绝伦的说法了。

声音也与此没有关联。大腹便便的雌大孔雀蛾虽然能够从很远的地方召唤，但声音很轻，甚至对最敏锐的耳朵也是如此。它具有来自内心的振动，这是受情欲驱使、也许用高倍显微镜可以观察到的颤抖。严格说来，这种情况是可能的。但是，我们回想一下：来客应该是在相当远的距离，在几公里以外得到信息情报的。在这种情况下，讨论声学是没有意义的。如果把周围搞得天翻地覆，就会破坏宁静，所以想从远距离之外，听见大孔雀蛾的召唤，实在是天方夜谭。

剩下的向导只可能是气味。在我们的感觉领域内，气味比其他物体都更能简略地解释，为何匆忙赶来的大孔雀蛾要经过一番迟疑不决，才能找到吸引它们的诱饵。真的存在我们称之为气味的散发物吗？这种散发物非常难以觉察，我绝对无法感觉到，但它却能够给比我们更敏锐的嗅觉留下深刻的印象。对此，我可做一个简单的实验，实验的关键就是要掩盖住这些散发物，把它们压制在一种强烈的、经久不散的气味之下。这种气味控制嗅觉，强烈的气味压制微弱的气味。

我事先在雄大孔雀蛾晚上将被诱去的房间里撒播樟脑。此外，在钟形罩下面，在雌大孔雀蛾旁边，我也安放一只盛满樟脑的大圆底器皿。大孔雀蛾来访的时刻到了，要清晰地分辨出煤气厂的气味，只须置身于房间的门槛上。然而，我施的巧计落了空，大孔雀蛾像平时一样飞来。它们进入房间，穿过房间里有柏油味的空气，就像在没有气味的环境中一样，准确地飞向关着雌大孔雀蛾的钟形网罩。

我对嗅觉的信心发生了动摇，再说，我现在也不可能继续实验。第九天，我的雌大孔雀蛾囚徒因为被徒劳无益的等待弄得筋疲力尽，把不能孵出幼虫的卵安放在钟形罩的网纱上之后死去了。没有实验对象，直到下一年我都将无事可干。

这一次我将采取预防措施，我储备了必需品，以便一帆风顺地重复已经做过的和我考虑要做的实验。动手干吧，别拖拖拉拉啦。

夏天，我以每条一苏的价格购买了一些大孔雀蛾幼虫。这笔买卖使邻居的小孩——我的供应者们十分开心。每个星期四，他们摆脱了法语动词变化练习，跑遍田野，不时会找到一条粗大的大孔雀蛾幼虫，让它紧紧地贴在一根棍子尖上，把它带给我。这些可怜的孩子不敢碰这条幼虫，当我用指头像他们抓住熟悉的蚕那样抓住这条幼虫时，他们个个目瞪口呆。

我用杏树枝喂养我的昆虫园里的大孔雀蛾幼虫。在短短几天内，它们就向我提供了优质的茧。冬天，我又在杏树下辛勤地寻找，终于将宝物收集齐全了。一些对我的研究兴趣盎然的朋友，前来助我一臂之力。我到处奔走，与人谈判交涉，还在荆棘丛中擦伤了皮肤。我这样苦干，终于拥有了整整一系列大孔雀蛾茧，其中12只比较大，比较重。我由此而了解到，这些较大的茧就是雌大孔雀蛾茧。

失望和挫折在等待着我。5月到来了，这个月份气候变幻莫测，把我的种种准备工作化为了乌有。冬天又来到了，干寒而强劲的北风呼啸，撕碎了法国梧桐的新叶，撒得遍地都是。在严寒的冬天，必须再燃起夜里短暂的旺火，再穿上开始脱去的衣服。

我的大孔雀蛾也饱尝了艰辛。茧羽化得很晚，羽化出的是一些麻木迟钝的虫子。在钟形网罩的周围，很少或者压根就没有一只来自外面的雄大孔雀蛾。雌大孔雀蛾在罩子里等待，根据出生的先后次序，今天一只，明天一只。附近有些雄大孔雀蛾，因为在我收集的大孔雀蛾中，若发现长着大片羽毛饰的，一旦羽化，一旦被辨认出来，就放飞到荒石园里。可是，它们不管远在天边，或者近在眼前，都很少来拜访雌蛾，即使来访也没有丝毫激情。它们进来一会儿，接着就踪迹杳无，一去不复返。热恋者的感情冷却了。

也许低温与提供信息的气味不相容，炎热会大大增强气味，寒冷则会大大减弱气味。我一年的工夫白费了。唉，这种实验受季节的循环以及一些不可知因素的影响，是多么艰难啊。

我第三次重新开始实验。我饲养大孔雀蛾幼虫，并跑遍田野寻找茧。当5月回归时，我拥有了一定数量的茧。季节晴美，合我心意，我又看见曾经在我开始实验时，在那次少有的大孔雀蛾入侵期间，使我震惊的大群大孔雀蛾晚会。

每天晚上，来访的大孔雀蛾结成小队飞来，有12只、20来只，或者更多。大腹便便的雌蛾主妇，紧紧抓住钟形罩的金属网。它没有任何动作，甚至连翅膀也没振动一下，好像对周围发生的事漠不关心。我的家人中鼻子最灵敏的，也没有嗅出任何气味；耳朵最灵敏的，也没有听出丁点声响。这只雌大孔雀蛾屏息凝神地等待着。

飞来的雄大孔雀蛾三三两两或者更多，扑向钟形网罩的圆顶，在那儿转来转去，翅膀不停地振动拍打圆顶。情敌之间并不争风吃醋，打架斗殴。每只雄大孔雀蛾都试图钻进网罩里，没有表现出对其他殷勤献媚者的嫉妒。它做了种种尝试，全都徒劳无益，于是感到厌倦，便飞开了，混进群蛾飞舞的芭蕾舞中。有几只沮丧失望，通过敞开的窗户逃之夭夭。在钟形网罩的顶上，直到10点左右，不断有新的蛾群飞来，但它们很快就感到厌倦，被其他蛾群替代。

我每天晚上都挪动钟形网罩，把它放在北边或者南边，放在右厢房底楼或者二楼，放在寓所左边50米以外，放在露天或者偏僻的房间。突然的搬迁可能会把研究者弄得晕头转向，却丝毫没有难倒大孔雀蛾。我白白花了时间和计谋去欺骗它们。

它们对地点的记忆并没有造成什么影响。例如，前一天晚上雌大孔雀蛾在一个房间安顿下来，装饰着羽毛的雄大孔雀蛾去到那里飞来飞去，转了两小时，一些甚至还在那里过夜。第二天夕阳西下，当我转移钟形罩时，所有大孔雀蛾都在外面。新到的大孔雀蛾虽然朝生暮死，却也有能力再开始进行第二次、第三次夜间远征。这些昙花一现的老手，它们将飞到哪里呢？

它们已经知道昨晚会合的准确地点，我以为它们将在记忆的指引下返回那里；如果它们找不到，就会飞去别处继续探寻。咦，不，情况大大出乎我的意料。昨天晚上大孔雀蛾络绎不绝地前往的那些地点，压根就没有一只大孔雀蛾出现，压根就没有一只大孔雀蛾在那儿短暂访查。这个地方被这些蛾子认出荒无人烟，记忆没有向它们提供任何信息，一个比记忆力更可靠的向导把它们召唤到了别处。

直到现在，雌大孔雀蛾仍然暴露在金属网罩里。前来探访的求爱者在黑暗中目光敏锐，能够凭着对我们来说是一片黑暗的模糊亮光，看见这只雌大孔雀蛾。如果我把这只雌蛾关在一个半透明的网罩里，又会发生什么呢？这个网罩让提供信息的气味自由传播或者阻止它们传播吗？

今天，物理学发明了利用电磁波的无线电报，大孔雀蛾在这条路上已先我们一步了吗？为了让周围的异性激动起来，为了告知远在几公里之外的求爱者，刚刚羽化的妙龄雌大孔雀蛾，拥有已知的或未知的电波和磁波吗？这电波被某个屏障拦截，又被另一个屏障放行吗？一句话，它用自己的方式使用某种无线电吗？对此，我看不出有什么不可能，昆虫习惯于这样奇妙的发明创造。

我把雌大孔雀蛾放在性质不同的罩子里，罩子有白铁的、木质的、硬纸的，全都关得严严实实，甚至还用含油的胶泥封固。我也使用玻璃钟形罩，罩子安放在一小方块绝缘的玻璃上。

怎么！在这样密封的条件下，不管夜晚的甜美和宁静多么逗人喜爱，却从来没有一只雄大孔雀蛾飞来。不管密封的罩子是什么性质，金属的、玻璃的、木质的或者硬纸的，都对具有通信性质的气味设置下了不可逾越的障碍。甚至一层两根指头厚的棉花也有同样的效力。我把雌大孔雀蛾放在一只短颈广口瓶里，用绳子扎了一团棉花放在瓶口当瓶盖。这足以掩盖实验室的秘密，没有雄蛾突然飞来。

相反，如果我使用关得不严、微微打开的罩子，甚至还把罩子藏在抽屉里、衣橱里，尽管增多了这些障碍，大孔雀蛾仍然成群飞来，数量就像金属钟形网罩那里一样多。我对雌大孔雀蛾被隐秘地关在网罩里等待的那个夜晚，保持着鲜活的记忆。来访的大孔雀蛾飞到罩子边，用翅膀笃笃地撞击，想进去。它们是路过的朝圣者，不知道来自田野何处，但它们对罩子里的女子却了如指掌。

那么，雄蛾以类似无线电通信方式获得信息的假设不能被接受，因为一道屏障不管是良好导体还是不良导体，一出现就足以阻断雌大孔雀蛾的信号。要使这些信号传播时畅通无阻，传播得更远，以下的条件是必不可少的：囚禁雌大孔雀蛾的囚室关闭得不严；内部和外部空气互相流通。我又被重新引回可能存在着某种气味这个观点上，然而，这种可能性却已经被我用实验否认。

我的大孔雀蛾茧资源已经枯竭，可问题仍然没有水落石出，我要再开始第四年的研究吗？我放弃了，因为如果我想深入跟踪一只参加晚会

大孔雀蛾

的大孔雀蛾，非常困难。向雌蛾殷勤献媚的雄蛾要达到目的当然不需要照明器具，但是，我们人类微弱的视力在夜间则少不了灯的帮助，至少需要一支蜡烛，而蜡烛往往被盘旋飞舞的蛾群扑灭；灯笼虽然可以避免烛光熄灭，但是，昏暗的烛光被宽大的阴影遮蔽，压根不适合深入细致的观察。

不仅如此，烛光还会把大孔雀蛾从它们的目标转移开，使它们心神不定。此外，如果烛光久照，就会严重地影响晚会的成功。求

爱者一旦进入房间，就会疯狂地奔向蜡烛的火焰，烧坏身上的绒毛。以后它们由于身体烧伤而惊慌失措，不能提供确切无疑的证据。如果它们没有受到烧烤，被玻璃罩隔在一段距离之外，也会被烛光迷住，在火焰旁边落脚，一动不动。

一天晚上，我将雌蛾放在饭厅的桌子上，面对打开的窗子。一盏煤油灯（这盏灯装有宽大的白色搪瓷反射器）悬挂着。从屋外飞来的大孔雀蛾，有两只在钟形罩顶上停下，急急忙忙奔向被囚禁的雌蛾，另外七只经过网罩时向雌蛾致意，便飞到油灯那里盘旋了一会儿，然后因为受到乳白石屋顶发出的灿烂光辉的迷惑，就停在反射器下面，一动不动。这时，孩子举起手来想捕捉它们，我说："就让它们那样，别惊动它们；殷勤地接待它们吧，别打扰这些前来光明神龛的朝圣客。"整个晚上，七只大孔雀蛾一只也没有动一下，第二天它们还待在那里，烛光的迷醉使它们忘掉了爱情的甜蜜。

观察需要灯具，而有了灯具就会引来这样一些对灯火的亮光狂热着迷的大孔雀蛾；有了这些蛾子，准确和长时间的实验就无法进行。既然如此，我于是放弃了大孔雀蛾和它们夜间举行的婚礼。我需要一只习性不同的蛾子，它要像大孔雀蛾那样，在婚恋幽会的大胆行动中灵活能干，但又要在白天活动。

在用一只具备这些条件的蛾子继续进行实验之前，我暂时把编年顺序搁在一边，讲几句关于以前进行研究时飞来的蛾子的逸事。这是一只小樗蚕蛾。

有人从一个我不知道的地方带给我一只漂亮的茧，茧裹着宽大的白色丝套。从这只不规则的有褶皱的丝套里，很容易抽离出一只外形好似大孔雀蛾但要小得多的茧来。从丝套的前端，我一眼就认出它是粗大的夜蛾的同类，纺织品带着纱厂主的标记嘛。前端被用松散地聚集在一起的嫩枝加工成捕鸟网，它容许幼虫外出而不会破坏围墙，又能防止外人进入住所。

的确，3月末，在圣枝主日①这一天，从这个有捕鸟网的茧里飞出了一只雌小樗蚕蛾。我立刻把它监禁在实验室里的金属钟形网罩下面，然后打开窗户，让秘密泄露在田野里。如果求爱者到来，它们必须找到能够自由出入的通道。被囚禁的这只蛾子抓住金属网纱，整个星期都不再动一动。

雌小樗蚕蛾囚徒穿着有波纹的棕色天鹅绒衣服，非常漂亮。它的脖子围着皮毛，前翅边缘有胭脂红斑点，像只大大的眼睛，在眼睛里，像同心的月牙那样聚集着黑色、白色、红色和赭石色。大孔雀蛾的项圈除了色泽不那么深暗之外，也差不多。这种身材和服装都非常漂亮的蛾子，我一生中遇到过三四次。我最近得到了茧，但我从来没有见过雄小樗蚕蛾。我从书本上只知道它比雌小樗蚕蛾小一半，体色更鲜艳、更花哨，后翅呈橘黄色。

优雅漂亮的陌生客人，我还不了解的装饰着羽毛的雄蛾，在我们地区寥若晨星的昆虫会莅临吗？它在遥远的篱笆中会得到信息，知道在我的实验室的桌子上，有只妙龄雌小樗蚕蛾在等待它吗？我相信会的。的确，优雅漂亮的陌生客人终于来到了，甚至到得比我预期的还早。

钟敲过12点，午餐的时间到了。小保尔关心可能发生的事，还没有到饭厅来。这时他突然跑来了，脸蛋热得发亮，一只美丽的蛾子在他的手指间扑打着翅膀。这只蛾子在实验室对面飞翔时被他抓

① 圣枝主日：复活节前的星期天，是圣周的开始，民众为庆祝耶稣荣进耶路撒冷的事迹及他的苦难，列队重走昔日耶稣与门徒们进城时所走的路线。——校注

住了。他指给我看这只蛾子，用目光询问我。

我对他说："好啊，这正是我们等待的朝圣客呀。把餐巾折起来，去瞧瞧是怎么回事，我们过些时候再吃饭吧。"

面对这个奇迹，大家连饭也不吃了。一些装饰着羽毛的雄小樗蚕蛾，在被囚禁的雌蛾魔法般的召唤下奔来，准时得真是难以想象。它们曲折蜿蜒地飞翔，一只只到达。它们全都是从北方突然飞来的，这个细节很有价值。的确，严冬归来，朔风呼啸，如同风暴来临。这对杏树轻率冒失地开放的花朵是致命的。这是一场无情的风暴，风暴通常是春天的前奏。今天天气突然回暖，但是北风依旧吹刮。

所有奔向被囚禁的雌小樗蚕蛾的雄小樗蚕蛾，都从北面进入荒石园。它们顺着气流飞来，谁也不逆流飞翔。假如它们有与我们类似的嗅觉做指南针，假如它们被分解在空气中的有味道的微粒引导，它们就应该从相反的方向飞来。假如它们来自南方，人们会相信风卷带的气味向它们提供了信息。假如它们来自北方，在这样干寒而猛烈的北风里，怎么能够想象它们在长距离之外感觉到了我们称之为气味的东西呢？这股有香味的分子的回流与空中的气流方向相反，是不可能存在的。

在两小时内，在灿烂的阳光下，这些求爱者在实验室前面飞来飞去，大多数都长时间寻找、探测高墙，掠过地面。它们那样犹豫不决，好像是对搜寻诱饵的确切地点十分为难。它们从遥远的地方飞来，没有发生差错，但似乎在地点问题上受到不准确的引导。然而，或早或晚，它们终于飞进了房间向被囚禁的雌蛾致意，但没有待在那里不走。在两个钟头内，一切都结束了，这次飞来了10只雄小樗蚕蛾。

　　整个星期，每天将近中午，在光照最强烈的时刻，小樗蚕蛾都会飞来，但越来越少，前前后后总共飞来了约40只。我认为重复实验已无必要，它对我已经了解到的情况不会添加任何新资料。我只观察到两个现象：首先，小樗蚕蛾是昼间活动的，在大白天炫目的光照中庆祝婚礼，它需要充足的、明朗的阳光。而大孔雀蛾正好相反，上半夜几个钟头的黑暗，是必不可少的。将来谁能够解释这种奇怪的对立习性，谁就能解释这个现象。其次，一股强大的气流从反方向吹来，扫除了适于向嗅觉提供信息的微粒，并不能像我们的物理学所设想的那样，阻止小樗蚕蛾到达产生味流的源头。

　　我继续研究下去，需要的不是夜间结婚的大孔雀蛾，也不是小樗蚕蛾，后者出现得太晚，不符合要求。我需要的是另外一种，任何一种，只要它在婚庆时敏捷能干就行。我会得到这样一只蛾子吗？

第二十四章 🐛 小阔纹蛾

是的，我会得到它的，我甚至已经得到了嘛。这个七岁的小男孩卖萝卜和番茄，是我家的常客。他有张活泼机灵的面孔，但并不每天洗脸。他光着脚丫，用一条带子系住破破烂烂的短裤。他提着菜篮子来到我家里，收下卖蔬菜得来的几个苏，放在掌心里一个个地数。这笔收入可是母亲翘首期盼的啊！然后，他从衣袋里掏出一个东西来，这是前一天晚上他在沿着篱笆割兔子草时找到的。

他把这个东西递给我说："这个，这个你要吗？""是的，我当然要。设法再找些来，尽量多找些，我答应你星期天去玩旋转木马。朋友，现在给你两个苏。我担心你向妈妈报账时会弄错，把这两个苏搁在一边，别同卖萝卜的钱混在一起。"这个头发蓬乱的小家伙答应要好好干，仿佛已经隐约看到了一笔财富。

他离开后，我仔细察看他给我的东西。它值得花力气寻找。这是只美丽的钝形虫茧，使人不由得想起蚕房的蚕茧。它坚固，呈浅黄褐色，在书本里找到的资料几乎都说，这是橡树蛾的茧。如果的确是这种蛾，这可就真是个意外收获，这样我就能够继续我的研究工作，也许还能够把大孔雀蛾让我模模糊糊了解到的情况补充齐全。

橡树蛾的确是种典型的蛾，没有一部昆虫学论著不谈及它在婚嫁期间的表现。据说一只雌橡树蛾被囚禁在房间里，甚至隐藏在盒子里孵卵。它处在大城市的烦嚣之中，远离田野，然而秘密仍然泄露给了树林里和草坪上的有关昆虫。一些雄橡树蛾在一种不可思议的指南针的引导下，从遥远的田野奔来，飞到小盒子那儿屏息谛听，盘旋，再盘旋。

这些奇妙的景象，我是通过阅读了解到的。然而，亲眼看看，同时又实验一下，可是另外一码事呀。我用两个苏买来的那玩意，为我准备了些什么呢？会从那里出来这鼎鼎有名的橡树蛾吗？

我还是用它的另一个名称小阔纹蛾来称呼它吧，这个名字的意思是"布带小修士"，这个古怪的名字，是受了雄蝶服装的启发。它身穿浅红色的修道士长袍，只是棕色粗呢换成了细致的天鹅绒，前翅上横着一条淡色带子，长着像眼睛一样的小白点。

小阔纹蛾不是粗俗的蛾子。如果时机合适，我们带着网外出可能捕捉到它，但在村子周围，特别在僻静的荒石园里，我住了二十多年都没有发现过它。不错，我不是个昆虫迷，但对收集到的死昆虫我不大感兴趣。我需要活的、正在发挥它们的才能和禀性的昆虫。但是，我却缺乏收集者的那股热劲，而把专注的目光投向一切使田野生机盎然的事物，一只身材和衣着都十分惹人注目的蛾子，如果被我碰到，是逃不脱我的眼睛的。

我曾经用玩旋转木马的承诺引诱那个卖菜的小家伙，但后来他再也没有找到第二只。三年内我央求过朋友和邻居，特别央求过年轻人去寻找。这些年轻人搜寻荆棘时，眼明手快，利索机灵。我仔细观察石子堆，搜查洞穴密布的树干，全都枉费心机，仍然无法找到宝贵的小阔纹蛾茧。这种蛾子在我家附近真是凤毛麟角。时机到了，我们会看到这个细节多么重要。

正如我猜测的那样，我那只独一无二的茧属于一种有名的小阔纹蛾。8月20日从这只茧里羽化出一只雌蛾，胖胖乎乎，大腹便便，衣着同雄蛾一样，只是袍子换成了米黄色，更加淡雅。我把它安置在实验室中央的大实验台上的金属钟形网罩里。这张台子堆满了书、短颈广口瓶、瓦钵、盒子、试管和其他器械。小阔纹蛾熟悉这个地方，这个大孔雀蛾曾居住过的地方。两扇窗户朝着花园，阳光照亮了房间。一扇窗户关闭，另一扇白天和晚上都大大敞开。小阔纹蛾在相距四五米的两扇窗户之间，处于半明半暗之中。

这一天剩下的时间和第二天一整天过去了，没有发生什么值得一提的事。被囚禁的雌小阔纹蛾前足攀附在金属网纱上，在阳光照射的那一面静止不动，翅膀没有振扑，触角没有颤抖。大孔雀蛾也是这样。

小阔纹蛾母亲成熟了，细嫩的肌肉长得结实起来。它通过一种连我们的科学也毫不知晓的方法，制作了一种无法抗拒的诱饵，把天涯海角的求爱者都召引到它身边。这只大腹便便的蛾子身内发生了什么呢？它的身内又完成了什么，使周围发生巨大变化呢？如果我们知晓了这只蛾子炼丹术士的秘诀，将会向前迈进多么大一步啊！

第三天，蛾子新娘准备就绪，婚宴搞得红红火火。正当我在荒石园里因实验拖得太久而对成功感到绝望时，将近下午3点，我看见一群小阔纹蛾在敞开的窗口盘旋飞舞。它们是前来探访这个美人儿的情郎。一些飞出房间，一些飞进房间，还有一些在墙上停下休息，好像被长途跋涉弄得筋疲力尽似的。我模模糊糊看见一些来自远方，从高墙上飞来，从一排排的柏树上飞来。它们来自四

小阔纹蛾

面八方，但数量越来越少。我错过了这次婚庆开始的情景，现在受

邀的客人差不多到齐了。

我去那上面瞧瞧。这次是在大白天，我没漏掉任何细节。我再次见到了那天夜晚大孔雀蛾令我头昏眼花的景象。一大群雄小阔纹蛾在实验室里飞翔，我在目力能及的范围内用眼睛估算，这群变幻不定的小阔纹蛾有60来只。它们围绕网罩飞了几圈之后，奔向打开的窗户，但又立刻飞回，重复前面的一系列动作。最心急火燎的停在网罩外面用足互相骚扰，互相推搡，都想抢个好地方。在网纱里面，雌小阔纹蛾因徒让下垂的大肚子靠在网纱上，不动声色地等待着。它面对这个不安分守己的蛾群，没有任何兴奋激动的迹象。

这群小阔纹蛾或者飞出，或者返回，或者在钟形网罩上推搡，或者在大厅里飞来飞去。它们纵情玩乐，连续跳了三小时萨拉班舞①。但是，随着太阳渐渐西沉，气温略微转冷，小阔纹蛾的热情也开始冷却起来。大多数雄蛾外出以后就不再返回，留下的那些就像大孔雀蛾那样，为了第二天的一场舞会，把身子固定在窗棂上。今天的联欢活动结束了，当然明天还会继续，因为由于金属网的拦阻，联欢舞会没有获得结果。

但是，不，联欢活动第二天并没有继续。我判断错了，我感到万分惭愧。晚上有人给我带来一只螳螂，这只虫子身体特别细小，值得注意。我总是惦着下午发生的事，心不在焉，匆匆忙忙地把这只食肉昆虫放在关着雌小阔纹蛾的钟形罩里。我一刻也没有想到过这种同居状态会趋于恶化，这只螳螂身体这样瘦小纤细，而另一只昆虫却圆滚多肉，因此我一点也不担忧。

唉，我对有铁钳的虫子的屠杀狂热认识得多么肤浅啊，第二天

---

① 萨拉班舞：源于西班牙的古老舞蹈，可能是由中美洲传入西班牙南部的安达鲁西亚地区，是一种边唱边跳，激烈快速的街头舞。——校注

我发现小小的螳螂正在吞食偌大的雌小阔纹蛾。目睹此情此景,我真是又痛苦又吃惊。蛾子的脑袋和身子前部已经没有了。多么可怕的螳螂啊,你使我度过了一个多么忧伤的时刻啊。再见,我的研究工作,我彻夜不眠地筹划的研究工作,我万分钟爱痴迷的研究工作。整整三年,我将没有实验对象,我将无法继续这项工作。

但愿厄运别让我们忘掉刚刚了解到的那点情况。仅仅一次聚会就来了60来只小阔纹蛾,如果我们考虑到小阔纹蛾稀有得如凤毛麟角这个事实,如果我们回想起我个人及其助手在整整几年中徒劳地进行的搜寻工作,这个数字就会使我们目瞪口呆。由于一只雌蛾的引诱,踏破铁鞋无觅处的小阔纹蛾,竟然得来全不费工夫。

这群小阔纹蛾从哪里飞来?毫无疑问来自四面八方,来自遥远的地区。我很久以来就在邻近地区搜寻,一丛丛荆棘、一堆堆石子,我都了若指掌。我能够肯定这儿没有橡树蛾。要收集一大群小阔纹蛾,我需要来自四面八方的帮助。

三年过去了,我朝思暮想的好运终于让我得到了两只小阔纹蛾的茧。将近8月中旬,这两只茧前后相隔几天羽化出了雌蛾。这个好运将使我得以改变和重复我的实验。

我很快恢复大孔雀蛾已经给了我十分肯定的答复的实验。白昼来到的小阔纹蛾朝圣客,不比夜晚的大孔雀蛾笨拙,它挫败了我的狡计,不管网罩在什么地方,它都能准确无误地飞到网罩下被囚禁的雌蛾那里。它能够在壁橱里发现这个囚徒,只要门关得不严实,它就能够猜中这个囚徒的秘密隐藏处。如果壁橱关得很紧,它得不到信息,就不再来。直到那时,它除了重复大孔雀蛾的英勇行为之外,别无其他。

如果盒子关得严严实实,空气不流通,雄蛾对盒子里的雌蛾隐居者的情况毫无所知，便没有一只雄蛾飞来，哪怕我把盒子显眼地搁在窗台上，也是如此。因此，金属的、木质的、硬纸的以及玻璃的隔墙，不能传导有气味的散发物，这个想法很快地在我的脑子里闪过。

粗壮的雄大孔雀蛾受过测试，没有被樟脑欺骗。我认为，樟脑可能用强烈的气味遮掩了人的嗅觉感受不到的异常细微的散发物。我重新用雄小阔纹蛾进行实验，并大方地使用我的药物资源允许我使用的汽油和恶臭物。

我找了一打茶杯，部分安放在雌小阔纹蛾的监狱金属钟形网罩内部，部分安放在罩子的周围，形成一道完整的围墙。这些茶杯，一些盛着樟脑，一些盛着宽叶薰衣草精，一些盛着石油，还有一些盛着有臭鸡蛋味的硫化物。除非要让被囚禁的雌蛾窒息，我不能再进一步了。我采取这些措施，是为了在召唤时刻到来时让房间充满气味。

下午，我的实验室变成了讨厌的配药室，充满了宽叶薰衣草沁人心脾的香味和硫化物熏天的恶臭。我还在这个房间熏烟，而且熏得很厉害。煤气厂、烟馆、香料厂、炼油厂、发臭的化学物等气味混合起来，将使雄蛾迷失方向吗？压根没有，将近3点，一些小阔纹蛾飞来了，同平时一样，密密麻麻一大群，径直飞到钟形罩那里。我已经注意用厚布把罩子盖得严严实实，以增加进入的难度。这些小阔纹蛾一旦飞入厅里就什么也看不见，沉浸在一种奇怪的氛围里，任何细微的香味都会在那里被清除得干干净净。这些小阔纹蛾飞向被囚禁的雌蛾，设法钻进了厚布的褶子下面同雌蛾会合，我的巧计没有成功。

这次失败的结果我应该预见到的，它重复了大孔雀蛾让我了解到的情况。这次失败后，我理所当然应该放弃存在气味的散发物的假设，我原以为这种散发物是应邀参加婚庆的小阔纹蛾的向导。我之所以没有放弃这样的假设，要感谢一次偶然的观察。意外的情况、偶然的事物，有时会为我带来一些意想不到的事，把我引上真实的道路，这条道路我一直都在寻找。

　　一天下午，我想测试小阔纹蛾飞进房间后，视觉是否起作用。我把那只雌蛾放在一个用一根带枯叶的橡树小枝杈支撑着的玻璃钟形罩里。玻璃罩就放在小桌上，面对敞开的窗户。小阔纹蛾飞进来时不可能看不见被囚禁的雌蛾，它们都要从它身边经过。铺有沙层的瓦钵不便于做实验。雌蛾就在这个钵子里，在金属钟形网罩下度过了上一个夜晚和今天上午。下午，我取走了雌蛾，随手将金属网罩放在地板上，在大厅的另一端，那个角落只能透进半明半暗的光线，同窗子相距12步。

　　接下来发生的事，大大搅乱了我的思绪。远方飞来的小阔纹蛾，没有一只在玻璃钟形罩那里停下。雌蛾在那里，在光天化日之下非常显眼，但小阔纹蛾经过时却无动于衷，既不看上一眼，也不探查一下。它们全都飞到大厅的另一端，飞到那个我放置了瓦钵和金属网罩的阴暗角落。它们在金属网罩顶上停下，长时间仔细探寻，扑打翅膀，直到夕阳西下，它们仍然围绕着空无一物的圆顶跳舞，跳着雌蛾在那里时跳的萨拉班舞。最后，它们离开了，但不是全部，有的恋恋不舍，流连忘返，被一种魔法般的引力定下身来，不能动弹。

　　不错，这现象的确奇怪。这些小阔纹蛾飞向一个空无一物的地方，在那里逗留，视觉传递的信息没有劝止住它们。它们经过玻璃钟形罩旁边时一刻也不停留，然而，它们飞来飞去时肯定看见了罩子里的雌蛾，可是，它们被诱饵弄得神魂颠倒，反而置真实的事物于不顾。

它们受了什么的骗呢？头天晚上和第二天早上，雌蛾都在金属网罩下，时而悬吊在金属网纱上，时而在瓦钵里的沙土上。它碰过的东西，特别是它那鼓胀肥大的腹部碰过的东西，经过长期接触，浸透了某些散发物，这就是它的诱饵、激发爱欲的春药，这就是震撼小阔纹蛾世界的魔法。沙土把这些散发物保存了一些时间，还在四周散播。

因此，是嗅觉在引导小阔纹蛾，在一段距离以外向它们发出信息。它们受到嗅觉控制，不去考虑视觉提供的情报。它们经过被囚禁着美人儿的玻璃监狱时，不加理睬，扬长而去。它们前去金属网罩和沙土那里，那里露出了一些有魔力的滴定管；它们奔向偏僻冷落的场所，那里除了雌蛾魔法师逗留时留下的带气味的证物之外，别的什么也没有留下。

让人无法抗拒的春药需要一段时间来制备，我想象它是一种四处扩散的气体。这种气体逐渐散发，浸透同静止不动的胖雌蛾接触的物体。如果玻璃钟形罩正好摆在桌子上，或者正好摆在一块玻璃上，里外的气体就不能相互流通沟通，不管实验持续多久，雄蛾凭嗅觉什么也感受不到，都不会飞来。现在我不能够把这种扩散作用因屏障的存在而失效作为理由，因为即使安排了一种畅通的交流系统，即使我用三个小垫将钟形罩架空一段距离，小阔纹蛾虽然在房间里很多，也不会马上飞来。但是，等待半小时左右，盛有雌性精华物质的蒸馏器似的器官起作用了，求爱者会像平常那样蜂拥而至。

我掌握了这些资料，这是茫茫云雾中的一线青天，就可以尽可能让实验多样化，然而，所有实验得出的都是同一个结论。早上，我把雌蛾放在金属网罩下，它栖息在一根橡树小枝杈上一动不动，就像死去了一样。它在那里长时间停留，掩埋在肯定浸透散发物的叶丛中。求爱的时刻来临时，我取去小枝杈，把它放在一把椅子上，离窗户不远。另一方面，我让雌蛾留在钟形网罩里面，放在房间中央的桌子上，十分显眼。

　　一群小阔纹蛾飞来了，先是一只，接着两三只，很快就是五六只。它们飞进飞出，返回、上升、下降，来来去去，始终徘徊在窗子附近。离窗子不远是把椅子，椅子上摆着橡树小枝杈。这些蛾子谁也不向大桌子飞去，在这张大桌子上，在几步远外，雌蛾正在金属圆顶下面等待它们。我看得很明白，它们迟疑不决。它们在寻找什么？

　　它们终于找到了，找到了什么呢？正是那根橡树小枝杈，早上它是大肚皮雌蛾的华床，它们急速摇动翅膀，飞到这根枝杈的树叶上停下。它们上上下下、前前后后、左左右右搜寻、撬起、移动树叶，把这束很轻的枝杈碰到了地上。树叶间的搜寻仍然在继续进行，在翅膀和小足的撞击下，枝杈在地上迅速移动，好像被小猫用爪子抓打的一张破纸。

　　正当小枝杈连同它的搜查队远去时，又有两个新客人突然来临。在它们经过的路上放着一把椅子，刚才椅子上还放着小枝杈。这两个新到者在椅子上停下来，热切地寻寻觅觅，就在刚才小枝杈放置的地点搜查。然而，对所有的小阔纹蛾来说，它们企望的真正目标就在那里，近在咫尺，在我疏忽大意没有遮盖的网纱下面，但谁也没有注意到。在地板上，新来者继续推撞雌蛾早上躺过的那张小床，继续聚精会神地搜索小床最初摆放的地点。夕阳西下，离开的时刻到了，此外，刺激情欲的气味也淡弱消失，求爱者离去了。明天再见吧。

接下去进行的实验告诉我，不管什么材料都能够取代带叶子的枝杈。这根小枝很偶然地启发了我，我提前一些时间把雌蛾放在一张小床上，小床有时是类似呢绒的或者法兰绒的，有时是絮状的或者纸的，我甚至还试过木头的、透明塑料的、大理石的、金属行军床般硬的材料。所有这些实验物经过一段时间和雌蛾接触后，对雄蛾来说，都具有了与雌蛾本身一样的吸引力。它们根据自身的性质保存着这种吸引力特性，有的保存得多一些，有的保存得少一些。其中最好的是絮状物、法兰绒、尘埃、砂土，最后是多孔的物体，相反，金属、大理石、玻璃很快就会丧失效用。总之，雌蛾停留过的一切物体通过接触把它的吸引力传到了别处。因此，雄蛾在橡树小枝杈落下后向椅子上的麦秸奔去。

我使用其中最好的一张床，譬如法兰绒床吧，我将会看见稀奇古怪的事发生。我在一根长试管，或者在一只小阔纹蛾刚好能够通过的短颈广口瓶里，放置一块法兰绒。这块法兰绒是小阔纹蛾母亲整个上午的栖息地。求爱者进入这些器皿，在里面竭力挣扎，再也不知道出来。我这样做，是为它们布设了一个我能够把它们大批杀死的陷阱。我释放了这些不幸的蛾子，抽出那片织物来，再把这片织物藏在一只关得严严实实的盒子里。这些冒冒失失的家伙又回到了那根长试管里，又钻进了圈套，它们受到法兰绒传给玻璃的气味诱引。

我的假设得到了肯定。为了促使周围的小阔纹蛾参加婚庆，在一段距离之外告知和引导它们，正值婚龄的雌蛾会散发一种极其细微的、我们的嗅觉感觉不出的香味。我周围的人，甚至最年轻的，敏感性还没有变钝的，把鼻孔贴在小阔纹蛾母亲身上，也没有谁嗅出一丁点气味来。

　　雌小阔纹蛾曾经停歇过一些时间的所有物体，都容易浸透这种精华物质，只要散发物不消失，它就会变成和小阔纹蛾母亲同样有效的引力中心。但是，没有任何东西显示出诱饵在何处。在我新近制作出来的纸床上，求爱者都心急火燎地围绕着它。但它上面没有任何痕迹，表面和被浸湿前同样洁净。

　　这种有引诱力的产品制备起来十分缓慢，而且必须在它充分发挥效力之前的一段时间内积累起来。雌蛾被从它的栖息地带走放到别处以后，暂时失去了诱惑力，雄蛾只飞向因长时间接触而被施了魔法的雌蛾的栖息地。但是，"炮台"重新安设起来了，被抛弃的女人再度掌权。

　　具有传递信息性质的气流，根据昆虫的品种不同，出现得或者早些，或者晚些。刚羽化的小阔纹蛾成熟需要时间，还需要布设蒸馏器似的器官。雌大孔雀蛾早上出生，有时当天晚上就有求爱者，但一般说来，往往是在第二天经过四十来个小时的准备以后。雌小阔纹蛾把它的召引活动推得更迟，它的结婚通告经过两天或者三天的等待才发布。

　　我再回过头来谈谈这种蛾子的触角可疑的作用。雄小阔纹蛾像它在婚恋方面的竞争对手雄大孔雀蛾一样，有华丽的触角。把它们那像书页般层叠的触角看作导向的指南针，这样合适吗？于是，我再做我以前做过的截肢手术，被动过手术的小阔纹蛾没有一只返回。然而，别急着下结论，大孔雀蛾已经告诉了我们它们不返回的原因，这些原因比切除触角更加重大。

　　其次，苜蓿蛾与小阔纹蛾十分相似，它也有极为华丽的羽毛饰。于是，我脑子里涌出了一个大惑不解的问题。它在我家周围频繁出现，我在荒石园里都能找到它的茧。这种茧很容易同橡树蛾的茧混淆。我最初受了这种相似性的骗，期盼从六只茧里飞出小阔纹蛾，可8月底，从这些茧里羽化出的却是雌苜蓿蛾。虽然附近有雄苜蓿蛾，却从来没有一只在这六只雌苜蓿蛾周围出现。

如果宽阔的羽状触角的确是远距离外接收信息的器官，为什么我那些长着华美触角的邻居，却没有被告知发生在我的实验室里的事呢？为什么它们美丽的羽毛装饰使它们对诱惑小阔纹蛾成群结队飞来的魔女十分冷漠呢？这再次说明器官并不决定才能，尽管长着相似的器官，某种才能一种昆虫具有，另一种昆虫却没有。

第二十五章 🐛 嗅觉

在物理学的领域内，大家都在谈论 X 线。这种射线能穿透不透明的物体，把肉眼看不见的东西拍摄下来。这是个多么奇妙的发明创造啊。然而，当我们进一步了解到事物产生的原因，并且用技艺弥补我们感官上的缺陷，因而能够稍微同野兽和昆虫比试感觉器官的敏锐性时，在未来为我们准备的令人惊奇的事物面前，这种奇妙的发明创造却又多么微不足道啊。

动物的优越性多么令人羡慕啊，它告诉我们，我们极端缺乏信息情报，我们那感受性强的设备效能平平；它在我们的天性之外，存在一些十分陌生怪异的感觉；它将令我们惊讶不已。

一条可怜兮兮的毛虫，松树上成串爬行的毛虫，把自己的背劈开成气象窗。这些天窗能预测未来的天气，预感猛烈的风暴。猛禽是难以想象的远视患者，但能够从云端看见藏在地上的田鼠；瞎眼的蝙蝠能够畅通无阻地穿越斯帕兰扎尼用线编织的错综复杂的迷宫；信鸽远离故乡几百里，能够穿越从未经过的广阔无垠的土地，万无一失地飞回鸽笼；一只石蜂轻轻振扑翅膀，能够飞越陌生的地区，飞越长距离的路程，回到蜂巢。

没有见过寻找块菰的狗的人，不知道嗅觉的功用。狗专心致志地履行它的职责，行走时鼻子朝天，步伐适度。它停下来在地上用鼻孔探寻，用爪子抓刨，它仿佛用眼睛说："好啦，好啦，主人，狗是信得过的，块菰就在那里。"它说的是真话，主人立即在它指出的地点搜寻。如果牧羊人的铲子弄错了地方，狗就用鼻子稍微嗅嗅抓刨的洞底，让铲子回到正确的方向。别担心会遇到石子堆，别担心会遇到根，尽管障碍重重，块菰埋得很深，也一定会出现，狗的鼻子是不会撒谎的。

据说这就是嗅觉的敏锐性。如果人们这样说是指动物的鼻腔，指感觉器官，我倒很愿意情况就是这样。但是，被感觉到的只是单纯的气味吗？是像我们的鼻子嗅到的那种气味吗？我有理由表示怀疑。我来叙述一下事实吧。

我多次同一条精明的寻菰的狗合作。这条狗其貌不扬，但我渴望看见它干活，它是条平平常常的狗，沉着，冷静，粗俗不雅，毛发蓬乱，主人不准许它进入住宅的内室。才能和不幸往往相伴而生啊！

这条狗的主人是村子里有名的寻菰人①，当他确信我的意图并不是窃取他的秘密，有朝一日同他竞争时，于是准许我同他的狗结伴。这并不是他豁达大度，向我表示亲切。既然我并不是学徒，而仅仅是个好奇的人，好奇地用笔把地下植物画下来、记下来，并不会把盛装块菰的小袋子带到城里，这个顶呱呱的人就竭力赞同我的计划。

我们之间约定，这条狗愿意怎么干就怎么干，它每次有所发现都必须加以奖赏，不管奖赏什么都行，哪怕是像指甲那样小片的面包皮；凡是它用脚爪抓刨的地点都要搜查，凡是它指出的东西都要拔出，不管它是否有商业价值；在任何情况下都不得让主人的经验介入，把这头畜生从没有显示出有商业价值的地点转移开。因为同收集到的贵重物品相比，我的植物学记录更喜欢不许进入市场的

---

① 寻菰人：这个词来自普罗旺斯语的Rabasso，在这里专指寻找块菰的人。——校注

物品。

我就这样采集地下植物标本，而且硕果累累。这条狗用它那敏锐的鼻子不加区别地搜寻所有地下植物，包括粗大的和细小的、新鲜的和腐烂的、无味的和有味的、芳香的和恶臭的。我对收集到的植物惊讶不已，它们主要是附近地区大部分地下生的蘑菇。

结构，尤其是味道，多么多种多样啊。在嗅觉问题上，这种多样性是最重要的性质。有些蘑菇除了有一种真菌类植物隐约的怪气味之外，没有别的气味。这种怪气味大多数蘑菇都有，清晰程度或高或低。有的嗅起来像萝卜、像腐烂的甘蓝；有的发出恶臭，把收集者的陋室弄得臭气熏天；只有块菰才具有美食家钟爱的香味。

如果说我们所理解的气味是这条狗独一无二的向导，那么这条狗怎样在各种不同的气味中保持头脑清醒呢？是一种普通真菌散发出的气味，告知它泥土中隐藏的东西吗？如果是，就会引出一个令人大惑不解的问题。

我过去观察普通蘑菇，发现很多蘑菇在即将破土而出时都有预兆。然而，在我目测有隐花植物在菌盖的推动下向后推压泥土的地方，在这些真菌气味显然非常浓烈的地方，我却从来没有看见狗停下来。它不屑地经过这些地方，不用鼻子吸气，不用爪子抓刨。蘑菇的确就在那里的地下呀，它的香味和狗有时让我们闻到的香味相同。

我向狗学习后，有了这样一个假设：能够揭示地下块菰的鼻子，有个比我们根据自己的嗅觉想象出的气味更好的向导，这个向导大概还能感觉到另一种气味。对我们来说，由于我们没有相关资料，因此觉得神秘莫测。光有它暗淡的、对我们的视网膜不起作用的射线，但这种射线并不是对所有的视网膜都不起作用。既然如此，为什么在嗅觉的领域内就不会有秘密的、我们感觉不到的、用不同的嗅觉却可以感觉到的散发物呢？

我们不可能确切说出、不可能猜测到，狗的嗅觉感觉到的东西，如果我们因此困惑不解，至少它向我们清楚地肯定，假使我们把一切都以人的尺度来衡量，我们的错误将会是什么。感觉的世界比我们所能感受到的领域广阔得多。由于没有足够敏锐的感觉器官，在自然界中，多少情况逃过了我们的耳目啊。

未知的事物，未来将在那里自我表现的广阔无垠的田野，为我留存了一些有待收割的庄稼。与这些庄稼相比，目前已知的事物只是微不足道的收成而已。有朝一日，科学的镰刀将收割一些麦捆，麦捆上的麦粒今天看起来会是荒诞反常的。这是科学的幻想吗？不，不是，这是无可争辩的、积极的、被昆虫肯定了的事实。在某些方面，昆虫受到的待遇比我们好得多。

寻菇人尽管长期挖掘蘑菇，尽管他寻找的块菰发出香味，他却无法猜测到哪里有这种块根。这种植物冬天在地下成熟，埋在地下一拃或者两拃深。寻菇人需要狗或者猪的帮助，这两种动物用嗅觉探索土地的奥秘。好啦，许多昆虫比这两个助手，对这些奥秘知道得更清楚。这些昆虫为了寻找家人食用的块菰，具有异常敏锐的嗅觉。

我从地里拔出的块菰已经腐烂，满布害虫，我将它放在铺有一层新鲜沙土的短颈广口瓶里。从瓶里先飞出一种淡红色的鞘羽目昆虫，之后又飞出许多双翅目昆虫。在双翅目昆虫中，有一只缟蝇，它疲软无力的飞翔、单薄衰弱的体态，让人想起蝇，晚秋时人粪的和平客人。

3

缟蝇

　　丝翅蝇在地面上，在墙脚下，或者在篱笆这个田野里的避难所下寻找块菰。但是，缟蝇怎么知道幼虫的块菰在地下那个地点呢？深入地下去寻找，对缟蝇来说是根本办不到的。它那软弱无力的足，移动一粒沙子就能将它扭歪；它那在狭窄的道路上碍事的翅膀、它那布满不利于轻缓滑动的丝绒服装，都妨碍它到地下搜寻。缟蝇必须把卵产在地面上，产在覆盖块菰的准确地点，因为它孵出的小虫如果不得不漫无目的地漂泊流浪，在遇到异常稀少的粮食前，它们就会死亡。

　　因此，对于挖寻块菰的蝇来说，信息是靠母亲的嗅觉提供的。缟蝇具有寻菇狗那样的嗅觉，并且毫无疑问，它的嗅觉比狗的还更灵敏，因为它什么也没有学过，是生而知之，它的对手狗却接受过人的训练。

　　在田野里跟踪缟蝇倒也不枯燥乏味，但是，这样的计划似乎不大可行，缟蝇极其稀少，而且飞行迅速，总是避开人的目光。逼近观察它，在飞行时跟踪它，都需要花费大量时间，需要我无法付出的艰辛。另一个地下蘑菇的搜寻者，将补偿双翅目昆虫留给我的遗憾。

　　这个搜寻者是一种可爱的金龟子，它腹部苍白、柔软、光滑，身子圆圆滚滚，个子像樱桃那样大，专业术语称它为盔球角粪金龟。它的腹尖同鞘翅边缘摩擦时，发出一种像鸟妈妈带着一口食物回巢时雏鸟发出的啁啾声。雄盔球角粪金龟的头上长着雅致的角，好似微型西班牙粪蜣螂的角。

　　我受这只角的骗，最初把盔球角粪金龟当成食粪虫行帮的成员，把它放在笼子里饲养。我为它端来食粪虫们最喜爱的粪面包，它却连碰都不碰一下。呸！让它吃牛粪，它被当成什么啦！这位美食家要求的可是美味呀！它需要的压根就不是我们宴席上的块菰，而是它自己的块菰。

习性如果没有经过长期而耐心的调查，我是不会了解的。在塞里昂丘陵的南坡，离村子不远，有个夹杂着几行柏树的小海松林。将近万圣节①，秋雨过后，果植物的朋友蘑菇，特别是美味可口的乳菇，满山遍野，如雨后春笋。乳菇被碰伤的部位变为绿色，流出血泪般的汁液。在晚秋温和的日子里，有的人家出来散步了。散步距离远到足以锻炼年轻人的腿脚，又近到能使双脚不过分疲乏。海松林里什么都能够找到：荆棘筑的旧喜鹊窝，在附近的橡树上因啄食橡栗而鼓起嗉囊打斗的松鸦，翘起小尾巴突然从一丛迷迭香上逃跑的兔子，为积粮过冬把挖出来的泥土堆在家门口上的粪金龟……其次，还有大量沙土，手摸上去软软的，便于挖掘地道和修建木棚。木棚铺满青苔，上面有一截芦竹，还有美味可口的土豆点心。随着风弦琴的乐声，人们欢愉地品尝点心，乐器在松针间轻轻发出笛音。

是的，对孩子们来说，这是真正的天堂。在海松林里，孩子为完成了功课奖励自己，大人也有自己的乐趣。至于我，我长年累月照顾两种昆虫，却没有了解到它们家庭的隐私。其中一种是蒂菲粪金龟，雄虫的前胸带着三根指向前方的长矛，古代作家称它为长枪队士兵，因为它们也扛着马其顿长枪队的三行长矛。

蒂菲粪金龟长得壮壮实实，毫不担忧寒冷的冬天。气候恶劣的季节，只要天气稍稍转晴变暖，它就在夜幕低垂时小心翼翼地走出家门，在家门口附近收集绵羊的粪蛋和被夏天的太阳晒干的老橄榄。它在食橱里把这些战利品堆成一列，然后关上门饱餐一顿。食物被弄成碎屑，一丁点液汁也被榨干。之后它把储备的食物搬上表

———————————

① 万圣节：基督教节日，纪念有名的和无名的一切圣徒。——校注

面，加以更新。冬天就这样度过，除非天气过于恶劣，它们从不停工。

在松林中，我照管的第二种昆虫是盔球角粪金龟。它的洞穴分散在各处，虽然同蒂菲粪金龟的洞穴乱七八糟地混杂在一起，却很容易辨认出来。长枪队士兵蒂菲粪金龟的洞穴顶上有个庞大的鼹鼠丘似的土堆，土堆渐渐升高成为有指头般长的圆柱。这些像花盘饰那样的土堆，装载着被这个昆虫挖土工推到外面的泥屑。每当蒂菲粪金龟在自己家中挖井穴或者安静地享用它的财富时，洞口就关闭起来。

盔球角粪金龟家的大门大大敞开，仅仅围着一个沙土环垫。这个住宅不深，只有一潘或者稍深一点，垂直下伸到一块十分疏松的泥土里。因此，如果注意首先向前挖掘一道壕沟，方便以后用刀刃一片片推倒板壁，就容易察看这个住所。

整个洞穴从洞口到底部呈半凸槽形。我察看的小洞窝里往往什么也没有收藏。盔球角粪金龟干完活后夜里离开，去别处定居。它是游牧民、夜游虫，离开旧居毫无依依不舍之情，它只须花费很小的力气就可以挖好一个新家。在井穴底部，我也多次见到盔球角粪金龟，有时是雄虫，有时是雌虫，都总是孤孤单单的。雌雄两性挖掘洞穴都很卖力，但都是单干，并不互相合作。这里的确是它安置家小的育儿室，是座临时庄园，每只盔球角粪金龟都为自己的福利挖掘。

有时昆虫掘井工在干活时被突然抓住，这时除了这只虫子之外没有别的虫子。有时地下室的盔球角粪金龟隐士用足抓住一个完整的或者缺损的地下蘑菇，它痉挛般地紧紧抱住蘑菇，舍不得松手。这是它的财富、它的家产。散落的碎块表明，我们在它大吃大喝时突然发现了它。

我拿走那个蘑菇，它是个形状不规则的袋囊，弯弯曲曲，处处封闭，像豌豆或者像樱桃那样大；外表淡红棕色，精细的疣呈轧花状；内部光滑，白色；孢子卵形、半透明，八颗一行装在长长的细袋子里。从这些特点可以辨认出，这是一种地下隐花植物，类似块菰，被植物学家命名为齿菌孢囊。

关于盔球角粪金龟的习性和它频繁更换洞穴的原因，已经水落石出。在黄昏的宁静中，用碎步奔跑的盔球角粪金龟开始活动，吱吱喳喳，用自己的歌声激励自己。它像狗寻找块菰那样勘探土地，了解地下藏着什么。它的嗅觉告诉它，它企求的东西在那下面，被几寸厚的沙土覆盖着。它对藏宝地点有了把握，就径直垂直地挖掘下去，百发百中地能找到美味佳肴。粮食能吃多久，它就多久足不出户。它在井底下心满意足、怡然自得，对井口敞开或者堵塞漠不关心。当什么也不再剩下时，它就迁居别处，寻找另一个大蘑菇。这个蘑菇吃完后，这个新洞穴又将被抛弃，有多少个被吃掉的蘑菇，它就有多少个居所。这些小洞穴是饮食站、香客站餐厅。秋天和春天，在齿菌孢囊繁殖的季节，它就这样从一个居所搬迁到另一个居所，在口腹之乐中度过。

我在家里研究挖寻块菰的昆虫，需要它储备一点它喜爱的菜肴。我如果漫无目的地挖寻，就会白费力气。我如果没有向导，小隐花植物就不会像我自信能够在小铲子下遇见的那样频繁出现。寻菇人需要狗，我的指示器是盔球角粪金龟，我是新型的寻菇人。假如有一天那位帮助我采集地下植物标本的人，得知我这样怪异地同他竞争，哪怕会令他哑然失笑，我也在所不惜，我要让人知道这个秘密。

在有限的一些地点，常常生长着一丛丛地下蘑菇。盔球角粪金龟经过那里，用灵敏的嗅觉辨认出这些蘑菇准确的生长地点。在那里盔球角粪金龟洞穴比比皆是，我们便在洞穴附近搜寻。这个指引是正确的，在几个小时内，循着盔球角粪金龟的足迹，我掘到了一打齿菌孢囊，这是我第一次获得这种蘑菇。我现在就来捕捉盔球角粪金龟。这对我来说，真是易如反掌，只要搜寻洞穴就行了。

当天晚上我就开始做实验。一只宽大的瓦钵盛满了筛过的新鲜沙土，我用一根手指粗的小棍子在沙土上挖掘六个深两厘米、相互间隔适当的井坑。每个井坑的底部都放一只齿菌孢囊，每个孢囊上方都插着一根纤细的麦秸，以便显示它的确切位置。最后，我将六个洞穴用沙土填平，然后取出囚禁在金属钟形网罩下的八只盔球角粪金龟，把它们放在瓦钵里的弄得很平整的地面上。除了六根麦秸以外，地面到处都是一样。麦秸对盔球角粪金龟来说毫无价值。

除了挖掘、搬运、圈围这些虫子外，我便无事可干。这些背井离乡的盔球角粪金龟试图逃走，它们攀爬网纱，躲藏在网罩边缘的洞穴里。黑夜来临，万籁俱寂。两小时后，我最后一次探访它们，有三只虫子仍然藏在一层薄薄的沙土下面，另外五只则在显示掩埋有蘑菇的麦秸下挖掘一个垂直的井坑。第二天，第六根麦秸下面也有了自己的井坑。

这是观察的好时刻。我有条不紊地将沙土一块块笔直地揭去，每个洞穴的底部都有一只盔球角粪金龟，正津津有味地吃着它的块菰齿菌孢囊。我用被它啃过的蘑菇再做实验，结果也相同。在一个晚上的简短实验中，受试者猜到食物埋在地下，并且通过一条垂直井巷去到食物的埋藏地点，没有丝毫迟疑不决，没有任何试探性的搜索。土地表面仍然像原来一样平整，就是证明。盔球角粪金龟没有依靠视觉去到它觊觎的蘑菇处，而始终在麦秸下搜寻。嗅块菰的狗用鼻孔搜寻，也没有如此精确。

齿菌孢囊具有的强烈气味，能够把非常明确的信息传给消耗者的嗅觉吗？完全不是这样。对我们的嗅觉来说，它是无味的，没有任何可以用嗅觉感觉到的东西。一块小砾石从地里采出后，隐约带有新鲜泥土的怪味，给我们很深的印象。盔球角粪金龟作为地下真菌的搜寻者，是狗的竞争对手，它如果有归纳概括能力，甚至还胜过狗一筹。然而，它是才能狭隘的专家，它只知道齿菌孢囊。据我所知，没有什么别的东西令它喜爱，诱使它去搜寻。狗和盔球角粪金龟都将身体贴着地面，仔细探测土地下层。蘑菇埋得不深，如果再稍深一点，狗也好，盔球角粪金龟也好，都会感觉不到这样细微的气味，甚至块菰的气味。要从远距离引发深刻的感觉，能够被我们粗钝的嗅觉感觉到的强烈气味是必不可少的。这时，利用有气味的物体的开发者就会从远处，从四面八方赶来。

如果我的研究工作需要尸体解剖者，我就把一只死鼹鼠摆在阳光下，放在荒石园的一个偏僻角落。一旦这只死牲畜被腐败的气体鼓胀起来，一旦它的毛开始脱离发绿的皮，葬尸甲、皮蠹和负葬甲，就会突然成百上千蜂拥而至。如果没有这样的诱饵，在荒石园里，甚至在附近，就找不到哪怕一只这些虫子。当我后退几步避开这股恶臭的时候，嗅觉让周围很远处的虫子得知了信息。同它们的嗅觉相比，我的嗅觉简直不值一提。但是，对我来说，毕竟同对它们来说一样，这里的确存在我们称之为气味的东西。

蛇根海芋由于其形状和无可比拟的恶臭而非常奇特，我用它实验取得了更好的结果。它宽阔的叶片呈披针形，酒红紫色，半米长，下面卷成一个鸡蛋大的卵形袋囊。通过这只袋囊的孔口，从底部升起一根花柱。这根柱子是根青绿色的大头棒，底部围着两只手镯，第一只手镯是子房，第二只是雄蕊。这就是花，就是蛇根海芋的花序。一连两天，蛇根海芋散发出一种强烈的腐尸味，狗腐烂了的尸体也不会散发出如此的恶臭，盛夏酷暑刮起风来，令人憎恶，无法忍受。如果我冒着染臭的空气走过去，就会看到一个奇怪的景象。

各种各样不可胜数的加工尸体的昆虫，闻到向远方传播的恶臭，都会飞快赶来。它们常常加工癞蛤蟆、水蛇、蜥蜴、刺猬、田鼠的尸体，农民锄地时遇到这些动物，就用铲子捅破它们的肚皮，把它们扔在小路上。现在，这些加工尸体的昆虫扑向一张宽阔的叶子，叶面被染成青绿色，好似略微发臭的腐肉。这些虫子被死尸味熏醉，手舞足蹈起来，这可是它们无穷的乐趣啊。它们在叶面上滚动，钻进蛇根海芋的袋子里。在烈日照射下的几个小时内，这只袋子装得满满的。

我通过海芋狭窄的囊口往里瞧，再没有比这更嘈杂拥挤的场面了。这里简直疯狂了，混杂着脊椎骨、肚腹、鞘翅和爪子。这些恶心的家伙乱蹿乱动，身子打滚，发出好似关节被钩住的咯吱咯吱声。它们直起身子又倒下，上升又下陷，被持续不断的漩涡撼动。这是一次纵酒狂欢、一种震颤性谵狂的大发作。

几只虫子在一大群虫子中鹤立鸡群，它们经过花柱或者袋子的内壁攀爬袋子的细颈。它们会起飞吗？绝对不会。它们在井口自由自在，跳下漩涡，又陷于狂欢迷醉中。诱饵是无法抗拒的，除了夜晚或者第二天醉意消失的时刻外，没有一只虫子会舍弃这次宴会。到了临别时刻，混杂在一起的虫子挣脱相互的搂抱，慢慢吞吞、依依不舍地从这个地方消失。在这只恶魔般的袋子里，还剩下一堆死去的和奄奄一息的虫子被拔掉的足和支离破碎的鞘翅，这是疯癫的狂欢无法避免的后果。很快鼠妇、蠼螋和蚂蚁就来到了，它们将争夺死去的虫子。

这些虫子在那里干什么呢？它们成了花朵的囚徒吗？纤毛栅栏使花朵成了只能进不能出的陷阱吗？不，它们不是囚徒，大批虫子顺顺当当地出走就是证明，它们完全可以自由离去。它们受了一种虚假的气味的骗，积极安置它们的卵，正如它们在尸体的遮掩下那样吗？不，不是这样。在蛇根海芋的袋子里，没有任何产卵的迹象。它们来了，受到死畜生的召引。它们疯狂地盘旋打转，像运尸工那样联欢。

在狂欢的高潮中，我想了解有多少虫子奔来。我剖开花的大袋囊，把里面的东西倒在瓶子里。很多虫子不管多么陶醉，当我清点时仍然设法逃跑。我渴望这次统计能够准确无误，便用几滴二硫化碳使这群虫子动弹不得。我清点出了400多只虫子，这就是刚才在蛇根海芋袋子里乱蹿乱动的波浪。

春天，皮蠹和腐阎虫，是死尸的狂热开发者。在恶臭的花囊里，只有这两种昆虫。请看一朵花里的虫子清单：

拟白腹皮蠹120只、波纹皮蠹90只、豹斑皮蠹1只、光斑腐阎虫160只、具斑腐阎虫4只、脱污腐阎虫15只、半斑腐阎虫12只、酒腐阎虫2只、光腐阎虫2只。

另外还有一个细节，像这个巨大的数字一样，引起我的注意：很多种像皮蠹和腐阎虫一样醉心于开发动物尸体的昆虫，在这个场合踪影全无。奔向鼹鼠尸堆的昆虫从来就少不了暗葬甲和皱葬甲，但是，这一次它们对蛇根海芋的肉香全都无动于衷，没有一种在我观察的十朵花中出现。

　　双翅目昆虫，另一种狂热的腐物爱好者，也没有出现在这些花中。不错，很多苍蝇突然来到，一些呈灰色或者略带蓝色，一些呈金属绿色；它们停落在花瓣上，甚至钻进发出恶臭的袋子里，但几乎马上就醒悟过来匆忙离开，花朵里只剩下皮蠹和腐阎虫。这是为什么？

　　我的朋友布尔，生前是条忠心耿耿的狗，它有很多怪癖，比如，如果它在路上的尘土中遇到一具干燥的鼹鼠尸体，这具尸体已经被行人踩扁，经过太阳照射变成了木乃伊，它会惬意地从这只死动物的鼻尖擦到尾巴，让自己的身体摩擦这只死动物的身体。它感到一种神经质的痉挛震动后，又在这只死动物身上摩擦自己的身体，先摩擦一个肩膀，然后摩擦另一个肩膀。这具尸体是它的麝香小袋囊、它的小香水瓶。它随心所欲把身体弄香后便站立起来，抖抖身子，然后离开，它对这种化妆品非常满意。我们别毁谤它，特别是别议论它，大千世界什么兴趣和口味都有啊。

　　在这些喜爱死尸气味的昆虫中，难道没有类似的习性吗？皮蠹和腐阎虫来到蛇根海芋花里，虽然可以随心所欲地自由离开，却整天在那里乱蹿乱动。大量昆虫在狂欢的喧闹中死亡。阻留住它们的，不是含脂肪的食物，因为蛇根海芋花并不供给它们任何食物；也不是为产卵，因为它们避免在这个饥馑之乡安置幼虫。那么，这些疯狂的虫子在那里干什么呢？显然，它们陶醉于恶臭的气味中，正如布尔在鼹鼠的身体上摩擦一样。

　　这种嗅觉上的陶醉，把这些虫子从附近地区，甚至从人们不太了解的远方吸引过来。同样，负葬甲为寻找安置家小的蜗居，从田野跑到我那堆满腐尸的地方。一股浓烈的肉味向它们提供信息，这股气味在几百步远处就使我们感到刺鼻难受。这股气味突然沉降，在我们的嗅觉力所不及的距离之外，让这些虫子乐不可支、欣喜若狂。

齿菌孢囊，盔球角粪金龟的美味佳肴，压根不具有这类剧烈的气味，能够在空中散播。它没有气味，至少对我们来说是这样。寻找它的昆虫不是来自远方，就住在隐花植物的生长地。不管地下的齿菌孢囊散发出来的气味多么淡薄，昆虫美食家都能够感觉到。它们贴着地面挖掘。狗也是如此，它的鼻子贴着地面，边走边探索。然而，狗搜寻的主要目标，真正的块菰，会发出一种浓烈的香味。

但是，关于大孔雀蛾和飞到在囚禁中羽化的雌小阔纹蛾那里去的雄小阔纹蛾应该说些什么呢？它们从地平线那边赶来，它们在这样长一段距离之外感觉到了什么呢？它们感觉到的真的是一种我们物理学所理解的气味吗？对此我不敢确信。

狗非常贴近块根，贴着地面嗅，闻到块菰。它又用嗅觉搜寻自己的踪迹，返回相距很远的主人身边。但是，在几百步之外，在几公里之外，块菰露出来了吗？在杳无踪迹的情况下，它能够同主人重新会合吗？当然不能。狗尽管有极其灵敏的嗅觉，却没有这样的神奇能力。蛾子完成了这样的业绩，长途遥隔也好，在我的桌子上羽化的雌蛾没有踪迹也好，都干扰不了雄蛾。

气味，普通的气味，影响我们嗅觉的气味，是由有气味的物体扩散的分子构成的，这一点已经得到认可。有气味的物质把它的气味传给空气，同时在空气中分解扩散开来。这正像糖在把甜味传给水的同时，又在水中分解扩散一样。气味和味道可以用某种方式检测，在引起强烈感受的物质粒子和受到强烈感受的敏感的乳突之间存在着联系。

毫无疑问，蛇根海芋制作充溢空气并使空气发臭的浓汁，酷嗜尸体气味的皮蠹和腐阎虫，就是因为气味分子的扩散而获得信息的。同样，从略微发臭的癞蛤蟆身上散发出发臭的微粒，并传播到远方，使负葬甲欣喜若狂。

然而，从雌小阔纹蛾或者从雌大孔雀蛾身上散发了什么呢？根据我们的嗅觉，散发物是微乎其微的。当雄蛾奔来的时候，这丁点东西大概用它的分子溢满广阔的空间，半径有几公里。蛇根海芋的恶臭办不到的事，无味的蛾子却办到了。然而，不管物质可分解得多么细小，人却拒绝做出这样的结论：一粒胭脂红染料会染红一湖水，雾将填满广阔无垠的天空。

我还有另一个理由，雄蛾来到我的实验室，没有丝毫心烦意乱的迹象。这间房屋预先充满了浓烈的气味，会压住和清除一切细微的气味。

强音压住弱音，阻碍弱音被人听见；强光遮没弱光。音和光同样是波，但是，雷鸣不能使最细的光束变得暗淡，正如太阳炫目的光辉不能窒息最微弱的声音一样。光和声性质迥异，互不影响。

用蝰蛇、薰衣草等做实验，似乎说明气味有两种来源。我用波动现象取代扩射现象，这样，大孔雀蛾的问题就迎刃而解了。一个光点在丝毫不失去物质的情况下，用振动摇撼太空，用微光充满广阔的星体。雌蛾的信息流差不多就是这样传播。这种信息流不发射分子，它振动能够传播到一定距离之外的波。波的振动与分子扩散是不相容的。

因此，总的说来，嗅觉有两个领域：扩散在空气中的粒子和以太波[①]。目前只有前者为我们所知，它也属于昆虫。正是粒子扩散让腐阎虫嗅到蛇根海芋的恶臭，使葬尸甲和负葬甲嗅到鼹鼠的恶臭。

---

① 　以太波：19世纪时，科学家认为传送光的介质是以太。——校注

　　以太波在空间的范围大得多。我们由于缺少这类感觉器官，对这个领域全然不知。大孔雀蛾和小阔纹蛾在举行婚礼时能够感受到以太波，其他很多昆虫根据生活方式的要求，也应该或多或少了解一些。

　　气味同光一样有它的射线。但愿受到昆虫启发的科学，有朝一日让我们拥有气味方面的 X 光机，这只人造的鼻子将向我们展示一个奇妙的世界。